U0370046

计算机专业职业教育实训系列教材

魔法培训学校

——Flash 动画制作实例教程

主　编　王　琢　耿　岩
副主编　吕艳娟　朱丹丹
参　编　王慧平　聂丽伟
　　　　那　赫　张　琳

机　械　工　业　出　版　社

本书是一本指导读者使用Flash CS3制作动画的书籍，虚拟了魔法培训学校的教学情境，从零起点介绍Flash CS3软件的使用方法和技巧。本书内容分为3部分，共11讲，包括Flash CS3基础知识、绘图工具的使用、逐帧动画、形状补间动画、动作补间动画、元件、引导层动画、遮罩层动画、外部图像及音频和视频的导入、场景及简单的动作脚本的使用方法。本书内容讲解由浅入深，循序渐进，注重实用。书中详细地介绍了初学者必须掌握的基本知识、操作方法和使用步骤，通过实例，详细讲解了动画制作的过程，即使是初学者也可以通过学习本书轻松地掌握使用Flash制作动画的方法。

本书可以作为各类职业院校计算机专业及相关专业的教材，也可以作为中高级职业资格与就业培训用书。同时，也可以作为网页动画设计初学者和广大Flash动画爱好者入门及提高的参考用书。

本书配有电子课件、案例及素材源文件，读者可登录机械工业出版社教材服务网（www.cmpedu.com）以教师身份免费注册下载或联系编辑（010-88379194）咨询。

图书在版编目（CIP）数据

魔法培训学校：Flash动画制作实例教程/王琢，耿岩主编．—北京：机械工业出版社，2013.1（2015.8重印）

计算机专业职业教育实训系列教材

ISBN 978-7-111-40423-1

Ⅰ．①魔… Ⅱ．①王… ②耿… Ⅲ．①动画制作软件—职业教育—教材 Ⅳ．①TP391.41

中国版本图书馆CIP数据核字（2012）第273014号

机械工业出版社（北京市百万庄大街22号 邮政编码100037）

策划编辑：梁 伟 责任编辑：李绍坤

版式设计：霍永明 责任校对：刘怡丹

封面设计：鞠 杨 责任印制：刘 岚

北京云浩印刷有限责任公司印刷

2015年8月第1版第2次印刷

184mm×260mm · 15.25印张 · 373千字

2001—3000册

标准书号：ISBN 978-7-111-40423-1

定价：38.00元

凡购本书，如有缺页、倒页、脱页，由本社发行部调换

电话服务	网络服务
社服务中心：(010) 88361066	教材网：http://www.cmpedu.com
销售一部：(010) 68326294	机工官网：http://www.cmpbook.com
销售二部：(010) 88379649	机工官博：http://weibo.com/cmp1952
读者购书热线：(010) 88379203	**封面无防伪标均为盗版**

前　　言

随着网络的普及与高速发展，数字多媒体领域的发展也欣欣向荣。现在，无论是动画、广告、游戏、网站，还是教学等各个领域都可以看到Flash动画的身影。近年来，越来越多的公司、单位及个人需要制作网站。方便地制作和处理网页图像和动画成为用户的迫切需要，熟练地使用Flash软件进行动画制作已经成为对计算机及相关专业人员和动画爱好者的基本要求。

本书从教学实际需求出发，合理安排知识结构，从零开始、由浅入深、循序渐进地讲解Flash CS3的基本知识和使用方法。为提高学生及读者的学习兴趣，本书虚拟了魔法培训学校的教学情境，使读者更容易融入到知识的学习中，更加轻松地掌握动画制作的方法。本书包括3部分：第一部分是对Flash CS3的基础知识的介绍，包括一些基本操作及设置；第二部分是主体部分，主要包括绘图工具的使用、逐帧动画、形状补间动画、动作补间动画、元件、引导层动画、遮罩层动画、外部图像以及音频和视频的导入、场景及简单的动作脚本的使用方法；第三部分是综合实例部分，用两个实例将全书的内容贯穿起来，以达到学以致用的效果。

本书内容丰富，图文并茂，语言简洁，条理清晰，通俗易懂，精心设计了45个实例，在讲解每个知识点时都配有相应的实例，方便读者上机实践，同时在每个知识点之后又设置了“小试身手”环节，便于读者能够快速地提高操作技能。为了方便教学，本书还配有案例及素材源文件。

教学建议：

内　　容	理 论 学 时	动手操作学时
入校前急训	4	4
魔法培训	16	40
毕业验收	0	8

本书由王琢、耿岩任主编，吕艳娟、朱丹丹任副主编，王慧平、聂丽伟、那赫、张琳参加编写。各位编者均是来自各学校教学第一线的老师，具有丰富的教学经验和较强的实践能力，他们中的大部分都曾参加过国家、省、市各级部门主办的各种Flash动画制作技能大赛，并取得了较好的名次。此外，他们还具有辅导学生参加各种动画大赛的经验，在教材的编写过程中充分发挥了自身的优势，将多年的教学经验与参赛体验融入书中，使教材内容更加丰富、生动、实用，更加贴近读者，使学习变得更加轻松、有趣。

由于编写时间仓促，编者水平有限，书中难免会出现疏漏之处，敬请广大专家、同仁和读者批评指正。

编　者

目　　录

毕 业 验 收

嗨！大家好，欢迎来到魔法培训学校！我是魔法小天使，是魔法培训学校的魔法培训师，只要我的魔法棒一挥，好看好玩的动画就可以快速完成！羡慕我吗？你们也想和我一样拥有这种魔法吗？不用着急，只要你们跟着我到魔法学校走一趟，经过我培训，你们也可以成为和我一样棒的动画魔法师哦！我会教你用简单的方法绘制精美的矢量图形并制作出精彩的动画，快速学会 Flash 动画制作。

没有基础，一无所知？

不用担心！在这里，本魔法师将会带着你们从最简单的基本工具的使用开始，一步一步地讲解，由浅入深，循序渐进，直到复杂精美的动画完成。

枯燥、难懂、学不会？

不可能！在这里，本魔法师采用全新的教学方法，将复杂的问题简单化，将枯燥的问题生动化，一切学习都在不知不觉中完成。在这里，每个实例都是精心设计的，用最简单的方法激发非凡的创造力，让你们获得无限的乐趣与成就感！

还在犹豫什么，赶快跟我来吧！

入校前急训

嗨！我是魔法小天使，想拥有像我这样的魔法吗？快去魔法培训学校吧！不过，在去魔法培训学校之前，要先经过我的急训！放心，时间就是金钱，这个我知道！大概只需要几个小时就行了。赶快来吧！

第1讲　Flash CS3 基础知识

Flash 是一款强大的多媒体动画制作软件，用它可以将音乐、声效、图像、动画以及富有创意的背景融合在一起，制作出高品质的 Flash 动画。近几年来，随着 Flash 软件功能的不断升级与改进，更多的人对 Flash 产生了兴趣，Flash 的应用领域也越来越广泛。

1.1　Flash CS3 的应用领域

Flash CS3 是一种矢量动画设计软件，使用 Flash CS3 制作的动画，虽然体积小，但是风格各异、种类繁多。若按作品的目的和应用领域来划分，Flash 动画可以分为以下几种。

1．动画电影

Flash 的主要用途就是设计和制作各种动画，它具有强大的矢量绘图功能，并对位图有良好的支持。使用 Flash CS3 制作的动画电影作品不仅表现形式多样、内容丰富、画面华丽，而且非常适合在网络环境下传输。Flash 动画电影中最具代表性的作品主要有 MTV 和音乐贺卡等，例如，《东北人都是活雷锋》《大学自习室》等。

2．动态网页

随着个人计算机性能和互联网带宽的提高，人们不再仅满足于静态的网页。使用 Flash CS3 制作的动态网页相对于普通网页而言，交互功能、画面表现力以及对音效的支持更胜一筹。

3．网页广告

Flash 技术为网络广告提供了一个新的舞台。由于 Flash CS3 支持文字、图片、声音和视频素材，并能将这些素材与矢量动画完美结合，使得制作的广告动画作品能够清楚地表达广告的主题，并具有文件小及表现力强的特点，所以许多电视台和广告制作公司都开始使用 Flash 制作电视广告的开头，互联网中使用 Flash 制作的广告更多。

4. 交互游戏

Flash CS3 具备的丰富的多媒体功能和强大的交互性，使其可以轻松地制作出精美好玩的交互游戏作品，例如，《挖金子》《NFL1 联盟危机》等。

5. 多媒体教学课件

在现代教育技术广泛应用的今天，多媒体教学课件担当着重要的角色。使用 Flash CS3 制作的多媒体教学课件，以其强大的媒体支持功能、丰富的表现手段，能够使老师和学生在教学中找到乐趣，增强了教学效果。

1.2 Flash CS3 新增功能介绍

Adobe Flash CS3 Professional 是 Adobe 公司开发的 Flash 设计软件，是 Flash 8 的升级产品。该版本延续了 Flash 8 的基本功能，同时在原有版本的基础上对软件功能进行了改进，并增加了许多新的功能。本节简要介绍 Flash CS3 新增的主要功能。

1. 丰富的绘图功能

丰富并增强了各种绘图、动画制作功能。使用智能形状绘制工具以可视方式调整工作区上的形状属性，使用 Adobe Illustrator 所倡导的新的钢笔工具创建精确的矢量插图，从 Illustrator CS3 中将插图粘贴到 Flash CS3 中等。用户可以更方便地创造出自己需要的图形和动画效果，如增强的钢笔工具、增强的基本矩形和椭圆绘制工具、滤镜复制和粘贴、动画复制和粘贴等。

2. “位图元件库项目”对话框

由于之前版本的“库项目”对话框预览时较小，用户不能看清位图的细节，在 Flash CS3 中“位图元件库项目”对话框被放大了，为使用者提供了更大的位图预览。

3. Photoshop 和 Illustrator 导入

在 Flash CS3 中，用户可以导入 Photoshop 的 PSD 文件，并保留图层等内部信息。在 Flash CS3 中可以编辑 Photoshop 中的文本，也可以在发布时设置。同时通过控制和设置，决定 Illustrator 文件中的图层、对象、组以及如何导入它们。

4. 将动画转换为 ActionScript

使用 Flash CS3，开发人员可以轻松将时间线动画转换为 ActionScript 3.0 代码，将动画从一个对象复制到另一个对象。在使用 ActionScript 3.0 的 Flash 文档的“动作”面板或源文件（如类文件）时，除了可以复制一个补间动画的属性并将这些属性应用于其他对象之外，还可以复制在“时间轴”将补间动画定义为 ActionScript 3.0 的属性，并将该动作应用于其他元件。

5．高级 QuickTime 导出

在 Flash CS3 中，使用高级 QuickTime 导出器，可以将在 SWF 文件中发布的内容渲染为 QuickTime 视频，使用这些视频文件作为视频流或通过 DVD 进行分发，或将其导入视频编辑应用程序，提高了导出的 QuickTime 视频文件的质量。

1.3 Flash CS3 的特色

Flash CS3 自推出以来，以其制作的动画图像质量高、体积小以及适合网络传输等特点受到广大网页设计师及动画爱好者的青睐。使用 Flash CS3，不仅可以制作简单的动画，而且可以使用其独特的动作脚本，开发一些简单的桌面程序。下面介绍它的特色。

1．支持矢量图形

在 Flash CS3 中，使用绘图工具绘制的图形都是矢量图形，所以即使播放器的界面大小改变，也不会影响动画的质量，同时这种文件占用的存储空间小，传输速度快，非常有利于在网络中传播。常见的矢量图形的格式有“.SWF”“.SVG”和 EPS 文件格式等。

2．支持多种文件格式

Flash CS3 支持多种文件格式，即使是使用其他图形图像处理软件制作的图形和图像，也都可以导入到该软件中进行编辑。可以导入并转换视频文件，也可以导入“. MV”“.MPG”“.MOV”“.DV”等文件。

3．支持流技术

Flash CS3 支持“流技术”下载，它代替了 GIF 和 AVI 等下载完成后再播放的传统下载方式，用户可以一边下载一边播放，减少网络用户的等待时间。

4．网络空间交互功能

Flash 动画具有交互性优势，可以更好地满足用户的需要，可以让欣赏者的动作成为动画的一部分。用户通过点击、选择等动作，决定动画的运行过程和结果，实现人机互动。

5．插件随处可见

目前，几乎所有的浏览器，Windows、Mac OS 和 Linux 操作系统，移动电话和 MP3 等都安装了支持 Flash 的播放器，Flash 影片也随处可见。

1.4 Flash CS3 的工作界面

Flash CS3 的操作界面简化了编辑过程，为用户提供了更大的自由发挥空间。Flash CS3

的操作界面由菜单栏、工具栏、工具箱、时间轴、舞台和面板等组成，如图 1-1 所示。

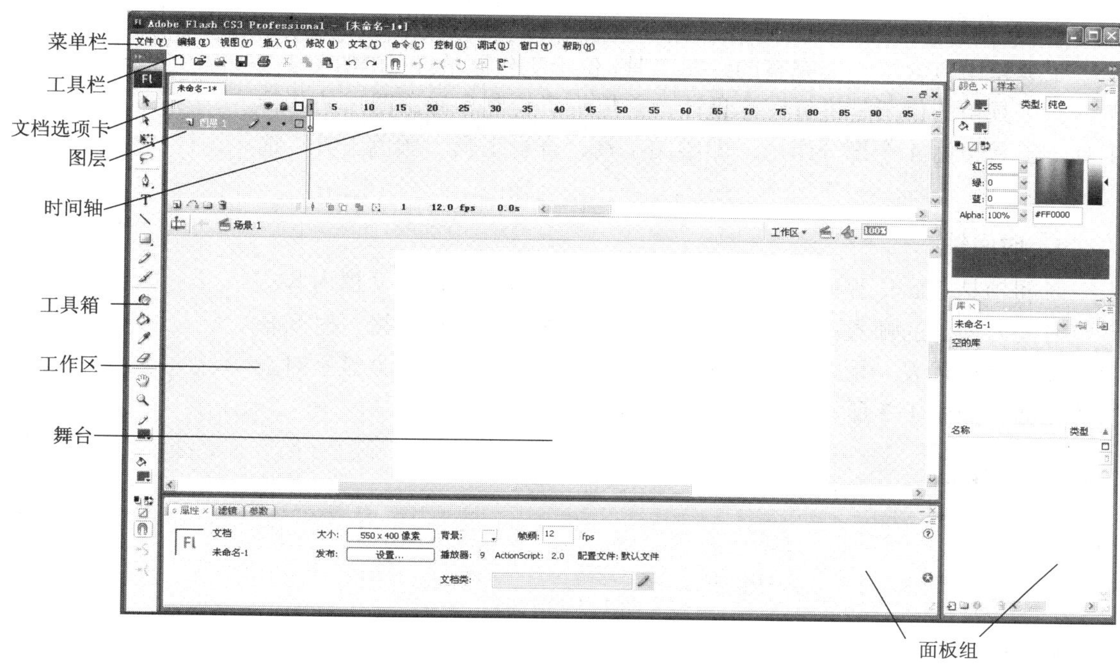

图 1-1 Flash CS3 的工作界面

1. 菜单栏

菜单栏中一共有 11 个菜单，这些菜单的功能简述如下。

1)“文件”菜单：主要用于文件操作，如创建、打开、保存文件等。

2)“编辑”菜单：主要包括动画编辑的最基本命令，如剪切、复制、粘贴等。

3)“视图”菜单：主要用于对开发环境的外观进行设置，如放大、缩小、网格等。

4)“插入”菜单：包含了插入性质的操作，如创建元件、插入场景、图层等。

5)“修改”菜单：主要用于设置图层和影片参数，调整、修改图形对象以及对象的分解和组合等。

6)“文本”菜单：主要包括设置与文字有关的属性，例如，设置字体、字号等。

7)“命令”菜单：主要对命令进行管理。

8)“控制”菜单：包含了对动画进行播放、控制和测试。

9)“调试”菜单：主要对代码在运行过程中的错误进行查找，并方便对代码进行修改。

10)“窗口”菜单：主要用于窗口的打开、关闭、组织、切换等。

11)“帮助”菜单：主要用于快速获得帮助信息。

2. 工具栏

Flash CS3 的工具栏中包括了 Flash CS3 的常用命令，它们的使用频率很高。通过这些工具按钮，用户可以更加方便、快捷地进行操作。可以通过选择菜单“窗口”→“工具栏”→

“主工具栏”命令显示或隐藏工具栏。

3. 工具箱

工具箱中包含了一套完整的绘图工具，位于工作区的左侧，如图 1-2 所示。工具箱的作用是进行图形设计，它提供了绘制和修饰图形的各种工具。工具箱由 4 个部分组成，即绘图工具、查看工具、颜色工具、选项工具。

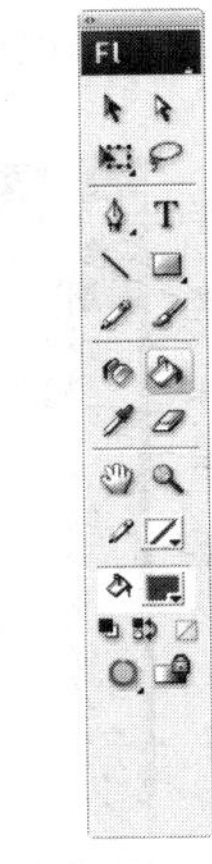

图 1-2　工具箱

4. 时间轴

时间轴是 Flash 界面的重要组成部分，用于组织和控制文档内容在一定时间内播放的帧数。使用时间轴可以方便地对帧进行编辑，时间轴上的每一小格代表一帧，单击不同的帧，在工作区和舞台中会显示对应帧的画面，如图 1-3 所示。

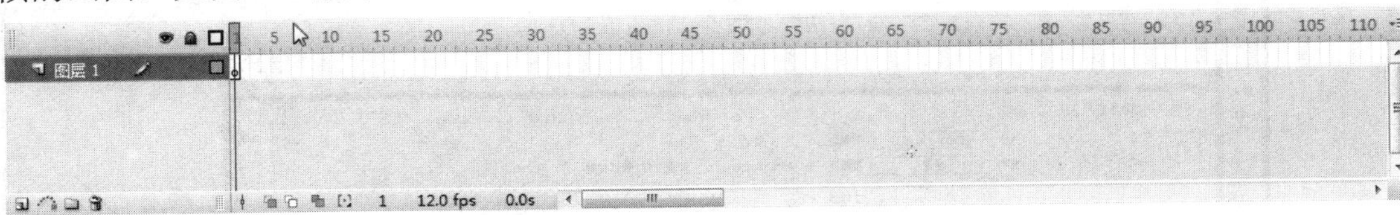

图 1-3　时间轴

5. 舞台

舞台指的是编辑电影画面的矩形区域。使用 Flash 制作动画就像导演在指挥演员演戏一样，要为他们提供一个演出的场所，这个场所在 Flash 中称为舞台。用户可以在这个区域内绘制或编辑图形，如图 1-4 所示。

图 1-4　舞台

6. 工作区

工作区包括舞台即其周围的灰色区域。舞台周围灰色区域的内容在 Flash 动画播放文件中是看不到的，一般把动画的开始和结束点放在灰色区域内。

7. 其他面板

面板中提供了大量的操作选项，通过面板可以编辑和修改动画对象。在 Flash CS3 中，面板分为多种，主要的有“属性”面板、“库”面板、“颜色”面板、“对齐”面板和“变形”面板等。

（1）“属性”面板

在 Flash CS3 中，“属性”选项卡、“滤镜”选项卡和“参数”选项卡整合成一个面板，即“属性”面板，它的内容取决于当前选定的内容。用户可以对 Flash 影片的各种元素的属性进行设置，如文档的“大小”“背景”“帧频”等，如图 1-5 所示。

图 1-5 “属性”面板

（2）“库”面板

“库”面板类似一个仓库，存放着当前打开的影片中所有的元件，用户可以直接将“库”面板中的元件拖到舞台的场景中，也可以对“库”面板中的元件进行复制、编辑和删除等操作，如图 1-6 所示。

（3）“颜色”面板

选择“窗口”→“颜色”命令，即可以打开“颜色”面板，如图 1-7 所示。使用“颜色”面板可以编辑纯色及渐变填充，调制许多颜色以及设置“笔触颜色”“填充颜色”及“Alpha”等。

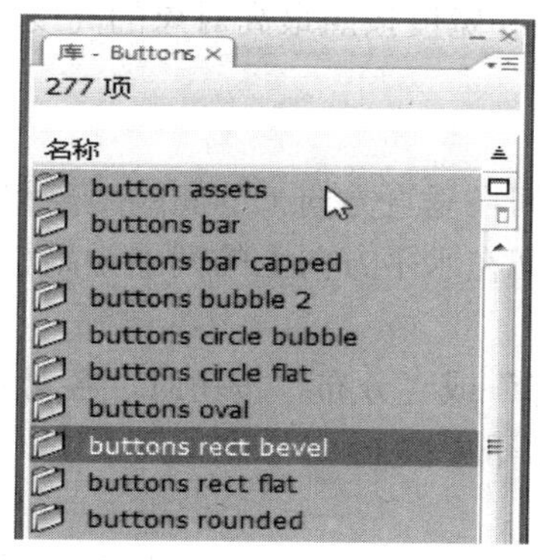

图 1-6 “库”面板

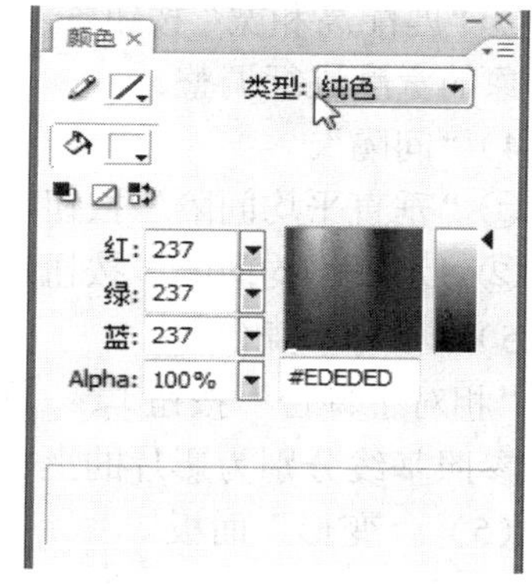

图 1-7 “颜色”面板

（4）“对齐”面板

“对齐”面板主要用于对齐同一个场景中选中的多个对象，如图 1-8 所示。“对齐”面板的功能包括多个对象之间的排列、对象之间的间距、匹配对象大小等。

1）“对齐”，使选择的对象进行水平和垂直方向的对齐。

①“左侧排列”按钮：所有的对象左对齐。

②“水平排列”按钮：所有的对象居中对齐。

③“右侧排列”按钮：所有的对象右对齐。

④“顶部排列”按钮：所有的对象顶部对齐。

⑤“中间垂直排列”按钮：所有的对象以窗口的水平中线为基线对齐。

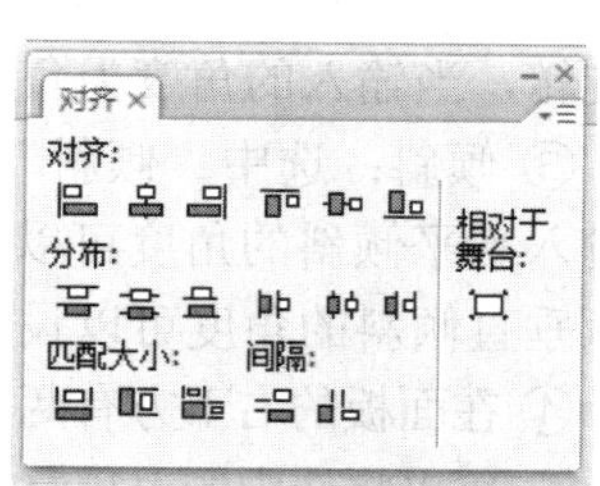

图 1-8 “对齐”面板

⑥“底部排列”按钮：所有的对象底部对齐。

2）“分布”。

①“顶部分布”按钮：在垂直方向上调整所选择的多个对象的位置，使每个对象的上边线之间的距离相等。

②“垂直中间分布”按钮：在垂直方向上调整所选择的多个对象的位置，使每个对象的垂直方向的中线之间的距离相等。

③“底部分布”按钮：在垂直方向上调整所选择的多个对象的位置，使每个对象的下边线之间的距离相等。

④“左侧分布”按钮：在水平方向上调整所选择的多个对象的位置，使每个对象的左边线之间的距离相等。

⑤“右侧分布”按钮：在水平方向上调整所选择的多个对象的位置，使每个对象的右边线之间的距离相等。

⑥“水平中间分布”按钮：在水平方向上调整所选择的多个对象的位置，使每个对象水平方向的中线之间的距离相等。

3）“匹配大小”。

①“匹配宽度”按钮：将所选择的多个对象的宽度按照最宽的对象的宽度进行调整。

②“匹配高度”按钮：将所选择的多个对象的高度按照最高的对象的高度进行调整。

③“匹配高和宽”按钮：将所选择的多个对象的高度和宽度按照最高对象的高度和最宽对象的宽度进行调整。

4）“间隔”。

①“垂直平均间隔”按钮：使所选择的多个对象之间在垂直方向上的间隔距离相等。

②“水平平均间隔”按钮：使所选择的多个对象之间在水平方向上的间隔距离相等。

5）“相对于舞台”。

“相对于舞台”按钮：单击该按钮后，再单击“对齐”或“分布”按钮时，各对象调整的参照基线分别为影片的上、下、左、右、垂直中线和水平中线。

（5）“变形”面板

“变形”面板可以对选定对象执行缩放、旋转、倾斜和创建副本等操作，如图 1-9 所示。

① 比例缩放调节：设置对象的宽度，设置对象的高度，选中“约束”复选框则锁定宽和高的比例。

② 旋转：选中“旋转”单选按钮 旋转，输入旋转角度，按<Enter>键，对象会按照所输入的角度旋转对象，当输入的角度为正数时，对象以顺时针方向旋转，当输入的角度为负数时，对象以逆时针方向旋转。

③ 倾斜：选中“倾斜”单选按钮 倾斜，在第一个文本框中输入水平倾斜的角度可以设置水平倾斜，在第二个文本框中输入垂直倾斜的角度可以设置垂直倾斜。

④ 在面板的右下方有两个按钮，单击“复制并应用变形”按钮，可以将选中的对象复制一次，同时按照面板上的参数进行变形，单击“重置”按钮，可以将选中的对象恢复到图形原状。

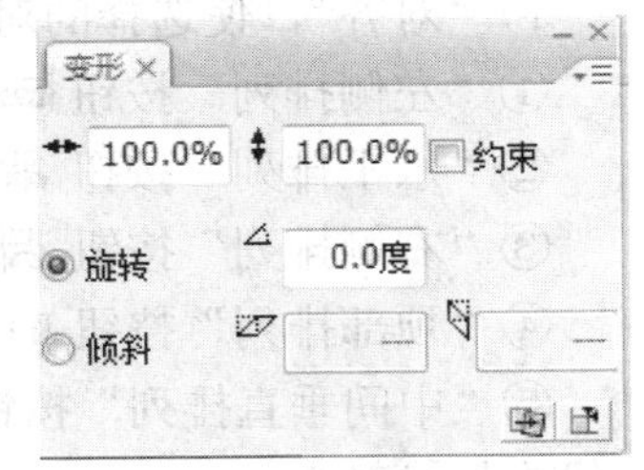

图 1-9　变形面板

第 2 讲　Flash CS3 动画制作入门

2.1　新建 Flash 动画文件

要制作一个动画，首先需要创建一个 Flash CS3 文件，在 Flash CS3 中新建文档的方法主要有 2 种。

1．创建一个 Flash CS3 空白文档

1）在 Flash CS3 的菜单栏中，选择菜单“文件”→“新建”命令，弹出“新建文档”对话框，如图 2-1 所示。

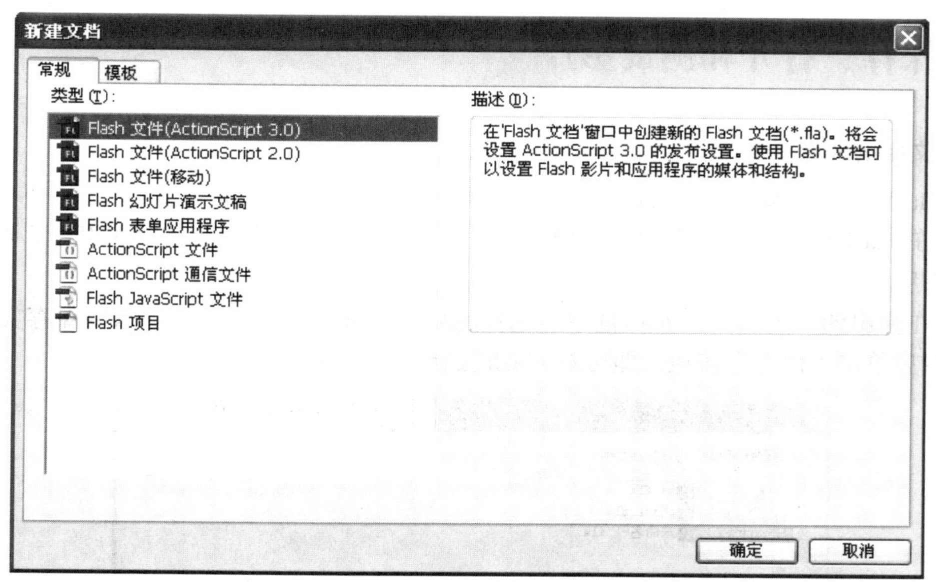

图 2-1　“新建文档”对话框

2）在“新建文档”对话框的“常规”选项卡中，选择“Flash 文件（ActionScript 3.0）”，然后单击“确定”按钮。

2．使用模板创建一个 Flash CS3 文档

1）在 Flash CS3 的菜单栏中，选择菜单“文件”→“新建”命令，在弹出的“新建文档”对话框中，选择“模板”选项卡，如图 2-2 所示。

2）在“模板”选项卡中，分别选择“类别”和“模板”样式，然后单击“确定”按钮，就可根据模板内容建立一个相应的 Flash 文档。

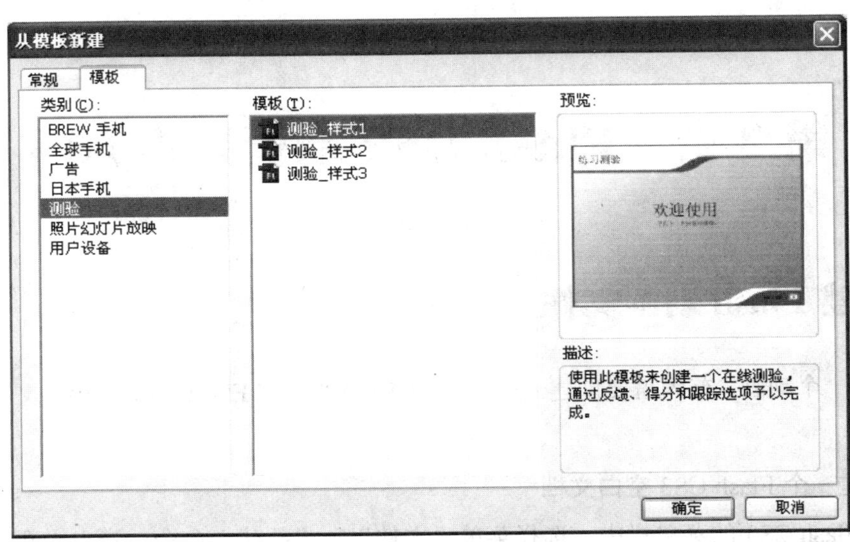

图 2-2 “从模板新建”对话框

2.2 保存、打开和测试影片

1. 文档的保存

在 Flash CS3 中保存文档的具体操作步骤如下。

1）在 Flash CS3 的主界面中，选择“文件”→“保存”命令，弹出“另存为”对话框，如图 2-3 所示。

2）在弹出的“另存为”对话框中，选择将要保存文档的路径，并输入要保存文档的文件名，然后单击“保存”按钮，即可对 Flash 文档进行保存。

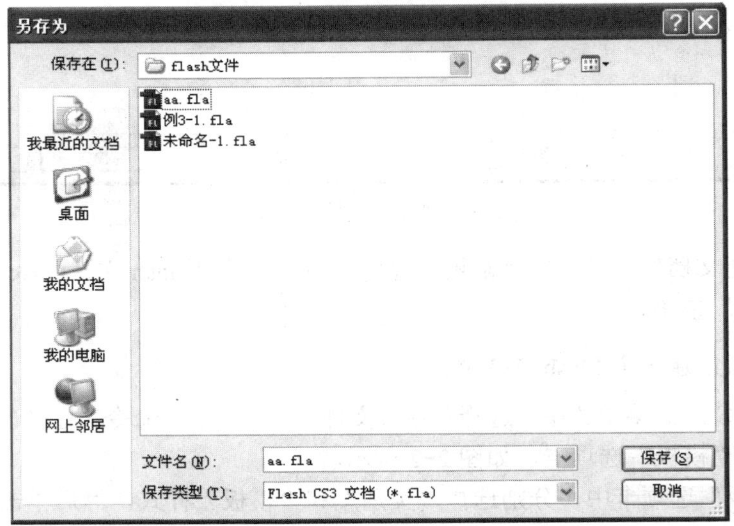

图 2-3 “另存为”对话框

2. 打开文档

若要对电脑中已经存在的 Flash 文档进行修改或编辑，首先需要将该文档打开，然后才能对其进行修改或编辑。

在 Flash CS3 中打开文档的具体操作步骤如下。

1）在 Flash CS3 的主界面中，选择“文件”→“打开”命令，弹出“打开”对话框，如图 2-4 所示。

2）在“打开”对话框中，选择要打开文档的路径及文件，然后单击“打开”按钮，就可打开指定的 Flash 文档。

图 2-4 “打开”对话框

3. 播放与测试

制作完成一个Flash动画后，需要测试一下Flash动画或交互式插件是否能达到预期效果。测试不仅可以发现影响 Flash 动画播放的错误，而且可以检测 Flash 动画中片段和场景的转换是否流畅。测试时应该按照 Flash 动画的内容分别对其中的元件、场景、完成的 Flash 动画等进行分步测试，这样有助于发现问题。

在测试 Flash 动画时应从以下 3 个方面考虑。

1）动画的体积是否最小。

2）动画设计思路是否达到了预期效果。

3）在网络环境下，是否能正常下载和观看。

对 Flash 动画的播放与测试，一般有 2 种测试方法。

1）如果测试简单动画、基本控件或者一段声音，则可以选择“控制”→“播放”命令，即可在 Flash CS3 的编辑环境下预览效果，如图 2-5 所示。

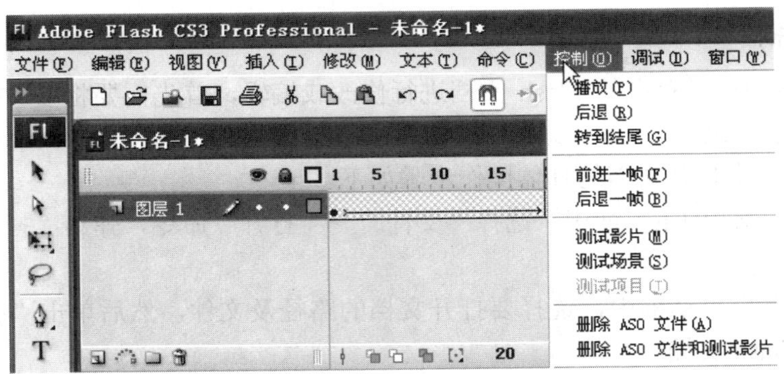

图 2-5　播放动画

2）如果需要测试全部的动画和交互式控件，则可以选择“控制”→“测试影片”命令或“控制”→“测试场景”命令，打开一个独立的播放文件进行测试，如图 2-6 所示。

图 2-6　测试 Flash 动画

2.3　影片发布

1. 发布格式的选择

在发布 Flash 动画前应进行发布格式设置。选择“文件”→“发布设置”命令，弹出“发布设置”对话框。在“发布设置”对话框中，系统默认打开的是“格式”选项卡，用于设置动画的发布格式，如图 2-7 所示。

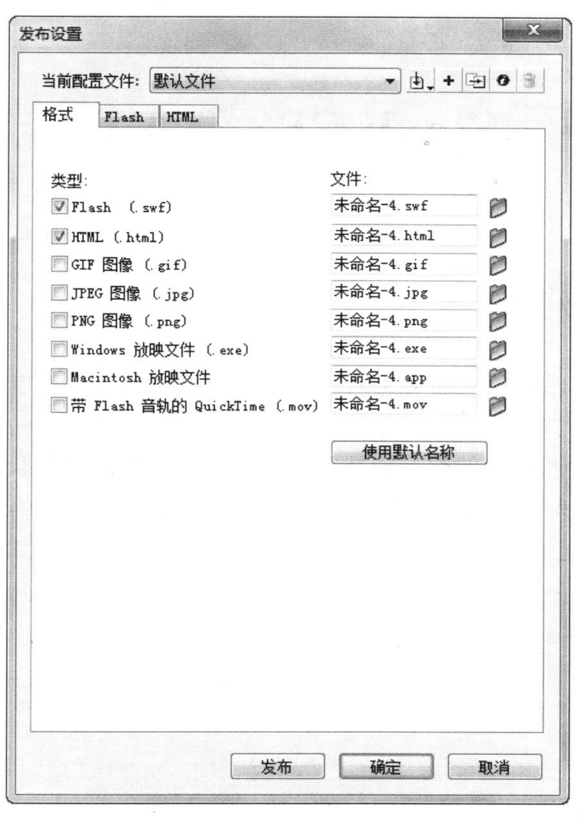

图 2-7 “发布设置”对话框

Flash 能发布多种格式的文件，包括 SWF 文件格式、HTML 文件格式、GIF 文件格式、JPEG 文件格式、PNG 文件格式、QuickTime 文件格式等。

2. 影片发布

选择好文件的发布格式后，单击“确定”按钮，就可以将 Flash 动画发布为指定格式的文件。同时，文件所在的文件夹中生成与 Flash 文件同名的 SWF 文件和 HTML 文件。

第 3 讲　Flash CS3 基本操作与设置

3.1　帧的使用及编辑

在 Flash 中，一幅精致的画面成为一帧。帧是组成动画的基本单位，它控制着动画的时间及各种动作的播放方式。当画面快速变换时，就会感觉物体在运动。动画实际上就是连续改变帧内容的过程，动画中帧的数量和播放速度决定了动画的时间长短。

Flash 的时间轴上有一系列小方格，每一个小方格表示一帧，单击其中的一个小方格即可选中该帧，并在舞台上显示该帧的内容。时间轴及其各组成部分如图 3-1 所示。

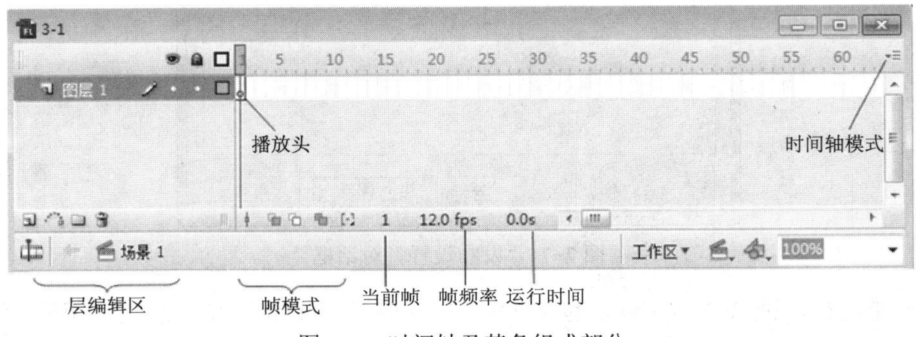

图 3-1　时间轴及其各组成部分

3.1.1　帧的类型

Flash 中需要使用不同类型的帧共同完成动画制作。不同类型的帧在时间轴上有不同的表示方法，常见的帧类型有以下几种。

1. 关键帧

在制作动画的过程中，某一时刻的帧定义了动画如何变化，这一时刻的帧称为关键帧。关键帧是变化的关键点，如补间动画的起点和终点以及逐帧动画的每一帧都是关键帧。

如果关键帧中有对象，则称为实关键帧；如果关键帧没有对象，是空白的，则称为空白关键帧。实关键帧在时间轴上用实心圆点表示，空白关键帧用空心圆点表示，如图 3-2 所示。

在空白关键帧中添加一个对象，如画一条直线或一个圆，空白关键帧将会自动转换为实关键帧；将实关键帧中的所有对象全部删除，实关键帧将会自动转换为空白关键帧。

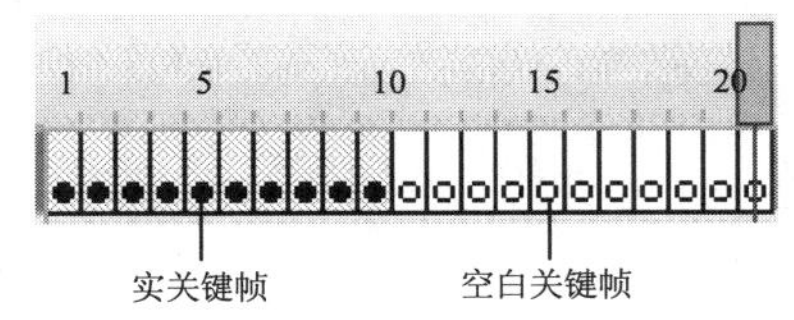

图 3-2　实关键帧和空白关键帧

2. **普通帧**

普通帧也称为静态帧。在时间轴中显示在时间轴上，普通帧用连续的灰色填充表示，用一个空白的矩形框表示结束。无内容的普通帧显示为白色的矩形，有内容的普通帧显示为灰色的矩形，如图 3-3 所示。普通帧延续其前面的关键帧的内容，即与其前面关键帧的内容相同。在普通帧上绘画，相当于在前面的关键帧上绘画。

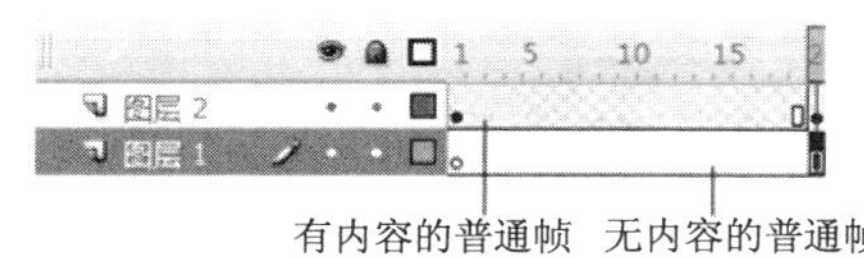

图 3-3　有内容的普通帧和无内容的普通帧

3. **过渡帧**

过渡帧实际上也是普通帧。它包括了许多帧，但其中至少有两个帧，起始关键帧和结束关键帧。它包括渐变帧和不可渐变帧。

（1）渐变帧

对于一些简单的运动和变形，用户可以定义动画的起始形状和终止形状，由 Flash 根据起始形状和终止形状按一定的规则计算得到中间的过渡形状。描述中间过渡形状的帧称为渐变帧。Flash 中有 2 种类型的渐变帧，即位置渐变帧和图形渐变帧。

1）位置渐变帧。在时间轴上，在 2 个关键帧之间用浅蓝色填充并由箭头连接的帧，称为位置渐变帧，用来描述 2 个关键帧之间的位置渐变关系，如图 3-4 所示。

2）图形渐变帧。在时间轴上，在 2 个关键帧之间用浅绿色填充并由箭头连接的帧，称为图形渐变帧，用来描述 2 个关键帧之间的图形渐变关系，如图 3-5 所示。

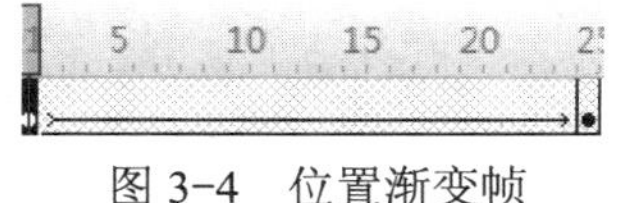

图 3-4　位置渐变帧

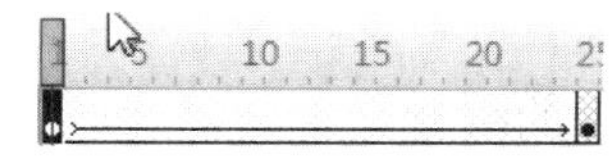

图 3-5　图形渐变帧

（2）不可渐变帧

在 2 个关键帧之间，用浅蓝色填充并由虚线连接的帧，表示关键帧的内容不符合渐变要求，Flash 无法根据 2 个关键帧自动生成中间帧，如图 3-6 所示。

4. **动作帧**

Flash 为了增强动画的交互性，提供了功能强大的动作脚本程序。如果将动作脚本程序添加在某一帧上，则该帧成为动作帧，在时间上显示一个字母“a”，表示该帧添加一个动作，如图 3-7 所示。

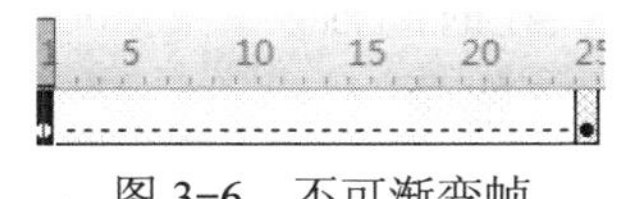

图 3-6　不可渐变帧

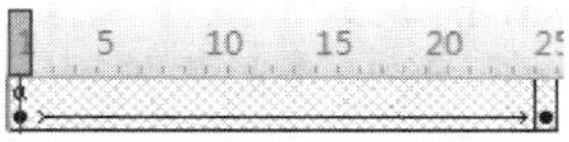

图 3-7　动作帧

3.1.2　帧的显示模式

为了方便用户的操作，时间轴上提供了多种显示和编辑帧的功能，下面介绍时间轴各组成部分的功能。

1. 帧模式

规定帧的显示模式，如图 3-8 所示，单击不同的按钮可以选择相应的帧显示模式。

1）“滚动到播放头”按钮：无论当前窗口内显示哪个时间段，单击该按钮后马上转到播放头的位置，并且将当前帧显示在时间轴的中间。当所使用的帧超出屏幕的显示范围后，此按钮才有效。

2）“绘图纸外观”按钮：单击该按钮后，将在时间轴标题上出现一个范围内元件的半透明移动轨迹，又称洋葱皮模式，能够以不同的透明度显示出当前帧以及附近的帧。

3）“绘图纸外观轮廓”按钮：类似于“绘图纸外观”按钮，在单击该按钮时，显示轮廓移动的轨迹，又称洋葱皮轮廓模式，能够以不同的透明度显示出当前帧以及附近的帧的轮廓。

4）“编辑多个帧”按钮：类似于“绘图纸外观”按钮，单击该按钮后，在舞台上显示范围手柄内的关键帧，将当前帧和其附近的关键帧以相同的透明度显示出来。在这种模式中，可以对所有显示出的对象进行编辑。

5）“修改绘图纸标记”按钮：修改绘图纸外观的作用范围。

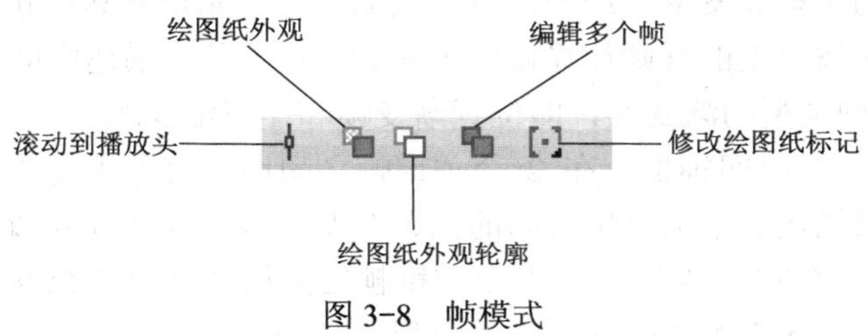

图 3-8　帧模式

2. 当前帧

显示当前帧的编号。

3. 帧频率

显示播放动画时每秒播放的帧数，默认值为“12.0fps”。

4. 运行时间

显示出从第一帧播放到当前帧所需要的时间。

5. 播放头

在当前帧上有一条红色的竖线，称为播放头。它用来表示当前帧的位置。在调试动画或播放动画时，动画从播放头所在的帧开始播放，可以在播放头上按住鼠标，左右移动播放头在时间轴位置，动画播放时，播放头向后滑动，同时快速显示每一幅画面。

6. 时间轴模式

单击“时间轴模式”按钮，弹出如图 3-9 所示的菜单，使用其中的命令可以设置时间轴上帧的显示方式和帧的大小。时间轴包括 10 个选项：“位置”“很小”“小”“标准”“中”“大”“预

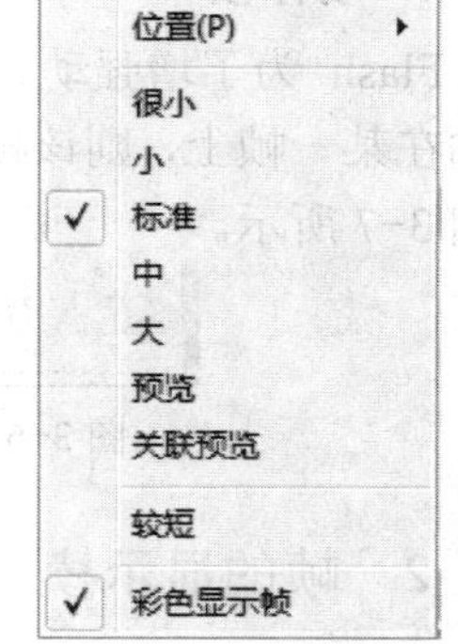

图 3-9　时间轴模式选项

览”“关联预览”“较短”“彩色显示帧”，具体解释如下。

“较短”，缩短时间轴上的高度。“彩色显示帧”，以彩色模式显示位置和运动渐变帧，以区分不同类型的帧。

“预览”，在时间轴上以最大填充显示每一个关键帧的图形。“关联预览”，在时间上显示每一个关键帧的缩略图。

3.1.3 帧的操作

帧的操作是制作 Flash 动画时使用频率最高的操作，包括插入、删除、复制、翻转、移动帧、改变动画的长度及清除关键帧等。

1. 在时间轴中插入帧

（1）插入普通帧

在时间轴中插入帧的方法很简单，选中时间轴上的任意一帧。单击鼠标右键选择“插入帧”命令，即可在当前位置插入一个新的普通帧。

（2）插入关键帧

如果要插入普通帧，则选中时间轴中的任意一帧。单击鼠标右键选择“插入关键帧”命令，即可在当前位置插入一个关键帧。

（3）插入空白关键帧

如果要插入空白关键帧，则选中时间轴中的任意一帧。单击鼠标右键选择“插入空白关键帧”命令，即可在当前位置插入一个空白关键帧。

2. 在时间轴上选择帧

若选择某一个帧，则单击该帧，如果选择一定范围内连续的帧，则选择起始帧（如 10 帧），然后按住<Shift>键，单击结束帧（如 30 帧），此时这一范围内所有的帧被选中。若选某一范围内不连续的帧，可以在按<Ctrl>键的同时选择其他的帧。

3. 编辑帧

在时间轴上单击鼠标右键，弹出如图 3-10 所示的快捷菜单，使用其中的命令可以对帧进行各种编辑，包括帧的复制、剪切、粘贴、删除、清除等操作。

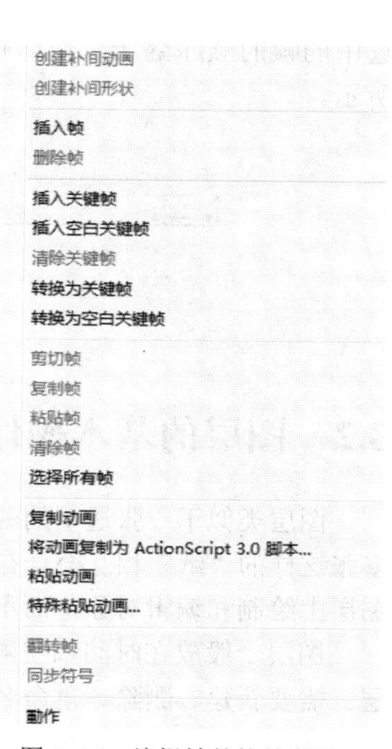

图 3-10　编辑帧的快捷菜单

1）“复制帧”：在时间轴上选中要复制的帧，单击鼠标右键选择“复制帧”命令，即将当前帧中的对象复制到剪贴板中。

2）“剪切帧”：在时间轴上选中要剪切的帧，单击鼠标右键选择“剪切帧”命令，即将选中帧中的对象剪切到剪贴板中，当前帧转换为空白关键帧。

3）“粘贴帧”：执行完“复制帧”命令后，在时间轴上选中要粘贴的位置，单击鼠标右键选择“粘贴帧”命令，即将剪贴板中的对象粘贴到当前帧上，当前帧如果为普通帧则自动转换为关键帧。

4）“删除帧”：在时间轴上选中要删除的帧，单击鼠标右键选择“删除帧”命令，则删除被选中的帧。如果选中的是多个帧，则全部删除。

5）“清除帧”：在时间轴上选中要清除的帧，单击鼠标右键选择“清除帧”命令，则清除被选中的帧中的对象，使其成为空白关键帧。

6）“移动帧”：在时间轴上选择一定范围的帧，当鼠标下方出现一个矩形框时，单击鼠标将矩形框拖到目标位置，即可移动当前所选择的所有帧。

4. 转换帧

1）“转换为关键帧”：选中一定范围内的普通帧，单击鼠标右键选择“转换为关键帧”命令，即可将选中的普通帧转换为关键帧，如图 3-11 所示。

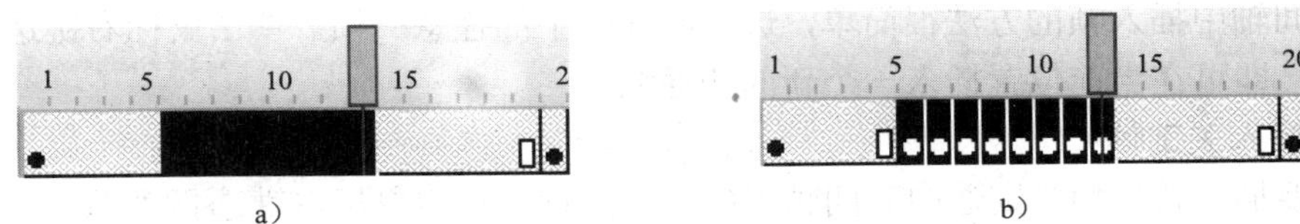

a）　　b）

图 3-11　转换为关键帧的过程

a）选中普通帧　b）转换为关键帧

2）“转换为空白关键帧”：在时间轴上选中帧，单击鼠标右键选择“转换为空白关键帧”命令，即将选中的普通帧转换为空白关键帧。

3）“翻转帧”：选中一定范围内的普通帧，单击鼠标右键选择“翻转帧”命令，即将选中的帧的顺序翻转，使动画反向播放。第一帧如果为关键帧，不参加翻转，如图 3-12 所示。

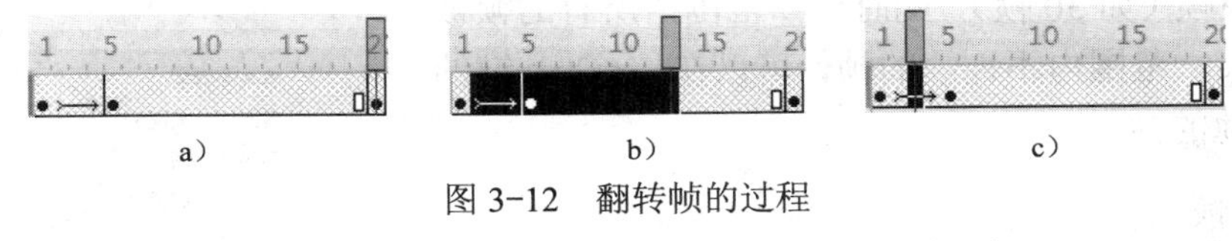

a）　　b）　　c）

图 3-12　翻转帧的过程

a）未转换前　b）选择要翻转的帧　c）翻转后的帧

3.2　图层的基本操作

图层类似于一张透明的薄纸，每张“纸”上绘制一些图形和文字，而一幅作品就是由许多张这样的“纸”相互叠合在一起而形成的。它可以帮助用户组织文档中的插图，也可以在图层上绘制和编辑对象，而不影响其他图层。

图层一般放在时间轴左侧的“图层”面板上，Flash 默认建立一个名字为“图层 1”的图层。需要新建、删除、重命名图层等操作，均可以使用“图层”面板下方有关图层各种操作的按钮，如图 3-13 所示。

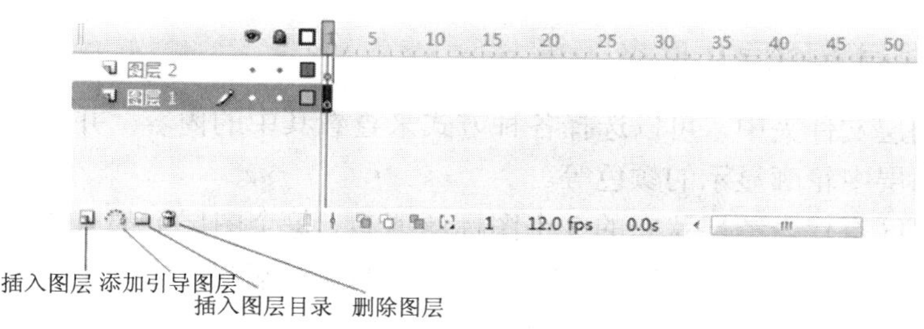

图 3-13 “图层”面板及相关操作按钮

3.2.1 创建图层及图层文件夹

创建 Flash 文档时，默认文档只包括一个图层。要在文档中组织插图、动画、其他元素而使其不互相影响，可以使用创建多个图层的方法。

1. 创建图层

在 Flash 创建新的图层包括 3 种方法。

1）选择“插入”→“时间轴”→“图层”命令。

2）在某一图层单击鼠标右键，在弹出的快捷菜单中选择“插入图层”命令。

3）单击图层编辑区左下角的“插入图层”按钮 。

新增的图层均插入在当前图层之前，名称按“图层 1”“图层 2”“图层 3”等的顺序自动编号，如图 3-14 所示。

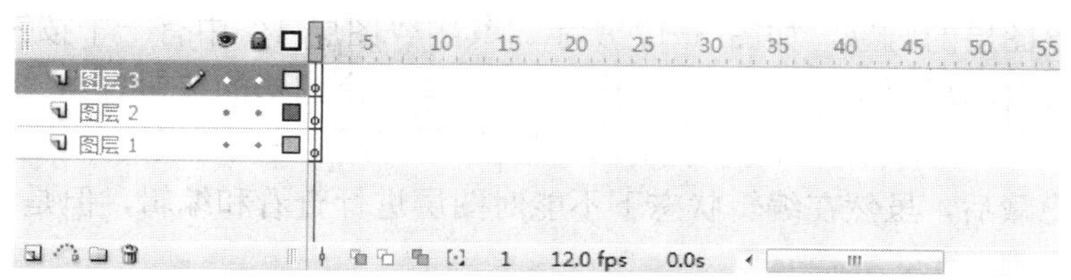

图 3-14 创建图层

2. 创建图层文件夹

图层文件夹是帮助管理图层的最佳方法。如同图层的建立一样，图层文件夹的创建也有 3 种方法，最简单的方法是单击图层底部的“新建文件夹”按钮 ，即可创建“文件夹 1”，如图 3-15 所示。

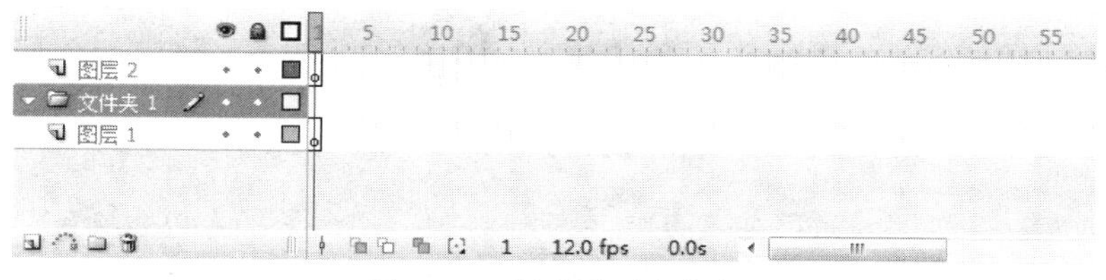

图 3-15 创建图层文件夹

3.2.2 查看图层及图层文件夹

在图层与图层文件夹中，可以选择各种方式来查看其中的内容，并且还可以更改图层的显示高度以及图层中轮廓显示的颜色等。

在图层编辑区有代表图层状态的3个图标，每个图层上都有3个按钮与它们在竖直方向上对应，单击这些按钮可以设置图层的不同的显示模式，方便用户编辑图层，各按钮的功能如图3-16所示。

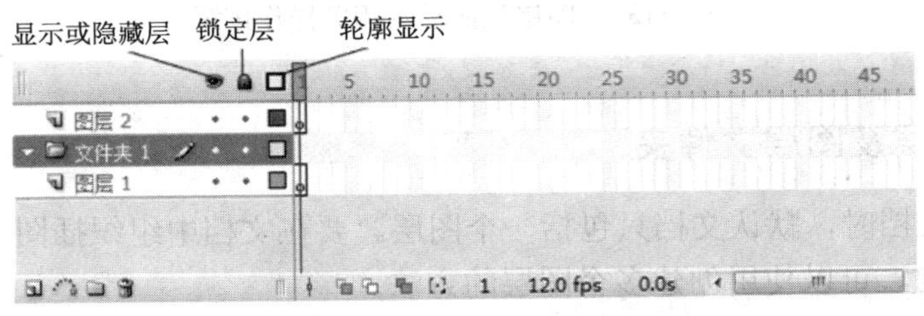

图3-16 按钮的功能

1. 显示或隐藏图层或文件夹

为了防止对某一个图层上的内容进行编辑，影响到其他图层上的对象的编辑，可以隐藏其他图层，只显示当前要编辑的图层。对一个大型的动画，操作对象过多时，这种方法可以使画面显得简洁，也会加快响应速度。

需要显示或隐藏图层时，可以通过单击时间轴中该图层名称右侧的“眼睛”图标，若变为，则表明该图层上的对象被隐藏，舞台中看不到该图层中的内容，再次单击隐藏标记就会重新显示该图层的对象，如图3-17所示。其中“图层1”中有一个按钮，“图层2”中有一个按钮，按钮的标题是“Enter”，“图层3”中有一个圆形的按钮。当“图层1”和“图层2”被隐藏后，只能看见“图层3”中的圆形按钮，如图3-18所示。

当图层被隐藏后，虽然在编辑状态下不能对图层进行查看和编辑，但是在播放动画时该图层仍然可见。

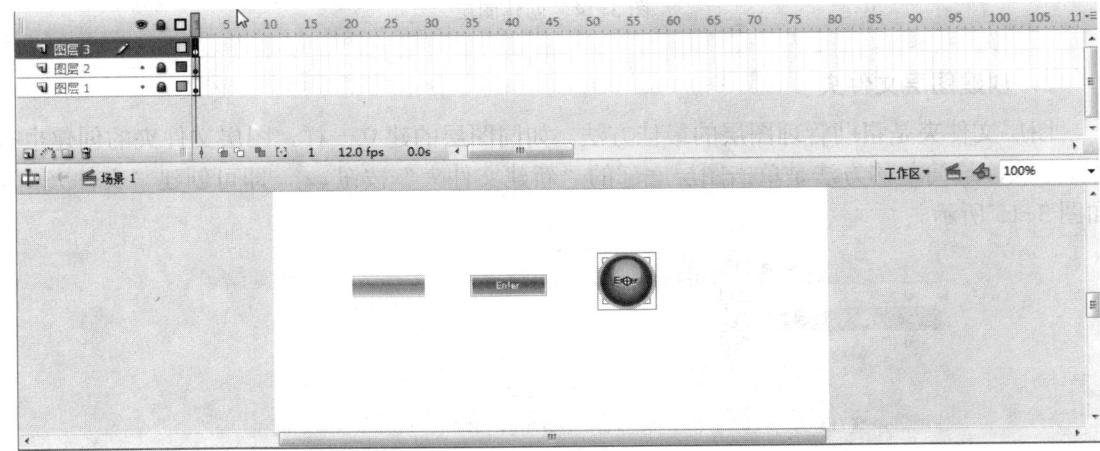

图3-17 没有隐藏的三个图形

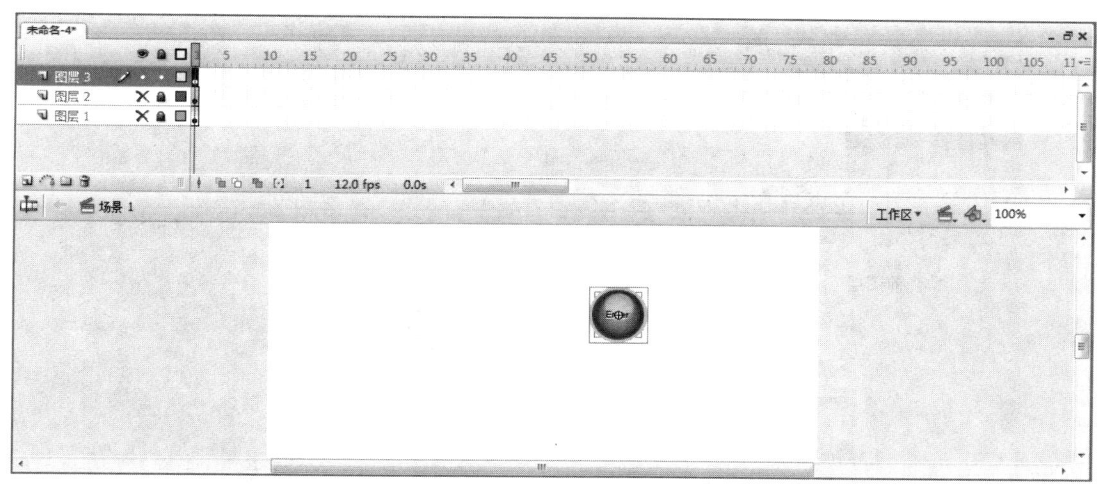

图 3-18　隐藏了两个图形后的图形

2．**图层的轮廓显示**

在编辑对象时可以不显示全部内容，只显示它们的轮廓，这样既加快了显示的速度，又可以参考图层相互之间的位置关系。

每个图层的轮廓标记用不同颜色的方块表示，□表示轮廓显示，■表示原样显示，实现转换可以单击该图层的轮廓标记，如图 3-19a 所示。其中“图层 1”中有一个五角星，“图层 2”中有一个五边星，“图层 3”中有一个圆形。当“图层 1”和“图层 3”以轮廓方式显示后，五角星和圆形只显示边框，而“图层 2”显示五边形的全貌，如图 3-19b 所示。

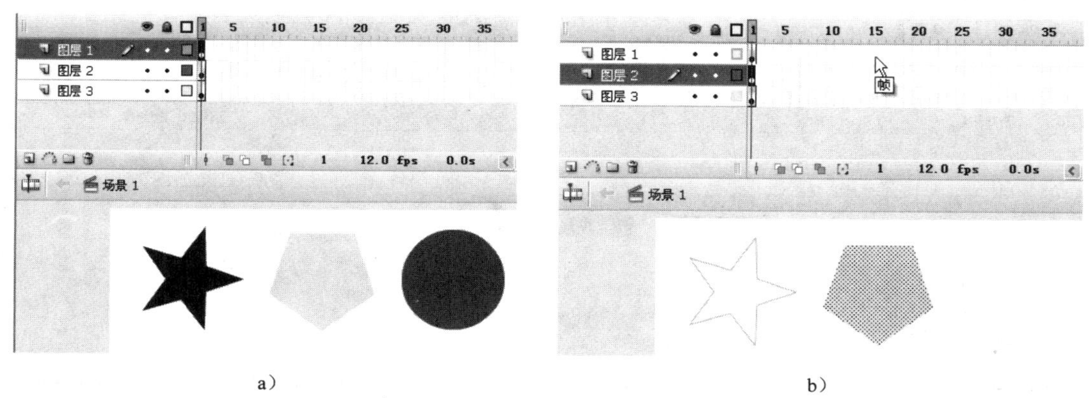

a）　　　　b）

图 3-19　图层的轮廓

a）三个图层都以原样方式显示　b）其中两个图层以轮廓方式显示

3．**图层的锁定**

图层的当前模式与锁定模式，直接关系到该图层上的对象操作。当图层处于当前模式时，可以对该图层上的对象进行编辑，处于锁定模式时，不能进行编辑。

单击某个图层后，该图层显示为蓝色，并显示“铅笔”图标✏，说明该图层为当前图层，如图 3-20 所示，“图层 1”为当前图层。

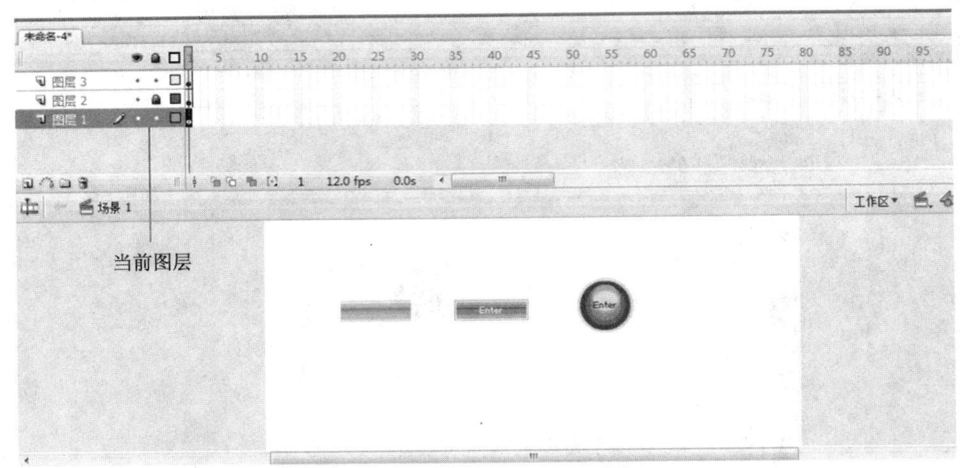

图 3-20　当前图层

进行图层修改操作时，为了防止对其他图层上的内容误操作，可以将当前图层锁定。图层被锁定后，可以看到该图层中的对象，但该图层上的内容不能被编辑。

在某图层上，单击锁定图标🔒对应的按钮，变为锁定图标，该图层被锁定，图层上的内容不能被修改。再次单击即可解锁该图层，如图 3-21 所示。“图层 1”和“图层 2”被锁定后，不能对其进行编辑，但可以看到该图层中的对象，而“图层 3”没有被锁定。

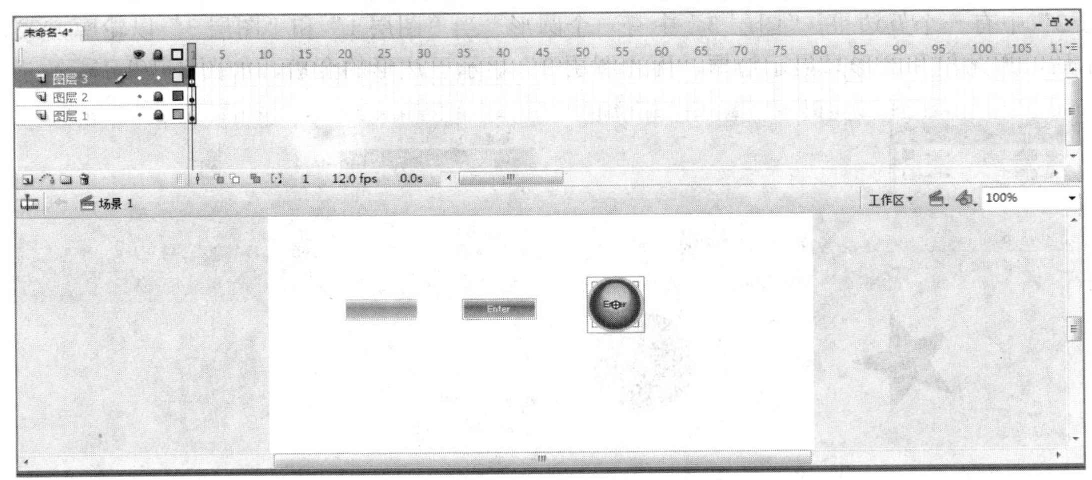

图 3-21　图层锁定

3.2.3　编辑图层及图层文件夹

1. 复制图层

在编辑对象时，复制图层的内容可以减少大量烦琐的工作，提高工作效率。方法如下。

1）单击图层名称，选取整个图层。

2）选择“编辑”→“时间轴”→“复制帧”命令，然后创建一个图层，并选择该图层上的帧，选择“编辑”→“时间轴”→“粘贴帧”命令即可，这时复制的图层对象是在当前帧位置粘贴的，当移动当前图层中的对象后，即可发现其下面有相同的对象。

2. 移动图层

当多个图层上的对象在位置上发生重叠时，位置在上层的对象会遮挡位置在下层的对象，用户可以通过调整图层的上、下次序，来调整不同图层之间对象的叠放顺序。移动图层的顺序，即在图层编辑区中，选中要移动的图层，用鼠标拖动图层，此时会出现一条水平虚线，当虚线达到预定位置后松开鼠标，图层就被移动到当前位置，如图 3-22 所示，“图层 2”被移动到“图层 1”下面。

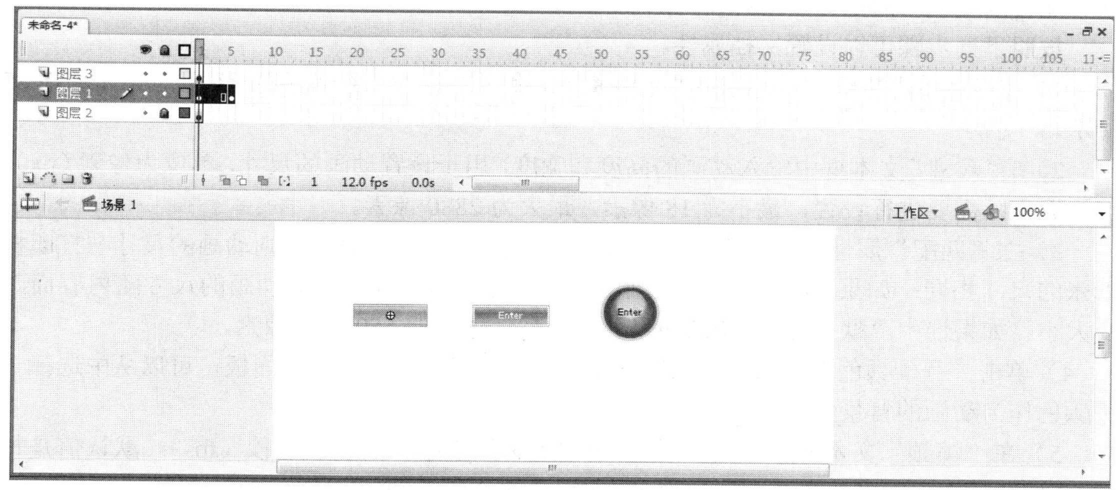

图 3-22　图层移动

3. 重命名图层

双击图层名称，使图层名称变为编辑状态，如图 3-23 所示。输入新的名称后，按<Enter>键即可改变图层的名称，如图 3-24 所示，将“图层 3”改为“圆形按钮”。

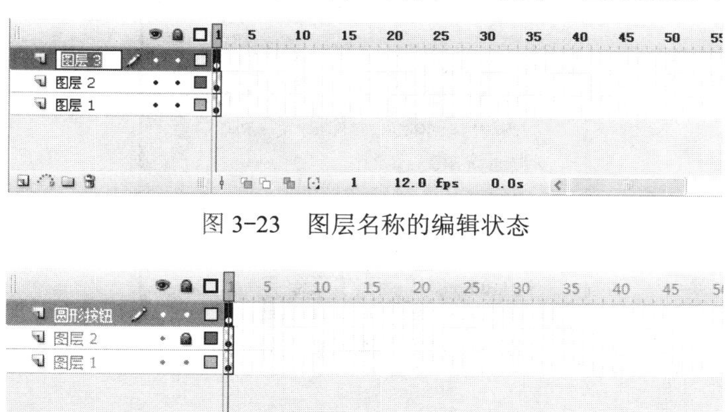

图 3-23　图层名称的编辑状态

图 3-24　图层重命名

4. **删除图层或文件夹**

如果某个图层需要删除，则选取要删除的图层或文件夹，单击图层编辑区下方的“删除图层”按钮或直接将要删除的图层拖到垃圾桶中，即可删除该图层。

3.3 文档属性的设置

用户在开始制作一个 Flash 动画之前，必须先计划好它的放映速度及屏幕大小等。因为如果在中途改动，将会增加很多工作量，这样就需要设置文档属性，以免在制作过程中的改动可能会改变原来的运行效果。

按照下列步骤可以设置文档属性。

1）在舞台单击鼠标右键，选择“文档属性”命令即打开“文档属性”对话框，如图 3-25 所示。

2）在“尺寸”文本框中输入动画的高度和宽度，用于设置动画的尺寸，单位为像素（px）。可根据实际需要进行设置，最小为 18 像素，最大为 2880 像素。

3）在“匹配”属性中包括 3 个单选按钮，如果选中“打印机”，则动画的尺寸与打印机纸张的尺寸相同；如果选中“内容”，则动画的尺寸与内容匹配，即动画的尺寸随内容而改变大小；如果选中“默认”，则动画的尺寸返回默认值，即 550×400 像素。

4）单击“背景颜色”右侧的颜色框按钮，就会出现一个“颜色”面板，可以从中选择一种颜色作为动画的背景颜色。

5）在“帧频”文本框中，可以设置动画的播放速度，单位是帧/秒（fps）。默认值是每秒 12 帧，适合于大多数动画。用户也可以输入其他数值，定义动画的放映速度。

6）单击“标尺单位”下拉列表，弹出可以选用的设置动画的“标尺单位”，包括“英寸”“英寸（十进制）”“点”“厘米”“毫米”“像素”，默认为“像素”。

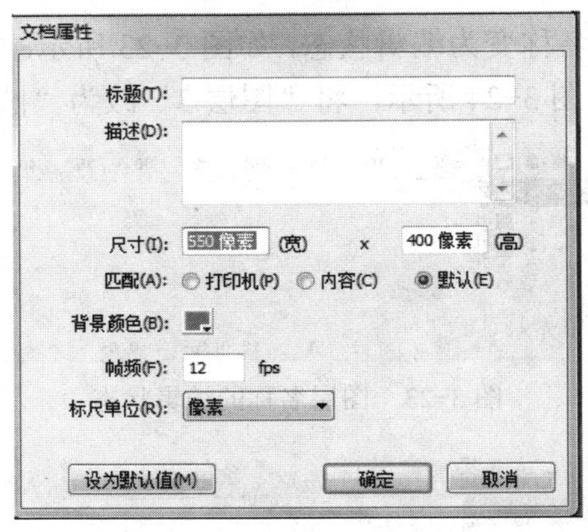

图 3-25 “文档属性”对话框

第 4 讲　先过一把瘾——制作简单小动画

【魔法】——小车行进

【魔法目标】制作一个小车和路面，完成小车沿路面运动动画

完成效果，如图 4-1 所示。

图 4-1　完成效果

【魔法分析】使用“矩形工具”制作路面和小车车体，使用“椭圆工具”制作车轮。使用运动补间动画制作小车从路面左侧运动到右侧的动画。

【魔法展示】

1．新建文件

选择“文件”→“新建”命令，新建一个空白文档。单击“属性”面板中的“大小”按钮，打开“文档属性”对话框，设置文档的“尺寸”为 550×400 像素，“背景颜色”为“#FFFF66”。

2．制作路面

将“图层 1”重命名为“路面”，选择“矩形工具”，设置“笔触颜色”为无色，“填充颜色”为“#336600”，绘制矩形路面，如图 4-2 所示。

图 4-2　制作路面

3．制作小车

1）新建一个图层并命名为“车”。选择“矩形工具”，设置“笔触颜色”为无色，“填充颜色”为“#FF0000”，绘制矩形车体。选择“矩形工具”，设置“笔触颜色”为无色，“填充颜色”为“#000000”，绘制车顶，如图 4-3 所示。

2）选择“椭圆工具”，设置“笔触颜色”为无色，“填充颜色”为“#000000”，绘制车轮。选中车轮，按<Ctrl>键并水平移动车轮，复制另外一个车轮，如图 4-4 所示。

图 4-3　小车车身

图 4-4　为小车加轮子

4．制作小车行进动画

1）选中小车，按<Ctrl+G>组合键将小车组合。

2）选择小车图层的第 40 帧，按<F6>键创建关键帧。选中“路面”图层第 40 帧，按<F5>键将帧延长至 40 帧处，时间轴如图 4-5 所示。

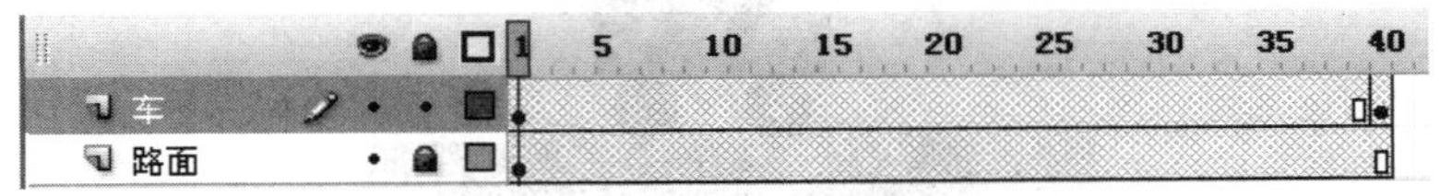

图 4-5　时间轴

3）调整“小车”图层第 1 帧处的小车位置到场景的最左侧，调整“小车”图层第 40 帧的小车位置到场景的最右侧。选中“小车”图层的任意帧单击鼠标右键选择“创建补间动画”命令，如图 4-6 所示。

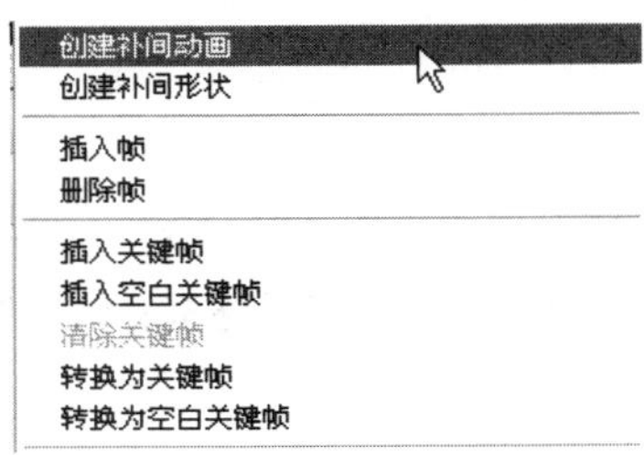

图 4-6　创建补间动画

最终完成了小车从左到右行进的运动动画，时间轴如图 4-7 所示。

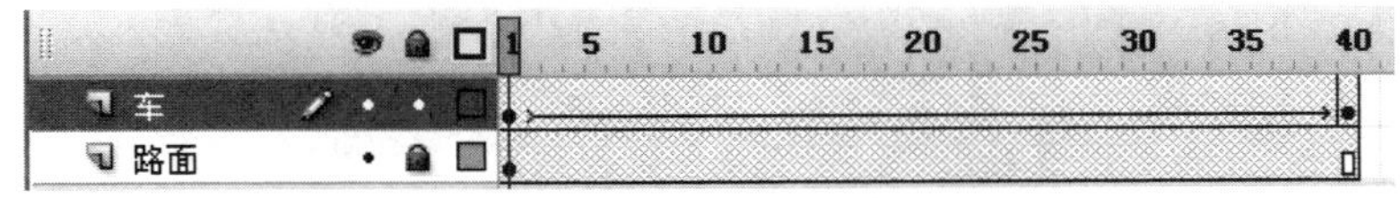

图 4-7　最终时间轴

5．保存和发布

选择“文件”→“导出”→“导出影片”命令，在“导出影片”对话框中设置影片保存的路径、名称、类型，单击“保存”按钮生成最终作品。

魔 法 培 训

嗨！朋友们，急训结束了，怎么样？感受如何？对我们的魔法培训是不是有一定的了解了，是不是跃跃欲试了呢？好了，现在欢迎进入魔法培训学校！

第 5 讲　图 形 制 作

5.1　选择工具和绘图工具

5.1.1 【魔法】——一盆小花

【魔法目标】制作一盆小花

完成效果，如图 5-1 所示。

图 5-1　完成效果

【魔法分析】使用“椭圆工具”制作出一个花瓣，再使用“变形”面板中的工具进行变形并复制，形成花朵；使用“椭圆工具”和“直线工具”绘制出茎和叶；使用“矩形工具”“椭圆工具”“直线工具”和“任意变形工具”绘制花盆。

【魔法道具】

1.“选择工具”

“选择工具”是工具箱中使用最频繁的工具，主要用来选择目标、修改目标形状的轮廓、移动对象及复制对象。

（1）选择目标

1）选择一个对象。如果选取的是一条直线、一个元件或文字，只需要在对象上单击鼠标。如果选取的是一个带有边框的图形，在边框上单击，则只能选择一条边框，在边框上双击鼠标，则可以选中整个边框轮廓。如果在图形的填充区域单击鼠标，则只能选择填充区域，而不会选择边框，如果在填充区域双击鼠标，则可以将整个图形选取，如图 5-2 所示。

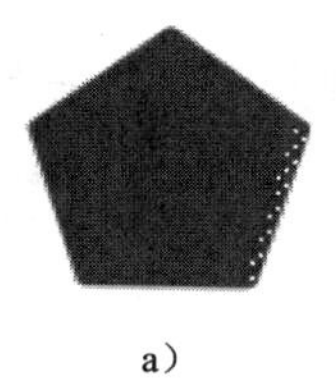
a）

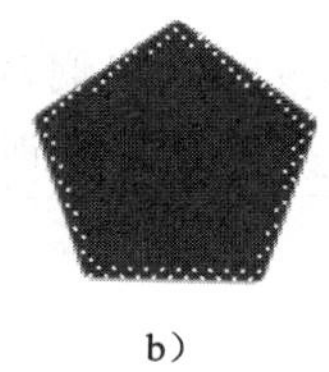
b）

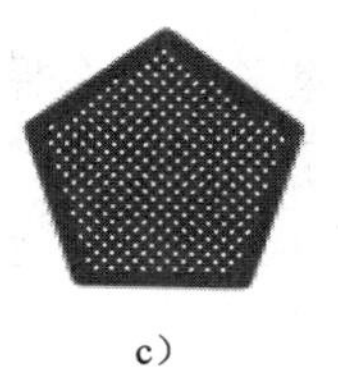
c）

d）

图 5-2　不同的选择效果

a）选择一条边框　b）选择整个轮廓　c）选择填充区域　d）选择整个图形

2）选择多个对象。按住<Shift>键，再用鼠标进行选择，可以选择多个对象；也可以用鼠标拖动画出一个矩形虚线框，则鼠标画框的区域内的对象都会被选择。

（2）修改目标形状轮廓

1）将直线变为曲线。选择“选择工具”将鼠标移动到某一线段上，当箭头下方出现一个弧线时，按住鼠标左键拖动鼠标，该线段将跟随鼠标移动，到所需位置后松开鼠标，直线就变成曲线，如图 5-3 所示。

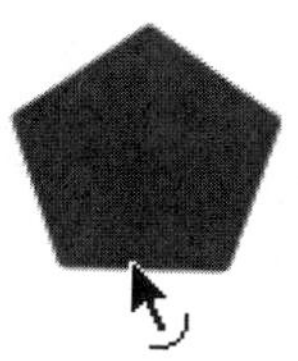
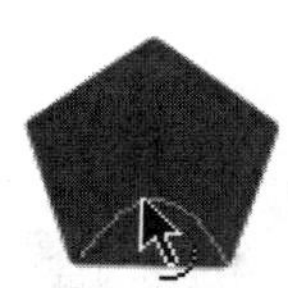

图 5-3　直线变成曲线的过程

2）移动拐角点。选择“选择工具”将鼠标移动到某一对象的拐角点上，当箭头下方出现一个拐角时，按住鼠标左键并拖动，该拐角点将跟随鼠标移动，到所需位置后松开鼠标即可，如图 5-4 所示。

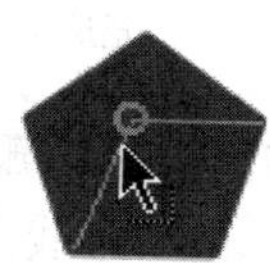

图 5-4　移动拐角点的过程

3）增加拐角点。选择“选择工具”将鼠标移动到某一线段上，当箭头下方出现一个弧线时，按住<Ctrl>键并拖动鼠标，到适当的位置后松开鼠标即可增加一个拐角点，如图 5-5 所示。

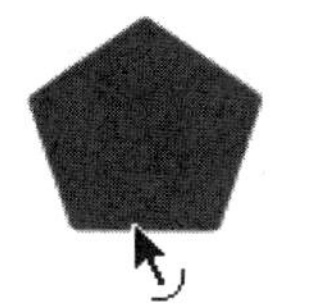
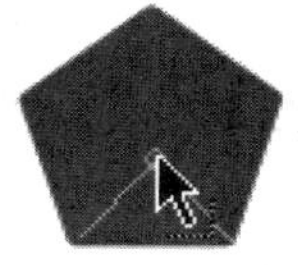

图 5-5　增加拐角点的过程

（3）移动对象

先选择要移动的对象，将鼠标移动到对象上，当箭头下方出现四个方向箭头时，拖动鼠标，则被选中的对象即可随着鼠标移动。

（4）复制对象

先选择要复制的对象，将鼠标移到对象上，按住<Ctrl>键或<Alt>键并拖动鼠标到目标位置，即可将选择的对象进行复制。

❖　无论是在移动对象或是复制对象的过程中，按住<Shift>键，都会使对象沿水平、垂直或按照 45° 倍数的方向移动或复制。

2.“直线工具”

“直线工具”是用来绘制直线的。使用“直线工具”，从起点处开始拖动鼠标，在适当的位置松开鼠标，即可绘制一条直线。如果在拖动的过程中，按住<Shift>键，可以绘制出水平、垂直或按照 45° 倍数方向的直线。

绘制直线前需要设置直线的属性，包括直线的颜色、粗细和类型等，在“属性”面板中可以进行相应的设置，如图 5-6 所示。

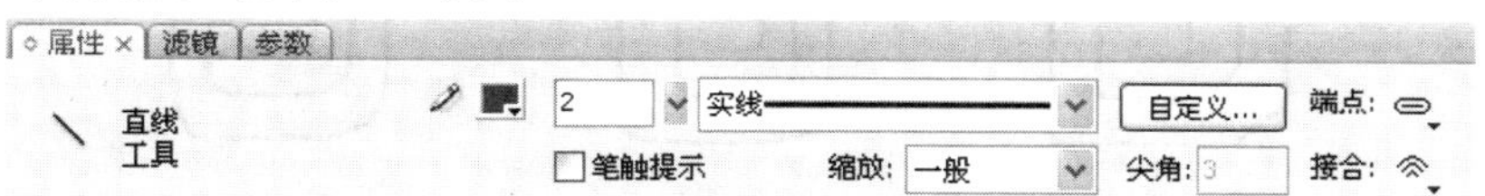

图 5-6　“直线工具”的“属性”面板

（1）颜色

单击“笔触颜色”按钮，会弹出调色板，可以用鼠标直接选取直线的颜色。

（2）粗细

在“笔触高度” 2 文本框中可以设置直线的粗细，可以手动输入数值，也可以通过调整滑块来改变直线的粗细。

（3）类型

单击“笔触样式”下拉列表框，可以选择直线的类型，如图 5-7 所示。单击“自定义”按钮会弹出“笔触样式”对话框，如图 5-8 所示，在该对话框中可以设置直线属性。

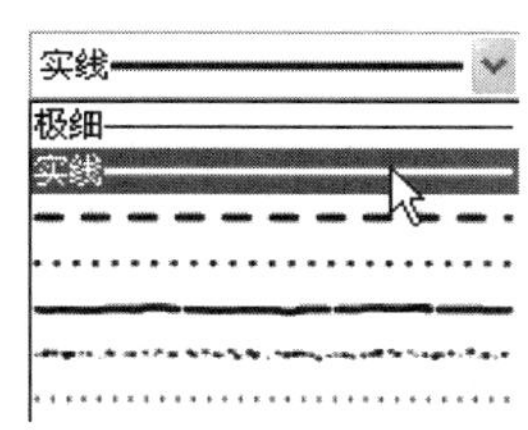

图 5-7　“笔触样式”下拉列表

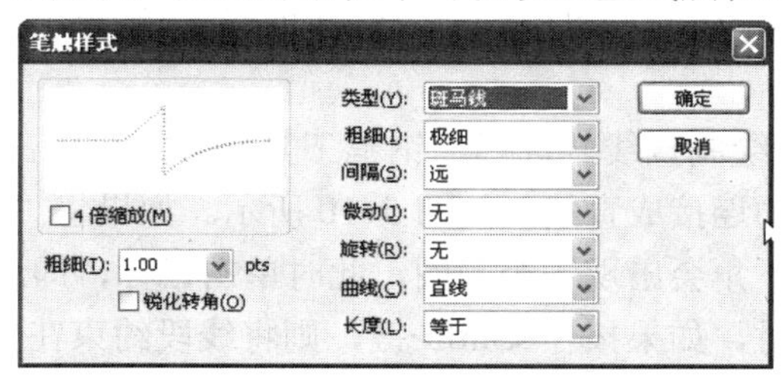

图 5-8　“笔触样式”对话框

选择“直线工具”后，对应的选项栏中有2个辅助选项：“对象绘制”和“贴紧至对象”。

❖ 是“对象绘制”按钮，单击该按钮，绘制的直线将为独立的对象，不会与其他对象互相影响。

❖ 是“贴紧至对象”按钮，也称为磁铁或捕获按钮。单击此按钮后，启动自动捕捉功能。当用鼠标拖动一个对象靠近另一个对象时，如果被拖动的对象没有达到另一个对象的捕捉范围，拖动点箭头上会出现一个小圆圈；当达到另一个对象的捕捉范围时，箭头上的圆圈会突然变大，自动与另一个对象连接。当绘制多条线条时，按下该按钮，可以保证线条的端点严格贴紧。

3.“铅笔工具”

“铅笔工具”主要是使用鼠标直接在舞台上随意绘制线条或不规则的形状。“铅笔工具”的“属性”面板与“直线工具”的相同，使用方法也相同。区别在于，“铅笔工具”多了一个选项。选择“铅笔工具”后，选项区会显示铅笔模式按钮，单击该按钮可以显示出铅笔的3种模式：“直线化”、“平滑”和“墨水”。

1）“直线化”：可以使绘制的线条自动趋向于规整的直线、椭圆、三角形、矩形等形状。

2）“平滑”：可以使绘制的线条趋于平滑。

3）“墨水”：能够产生手绘的效果，也可以绘制出接近手写体效果的线条。

使用3种模式绘制线条的效果如图5-9所示。

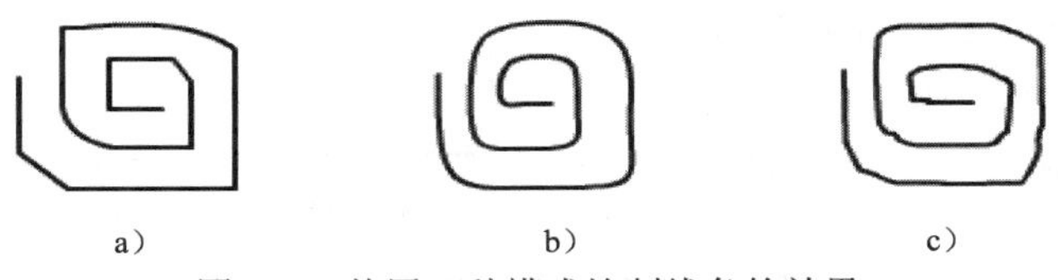

a) b) c)

图5-9 使用3种模式绘制线条的效果

a)“直线化”模式 b)“平滑”模式 c)“墨水”模式

4.“钢笔工具”

“钢笔工具”是用来绘制各种复杂形状的，绘制出来的是贝塞尔曲线，它能以节点的方式建立复杂的选区形状，精确地控制所绘制线条的弧度和节点的位置。“钢笔工具”是一个工具组，除了基本钢笔工具外，还包括其他几种与钢笔工具相关的工具，可以通过单击右下角的黑色三角按钮进行切换。

（1）“钢笔工具”

“钢笔工具”可以绘制直线或曲线。“钢笔工具”的“属性”面板设置与“直线工具”完全一致。

1）绘制直线。选择“钢笔工具”后，每单击一次，就会产生一个节点，并且同前一个节点自动连接成直线，如图5-10所示。如果将“钢笔工具”移至线段的起始点处，“钢笔工具”右下角会出现一个圆圈，此时单击鼠标，即连成一个闭合曲线，如图5-11所示。在绘制的同时，如果按住<Shift>键，则将线段约束在45°的倍数角方向上。

2）绘制曲线。“钢笔工具”最强大的功能在于绘制曲线。在绘制新的线段时，在某一位置按下鼠标左键后不要松开，拖动鼠标，新节点自动与前一节点用曲线相连，并且显示出拖动手柄，调整拖动手柄可以控制曲线的斜率和曲度，如图 5-12 所示。

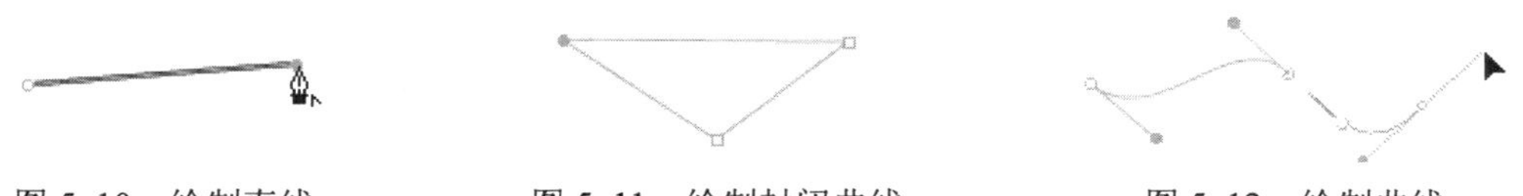

图 5-10　绘制直线　　图 5-11　绘制封闭曲线　　图 5-12　绘制曲线

（2）“添加锚点工具”

如果要绘制更加复杂的曲线，则需要在曲线上添加一些锚点。“添加锚点工具”可以为线条添加节点。选择“添加锚点工具”，笔尖对准要添加节点的位置单击，则在该点上添加了一个锚点，如图 5-13 所示。

（3）“删除锚点工具”

“删除锚点工具”可以删除线条上的节点。选择“删除锚点工具”，将笔尖对准要删除的锚点单击，即删除该锚点，如图 5-14 所示。

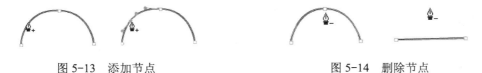

图 5-13　添加节点　　图 5-14　删除节点

（4）“转换锚点工具”

“转换锚点工具”可以对线条上的锚点进行转换。选择“转换锚点工具”，将钢笔移动到某一个锚点上。如果原锚点是直线锚点，则选中锚点后拖动即可将该锚点转换为曲线锚点，并在锚点的两侧出现控制柄；如果原锚点是曲线锚点，则在锚点上单击即可将该锚点转换为直线锚点，如图 5-15 所示。

a）　　b）

图 5-15　锚点转换

a）曲线锚点转换为直线锚点　b）直线锚点转换为曲线锚点

5.“部分选取工具”

所谓“部分选取”是指使用该工具只能选取图形的边框，显示边框的节点。“部分选取工具”主要用于调整线条上的节点，改变线条的形状。使用“钢笔工具”配合“部分选取工具”几乎可以绘制出任意复杂程度的矢量对象。

选择“部分选取工具”，单击工作区中的线条，线条上的所有节点将显示为空心节点，在某一个节点上单击，空心节点变成实心节点，此时即可对该节点进行编辑。按<Delete>键可以删除该节点，拖动节点可以移动节点的位置，拖动控制手柄可以调整曲线的形状和曲度，如图 5-16 所示。

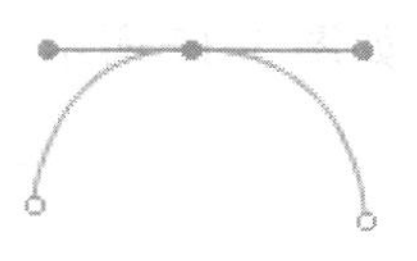
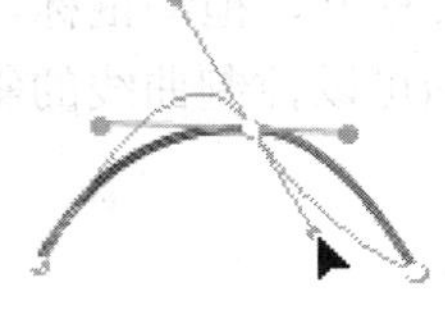

a） b）

图 5-16 “部分选取工具”的使用

a）选择节点 b）调整曲线点

❖ 在使用“部分选取工具”拖动节点时，即将节点转换为曲线点时，按<Alt>键，可以只调整曲线节点一侧的控制手柄。

6.“套索工具”

“套索工具”是比较灵活的选取工具，也可以用来选择舞台上的形状对象。与“选择工具”不同的是，“套索工具”可以用来选取任何形状的对象，而“选择工具”只能拖出矩形的选取范围。此外，“套索工具”还可以选择分离后位图的不同颜色区域，因此，它的功能更强一些。

“套索工具”的选项栏中包括 3 个辅助选项：“魔术棒”、“魔术棒设置”和“多边形模式”（选择多边形区域及不规则的区域）。

1）“魔术棒”：主要用于对位图进行操作，对矢量形状对象无效，使用“魔术棒”在单击位图图像时，将选中与单击点颜色相近的颜色图形块，如图 5-17 所示。

❖ 对于位图，使用“魔术棒工具”前必须将它们打散。方法是选择菜单“修改”→“分离”命令，或者按<Ctrl+B>组合键。

2）“魔术棒设置”：单击该按钮会弹出“魔术棒设置”对话框，如图 5-18 所示。对话框中有“阈值”和“平滑”两个选项。“阈值”用于定义与选取范围内相邻像素色值的接近程度。数值越大，魔术棒选取的容差范围也越大。如果输入的数值为 0，则只有与单击点像素值完全一致的像素才会被选中；如果输入的数值为 100，则所有像素都会被选中。“平滑”用于定义位图边缘的平滑程度，它有“像素”“粗略”“一般”和“平滑”4 个选项。

3）“多边形模式”：单击“多边形模式”按钮后，“套索工具”会进入多边形模式。每单击一下鼠标就会确定一个端点，端点之间用直线连接，双击鼠标，“套索工具”会将先前绘制的部分自动封闭，组成一个多边形，多边形所包含的区域即为选择的区域，如图 5-19 所示。

图 5-17 用“魔术棒”选择颜色相近的色块

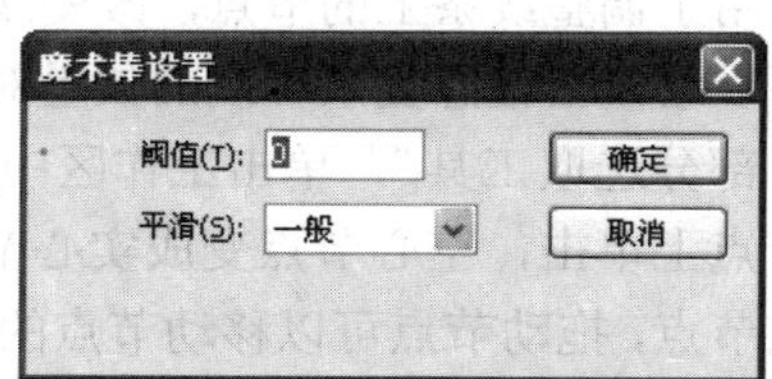

图 5-18 “魔术棒设置”对话框

图 5-19　用“多边形模式”选择

7.“矩形工具”

“矩形工具”是一个工具组，包括“矩形工具”“椭圆工具”“基本矩形工具”“基本椭圆工具”和“多角星形工具”，是用来绘制四边形、椭圆形、圆形、多边形及星形的。可通过单击右下角的黑色三角按钮进行切换。

（1）“矩形工具”

“矩形工具”是用来绘制矩形和正方形的。选择“矩形工具”，拖动鼠标即可绘制出矩形。如果在拖动的过程中按住<Shift>键，则可以绘制出正方形。

绘制矩形前需要设置矩形的属性，包括边线、填充颜色及边角半径等，在“属性”面板中可以进行相应的设置，如图 5-20 所示。

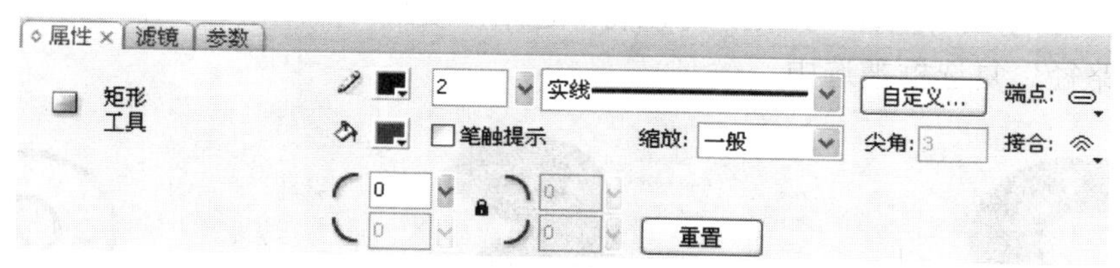

图 5-20　“矩形工具”的“属性”面板

1）矩形边线的设置与线条的设置完全相同。

2）“填充颜色”。单击“填充颜色”按钮，会弹出调色板，可以用鼠标直接选取填充的颜色。

3）“矩形边角半径”。在此文本框中可以设置矩形的四个角的圆角度数，可以手动输入数值，也可以通过调整滑块的值来改变角度，以绘制相应的圆角矩形。

矩形边角半径设置区域内有一个锁头形状的“锁定”按钮，默认为锁定状态。在锁定状态下，矩形的四个角的圆角度数相同，只设置一个角的角度即可；在“锁定”按钮上单击，“锁定”按钮为开锁状态，可以分别对矩形的四个角设置不同的圆角度数。

4）“重置”。单击“重置”按钮，可以使角的圆角度数重置为全为 0 的状态。

❖　如果在画完矩形后，不松开鼠标，按键盘的上、下方向键，也可以调整圆角的半径。

（2）“椭圆工具”

“椭圆工具”是用来绘制椭圆和圆的。“椭圆工具”的使用方法与“矩形工具”基本相同。选择“椭圆工具”，拖动鼠标即可绘制出椭圆。如果在拖动的过程中，按住<Shift>键，可以绘制出正圆。不同的是在“椭圆工具”的“属性”面板中没有边角半径的设置，而有“起始角度”“结束角度”及“内径”的设置，如图 5-21 所示。

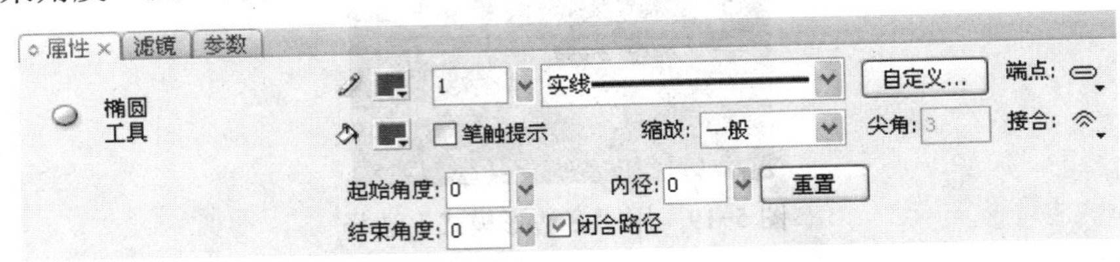

图 5-21 “椭圆工具”的“属性”面板

1）“内径”。在“内径”文本框中设置参数可以绘制圆环，可以手动输入数值，也可以通过调整滑块来改变大小，如图 5-22 所示。

2）起始角度、结束角度。在“起始角度”和“结束角度”文本框中设置参数可以绘制部分椭圆，可以手动输入数值，也可以通过调整旋转按钮的值来改变角度，如图 5-23 所示。

3）“闭合路径”。当设置了“起始角度”和“结束角度”时，选中“闭合路径”复选框，则绘制的是部分椭圆，不选中“闭合路径”复选框，则绘制的是部分弧线，如图 5-24 所示。若未设置边线，则不显示任何图像。

4）“重置”。单击“重置”按钮，可以将“起始角度”“结束角度”“内径”全部重置为 0，同时“闭合路径”复选框被选中。

图 5-22 设置“内径”的椭圆

图 5-23 设置“起始角度”和“结束角度”

图 5-24 未选择“闭合路径”

（3）“基本矩形工具”

“基本矩形工具”的使用方法与“矩形工具”基本相同，不同的是在画好矩形后，选择“选择工具”单击矩形，矩形的四角会出现 4 个节点，可以通过拖动角部的节点重新修改四角的弧度，如图 5-25 所示。

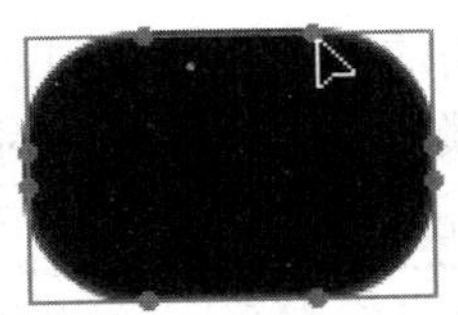

图 5-25 调整基本矩形四角的弧度

（4）“基本椭圆工具”

“基本椭圆工具”与“基本矩形工具”类似。它的使用方法与“椭圆工具”基本相同，不同的是在画好椭圆后，选择“选择工具”单击椭圆，在椭圆的中心及边线上会各有一个节点。拖动边线上的节点可重新修改椭圆的“起始角度”和“结束角度”，拖动中心上的节点，可重新修改椭圆的内径，如图 5-26 所示。

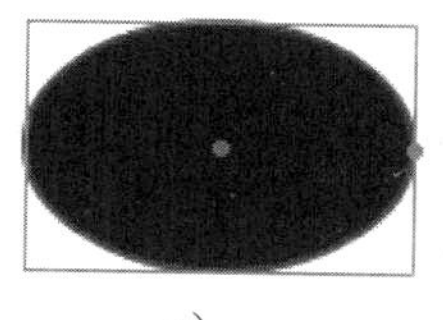
a）

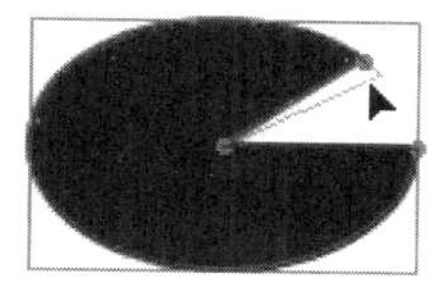
b）

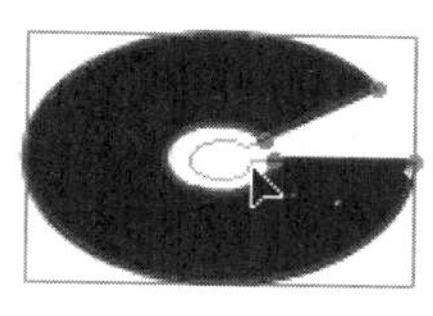
c）

图 5-26　基本椭圆的重新调整

a）绘制好的基本椭圆　b）重新调整椭圆的起始角度　c）重新调整椭圆的内径

（5）“多角星形工具”

“多角星形工具”的使用方法与“矩形工具”基本相同，可以绘制出不少于三条边的等边多边形或星形。选择“多角星形工具”后，在“属性”面板上单击“选项”按钮，会出现“工具设置”对话框，如图 5-27 所示。单击“样式”下拉列表，可以选择绘制图形的样式为“多边形”或“星形”；在“边数”文本框中可以设置多边形的边数或星形的角数；在“星形顶点大小”文本框中可以设置星形顶点的尖锐程度。在舞台中拖动鼠标，即可以绘制出相应的多边形或星形。

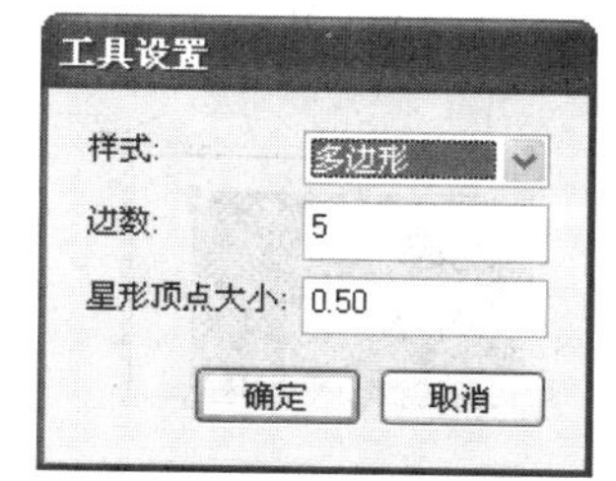

图 5-27　“工具设置”对话框

8.“任意变形工具”

“任意变形工具”可以对选中的对象进行变形或旋转。选择要变形或旋转的对象，单击“任意变形工具”，在选中的对象四周会出现黑色边框，边框上共有 8 个控制点，中央有一个小圆圈。“任意变形工具”没有“属性”面板，但是在选择“任意变形工具”后，在选项栏中会出现 4 个选项按钮：“旋转与倾斜”、“缩放”、“扭曲”和“封套”。其中“旋转与倾斜”“缩放”对所有的对象都有效，而“扭曲”和“封套”只对形状对象有效，对组对象、符号和位图都不起作用。

（1）“旋转与倾斜”

单击“旋转与倾斜”按钮，对选中的对象能进行旋转和倾斜的操作。将鼠标移到线段中间的控制点时，鼠标变成双向箭头⇅，拖动鼠标可以使对象进行倾斜，将鼠标放到角上的 4 个控制点上，变成箭头↻时，拖动鼠标可以使对象进行旋转，如图 5-28 所示。旋转对象时，对象中心的小圆圈就是旋转的中心点，可以通过用鼠标拖动旋转中心点将对象旋转中心点移到其他位置。

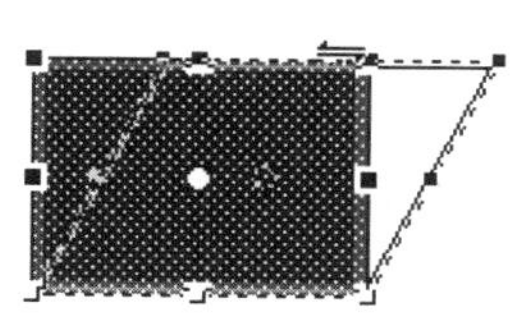

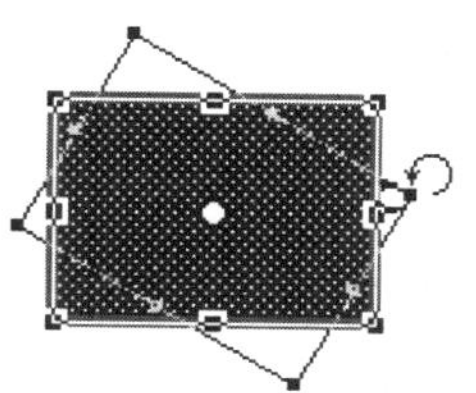

图 5-28　对象的倾斜与旋转

（2）“缩放”

单击“缩放”按钮，将鼠标放到 8 个控制点上，鼠标变成双箭头↕时，拖动鼠标可使对象进行缩放。拖动对象上、下边框中间的控制点可使对象在垂直方向缩放变形，拖动对象左、右边框中间的控制点可使对象在水平方向上缩放变形，拖动对象 4 个角上的控点可以同时进行垂直和水平两个方向的缩放。如果按住<Shift>键，则可以保持水平、竖直方向上按比例缩放，如图 5-29 所示。

（3）“扭曲”

单击“扭曲”按钮，将鼠标移到 4 个角上的控制点时，拖动控制点，可以使对象角部发生扭曲变形，如图 5-30 所示。

（4）“封套”

单击“封套”按钮，对象的每一个边上均新增了 4 个控制点，拖动控制点，可以使对象扭曲变形，如图 5-31 所示。

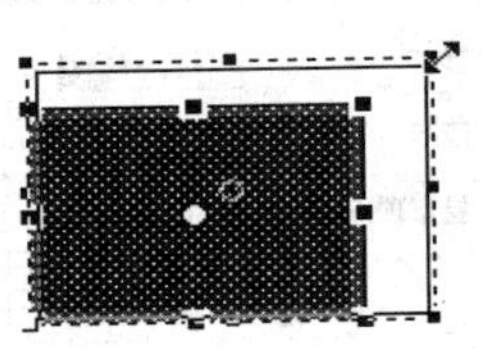

图 5-29　对象的缩放

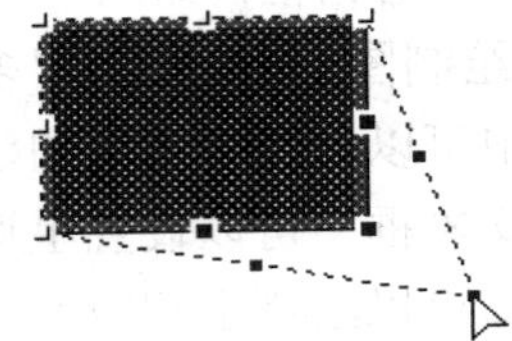

图 5-30　对象的扭曲

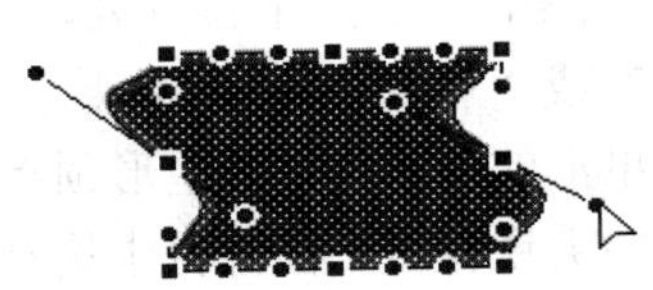

图 5-31　对象的封套

【魔法展示】绘制一盆小花

1．新建文件

选择“文件”→“新建”命令，新建一个空白文档。单击“属性”面板中的“大小”按钮，打开“文档属性”对话框，设置文档的“尺寸”为 400×400 像素，“背景颜色”为“#99FFFF”。

2．绘制小花

1）选择“椭圆工具”，在“属性”面板中设置“填充颜色”为“#FF0000”，“笔触颜色”为无色，绘制一个椭圆。

2）选择“任意变形工具”，在椭圆上单击，调整旋转中心到椭圆的底部，如图 5-32 所示。

3）打开“变形”面板，设置旋转角度为 45°，如图 5-33 所示，连续单击“复制并应用变形”按钮7 次，形成花朵，如图 5-34 所示。

4）选择“椭圆工具”，在“属性”面板中设置“填充颜色”为“#FFFF00”，“笔触颜色”为无色，按住<Shift>键绘制一个正圆，并移动到相应的位置，为小花加上花心，如图 5-35 所示。

图 5-32　调整旋转中心

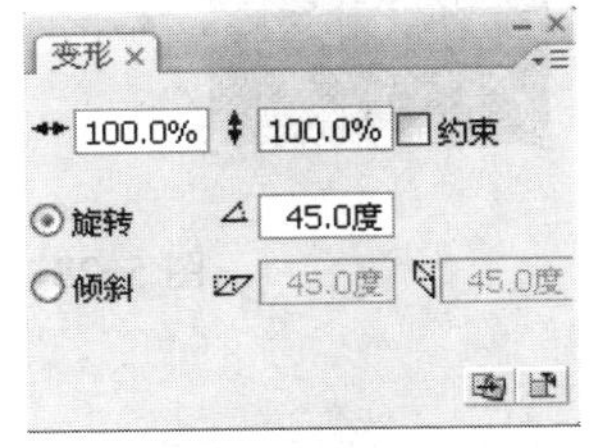

图 5-33　“变形”面板

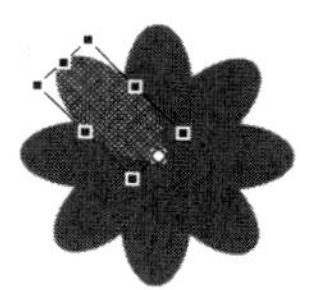

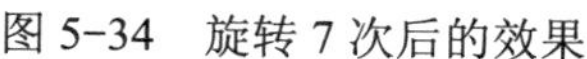

图 5-34　旋转 7 次后的效果

图 5-35　加上花心

3. 绘制花叶

1）选择“直线工具”，在“属性”面板中设置“笔触颜色”为“#006600”，“笔触高度”为 6，“笔触样式”为“实线”，按住<Shift>键在花的下方绘制一条直线，作为花的茎。

2）选择“椭圆工具”，在“属性”面板中设置“填充颜色”为“#009900”，“笔触颜色”为“#006600”，“笔触高度”为 2，“笔触样式”为“实线”，绘制一个椭圆，选择“直线工具”，在“属性”面板中设置“笔触颜色”为“#006600”，“笔触高度”为 2，“笔触样式”为“实线”，在椭圆上绘制一些线条，形成叶脉，如图 5-36 所示。

3）选择“选择工具”，将整个叶子选中，选择菜单“修改”→“组合”命令或按<Ctrl+B>组合键，单击“任意变形工具”，调整叶子的角度，并移到相应的位置，如图 5-37 所示。

图 5-36　叶片

图 5-37　调整叶片位置

4）选择绘制好的叶子，按住<Ctrl>键拖动，复制一个叶子，选择“修改”→“变形”→“水平翻转”命令，如图 5-38 所示，制作出另一片叶子，并移到相应的位置，选中整个小花，选择菜单“修改”→“组合”命令或按<Ctrl+B>组合键，将小花组合在一起，如图 5-39 所示。

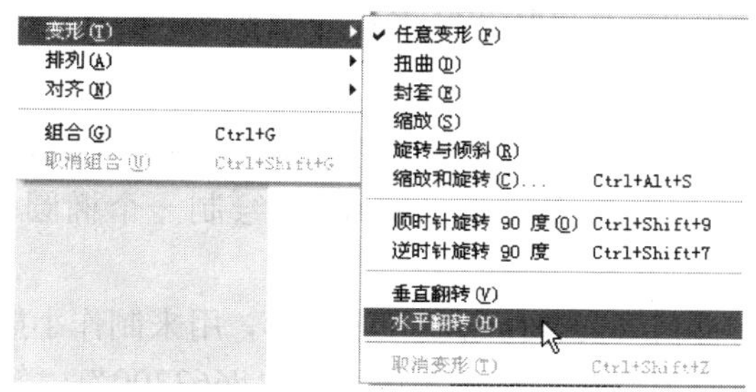

图 5-38　水平翻转

图 5-39　小花

4. 绘制花盆

1）选择“矩形工具”，在“属性”面板中设置“填充颜色”为“#660000”，“笔触颜色”为“#330000”，“笔触高度”为 2，“笔触样式”为“实线”，绘制一个矩形。

2）选择“任意变形工具”，单击“扭曲”按钮，按<Shift>键的同时用鼠标拖动矩形右下角的角点，使矩形变成梯形，如图 5-40 所示。

3）选择“椭圆工具”，在“属性”面板中设置“填充颜色”为“#330000”，“笔触颜色”为“#330000”，“笔触高度”为 2，“笔触样式”为“实线”，在梯形的上面绘制一个椭圆，形成花盆的盆口。

4）选择“直线工具”，在“属性”面板中设置“笔触颜色”为“#330000”，“笔触高度”为 2，“笔触样式”为“实线”，在盆口的下部绘制一条直线，并用“选择工具”，当鼠标变成状态时，修改直线形状及梯形下面的直线，形成花盆，如图 5-41 所示。

5）调整小花与花盆的位置，完成，最终效果如图 5-1 所示。

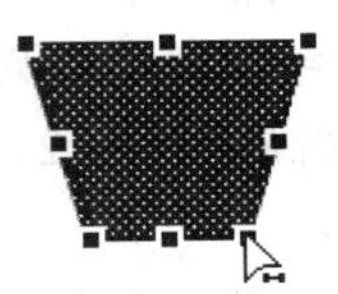

图 5-40　由矩形修改成梯形

图 5-41　花盆效果

5.1.2 【小试身手】卡通小熊

完成效果，如图 5-42 所示。

图 5-42　完成效果

1. 新建文件

选择“文件”→“新建”命令，新建一个空白文档。单击“属性”面板中的“大小”按钮，打开“文档属性”对话框，设置文档的“尺寸”为 400×400 像素，“背景颜色”为“#99CCFF”。

2. 绘制小熊的头部

1）选择“椭圆工具”，在“属性”面板中设置“填充颜色”为“#993300”，“笔触颜色”为“#663300”，“笔触高度”为 3，“笔触样式”为“实线”，绘制一个椭圆，做为小熊的头。

2）选择“椭圆工具”，使用 1）中的属性值不变，再绘制一个圆形，用来制作小熊的耳朵。

3）选择“直线工具”，在“属性”面板中设置“笔触颜色”为“#663300”，“笔触高度”为 3，“笔触样式”为“实线”，在刚绘制的圆形内绘制一条斜线，如图 5-43 所示。

4）选择“选择工具”，在圆形的右下半部分双击并选中，按键盘上的<Delete>键将其删除，剩余的部分形成小熊耳朵的外部轮廓。

5）选择“直线工具”，在“属性”面板中设置“笔触颜色”为“#663300”，“笔触高度”

为 3，“笔触样式”为“实线”，在刚绘制的小熊耳朵上绘制一条直线，并用“选择工具”进行调整，形成小熊的耳朵，如图 5-44 所示。

6）选择“选择工具”，选中小熊的耳朵，按住<Ctrl>键拖动，复制出一只耳朵，选择“修改”→“变形”→“水平翻转”命令，制作出另一只耳朵，并移动到相应的位置，如图 5-45 所示。

图 5-43　制作耳朵

图 5-44　一只耳朵

图 5-45　头部轮廓

3. 绘制小熊的眼睛

1）选择“椭圆工具”，在“属性”面板中设置“填充颜色”为“#000000”，“笔触颜色”为无色，绘制一个黑色正圆，更换“填充颜色”为“#FFFFFF”，在黑色正圆的上面再绘制一个白色正圆，形成一只眼睛。

2）选择“选择工具”，选中刚绘制的一只眼睛，按住<Ctrl>键拖动，复制一只眼睛，选择“修改”→“变形”→“水平翻转”命令，制作出另一只眼睛，移动两只眼睛到相应的位置，如图 5-46 所示。

图 5-46　添加眼睛

4. 绘制小熊的鼻子

1）选择“椭圆工具”，在“属性”面板中设置“填充颜色”为“#FF9900”，“笔触颜色”为无色，绘制一个椭圆，选择“选择工具”，当鼠标变成↖状态时，调整椭圆的形状，形成小熊鼻子后面的轮廓，并移动到相应的位置，如图 5-47 所示。

2）选择“椭圆工具”，在“属性”面板中设置“填充颜色”为“#000000”，“笔触颜色”为无色，绘制一个黑色椭圆，更换“填充颜色”为“#FFFFFF”，在黑色椭圆的上面再绘制一个白色椭圆，形成鼻子，并将鼻子移到小熊头部相应的位置上，如图 5-48 所示。

图 5-47　添加鼻子轮廓

图 5-48　添加鼻子

5. 绘制小熊的嘴

1）选择“直线工具”，在“属性”面板中设置“笔触颜色”为“#663300”，“笔触高度”为 3，“笔触样式”为“实线”，绘制 1 条直线和 2 条短斜线，形成嘴的唇线。

2）选择“选择工具”，当鼠标变成↖状态时，修改直线形状，使其出现向上弯的嘴的形状，最终效果如图 5-42 所示。

5.2 颜色工具和文本工具

5.2.1 【魔法】——小小青蛙

【魔法目标】绘制小小青蛙

完成效果如图 5-49 所示。

图 5-49 完成效果图

【魔法分析】使用“椭圆工具”绘制出青蛙的主体轮廓，使用“颜料桶工具”填充放射状的彩色渐变，使用“渐变变形工具”修改填充效果。使用“文本工具”输入文字，用两次“分离”命令将文字分离打散，再对文字进行修改。

【魔法道具】

1.“刷子工具”

“刷子工具”就像画刷一样可以在舞台中绘制不同颜色的图形，也可以为各种图形对象着色。刷子的颜色由填充色设置。“刷子工具”的使用方法和“铅笔工具”基本相同，只是“铅笔工具”画出的是线条，而“刷子工具”画出的是填充内容。

“刷子工具”的选项栏有 3 个选项：“刷子模式”、“刷子大小”和“刷子形状”。

（1）“刷子模式”

单击“刷子模式”按钮，会弹出 5 种绘图模式。

1）“标准绘画”：可用指定颜色涂改工作区的任意区域，刷子画过后将会覆盖原图的线条和填充区域。

2）“颜料填充”：只覆盖填充区域，不会对线条产生影响。

3）“后面绘画”：不会修改图形的线条和填充，只对空白区域进行绘图。

4）“颜料选择”：刷子只涂改被选中的区域。因此要使用这种模式绘画，必须先选中要绘画的区域，再使用刷子绘制图形。

5）“内部绘画”：采用这种方式时，刷子只在第一笔所在的封闭区域内绘画，且不影响线条。如果第一笔在空白区域，则刷子只对空白区域绘画，不会影响现有的图形。

使用各种刷子模式绘制的效果如图 5-50 所示。

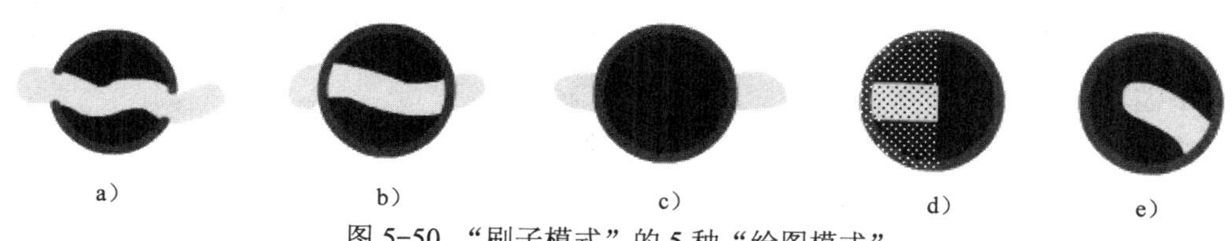

图 5-50 “刷子模式”的 5 种“绘图模式”

a）“标准绘画” b）“颜料填充” c）“后面绘画” d）“颜料选择” e）“内部绘画”

（2）“刷子大小”

单击选项栏中的“刷子大小”按钮，会出现刷子大小的下拉列表，选择其中的一个，刷子可以以选择的大小进行绘画。

（3）“刷子形状”

单击选项栏中的“刷子形状”按钮，会出现刷子形状列表，其中预置了很多刷子的形状，包括圆形、矩形、椭圆等，可以根据需要进行选择。

2．“墨水瓶工具”

“墨水瓶工具”可以更改对象线条的颜色、宽度和样式等属性。“墨水瓶工具”的“属性”面板，与“直线工具”的“属性”面板非常相似，如图 5-51 所示。

图 5-51 “墨水瓶工具”的“属性”面板

在“墨水瓶工具”的“属性”面板上设定好线条的样式、颜色和线宽后，直接单击要修改的线条，线条的样式、颜色和线宽即会按照设置进行改变，如图 5-52 所示。如果选择了“墨水瓶工具”后，在一个封闭的区域内单击鼠标，则区域周围的线条就会按照新的设置被修改。

图 5-52 用墨水瓶工具修改连线

3．“颜料桶工具”

与“墨水瓶工具”相对应，“颜料桶工具”的功能是更改填充区域的颜色。“颜料桶工具”可以填充封闭区域或不完全封闭区域的颜色。选择“颜料桶工具”，在“属性”面板中选择填充用的颜色，然后在填充区域里单击鼠标，即可将该区域填充为指定的颜色，填充时可以使用纯色、渐变色以及位图图像。

“颜料桶工具”的选项栏有 2 个选项：“空隙大小”和“锁定填充”。

（1）“空隙大小”

单击“空隙大小”按钮，会弹出 4 种填充方式。

1）“不封闭空隙”：采用这种方式，颜料桶只填充封闭的区域，而所有未完全封闭的区域都不被填充。

2）“封闭小空隙”：颜料桶可以填充有较小缺口的区域。

3）“封闭中等空隙”：颜料桶可以填充有中等缺口的区域。

4）“封闭大空隙”：颜料桶可以填充有较大缺口的区域。

（2）“锁定填充”

“锁定填充”的作用是锁定渐变填充的区域，它有锁定和不锁定两种状态。如果不锁定，颜料桶填充颜色将在被分开的区域分别产生渐变；如果锁定，则在整个区域产生渐变，如图 5-53 所示。“刷子工具”中也有此选项，用法和功能与此相同。

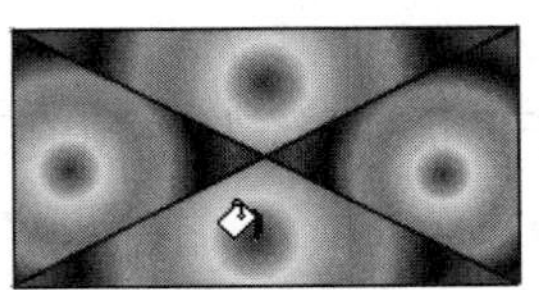
a）

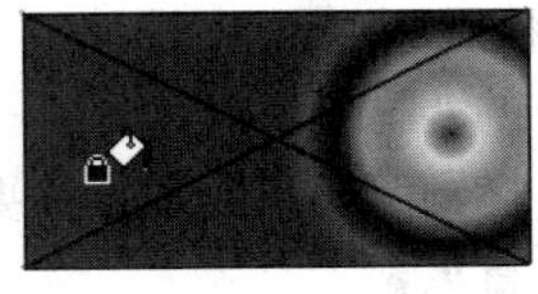
b）

图 5-53　不使用“锁定填充”与“锁定填充”比较

a）不使用“锁定填充”　b）“锁定填充”

4. “滴管工具”

“滴管工具”用于拾取填充或线条的颜色。

选择“滴管工具”后，鼠标光标将变成一个滴管，用滴管单击对象的任意位置，即可获得此位置的颜色值及其属性。

使用“滴管工具”吸取填充颜色后，“滴管工具”会自动切换到“颜料桶工具”，同时颜色栏的填充颜色自动变为拾取的颜色；使用“滴管工具”单击线条后，“滴管工具”会自动切换到“墨水瓶工具”，同时颜色栏的线条颜色自动变为拾取的颜色，线条宽度和线型等也会自动变为拾取对象的线宽和线型。

5. “橡皮擦工具”

“橡皮擦工具”可以用来擦除图形的线条和填充色。选择“橡皮擦工具”，在工作区中拖动鼠标，拖动过的区域会被擦除。

“橡皮擦工具”的选项栏有 3 个选项：“橡皮擦模式”，“水龙头”和“橡皮擦形状”。

（1）“橡皮擦模式”

用鼠标单击“橡皮擦模式”按钮，会弹出 5 种“橡皮擦模式”。

1）“标准擦除”：可以擦除所有的线条和填充色。

2）“擦除填色”：只能擦除填充色，不能擦除线条。

3）“擦除线条”：只能擦除线条，不能擦除填充色。

4）“擦除所选填充”：只能擦除被选中部分，使用前要先选中要擦除的区域。

5）“内部擦除”：采用这种模式时，橡皮擦只擦除第一笔所在的闭合区域，闭合区域外的对象不受影响，并且不影响线条。

使用各种“橡皮擦模式”的效果如图 5-54 所示。

图 5-54　各种“橡皮擦模式”

a)“标准擦除”　b)“擦除填色”　c)“擦除线条”　d)“擦除所选填充”　e)“内部擦除”

（2）“水龙头”

“水龙头”的功能是整体删除。按下“水龙头”按钮后，鼠标变成水龙头的样子，单击填充区域，即可擦除全部填充颜色，单击线条，也可以擦除连续的线条。

（3）“橡皮擦形状”

单击“橡皮擦形状”按钮，会弹出橡皮擦形状列表，可以根据需要选择合适的橡皮擦形状。

6.“渐变变形工具”

“渐变变形工具”是用来调整颜色的渐变属性，修改渐变的填充效果的。“渐变变形工具”与“任意变形工具”在同一个工作组内，可通过单击右下角的黑色三角按钮进行切换。

选择“渐变变形工具”后，用鼠标单击渐变色填充的区域，在渐变色填充区域周围会出现控制点，根据渐变类型的不同会有不同的显示，如图 5-55 所示。通过调整控制点可以更改渐变填充的效果。

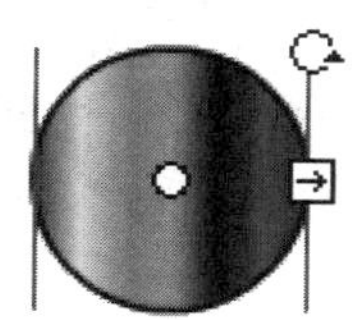

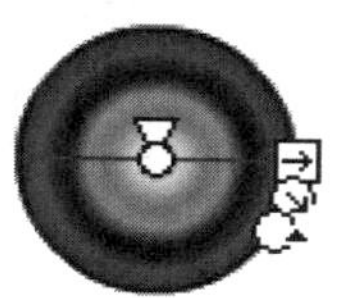

图 5-55　线性和放射状填充显示不同的控制点

（1）更改渐变中心

选择“渐变变形工具”，在渐变色填充区域单击，渐变色区域中心处会显示一个小圆圈，它是渐变色的中心点，将鼠标放到中心点上，鼠标变为四方向的箭头形状✣，拖动鼠标至新位置，即可以改变渐变填充中心，如图 5-56 所示。

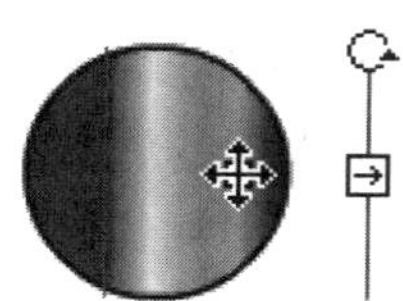

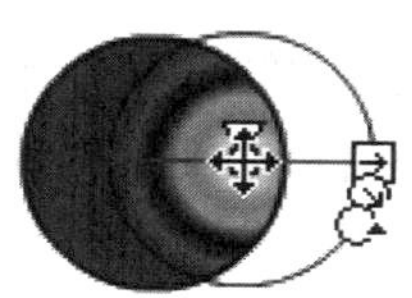

图 5-56　更改渐变中心

（2）改变渐变填充的宽度

将鼠标放在边线上的方形带箭头的控制点上⊡，鼠标变成双向箭头↔，拖动鼠标，即可以改变渐变填充的宽度，如图 5-57 所示。

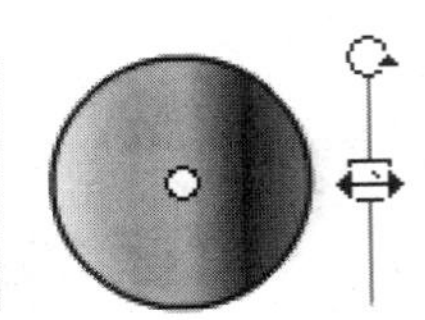
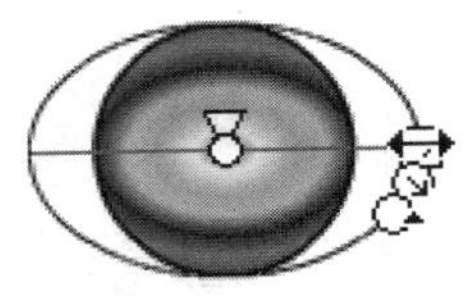

图 5-57　改变渐变填充的宽度

（3）旋转渐变填充

将鼠标放在边线上的圆形带黑三角的控制点上，鼠标变成旋转的箭头，逆时针或顺时针转动拖动鼠标，即可改变填充方向，如图 5-58 所示。

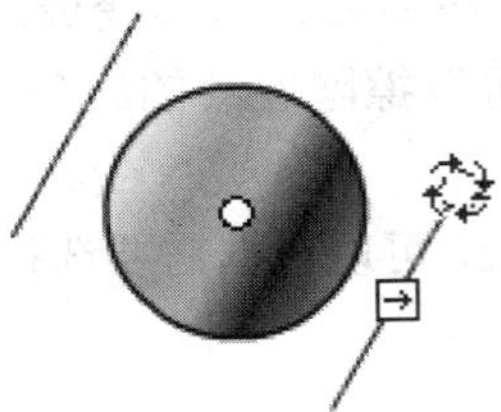
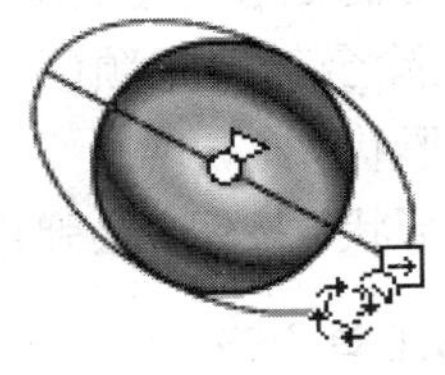

图 5-58　旋转渐变填充

（4）改变填充半径

只有放射状填充才有此选项，将鼠标放在边线上圆形带箭头的控制点上，沿径向拖动鼠标，即可改变填充半径，如图 5-59 所示。

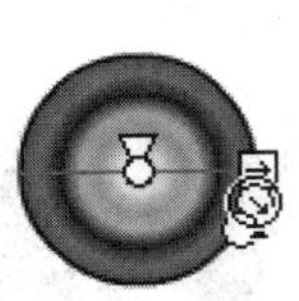
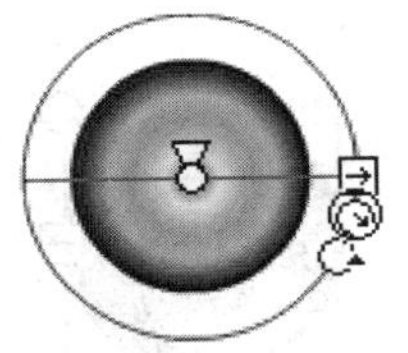

图 5-59　改变填充半径

7.“文本工具”

“文本工具”是用来为对象添加文本信息的。“文本工具”是动画制作中不可或缺的工具，文本不仅可以对作品进行解释说明，还可以起到装饰和引导动画的作用，而且文本本身也可以成为动画。

（1）文本的输入

选择“文本工具”，在工作区域单击，即可出现一个光标闪动的文本输入框，输入所需要的文本，输入完毕后，在文本框外任意处单击鼠标，文本框的边框和光标消失。单击文字部分，边框将重新出现，可以继续修改文字。

（2）文本的修改

要修改已输入好的文本，只需要选择“文本工具”，在文本区域单击鼠标或在文本上拖动鼠标，文本边框将重新出现，此时，即可对原有文本进行修改。在默认状态下，新建文本的文本框的右上角会有一个圆形的手柄，表示它的宽度是可变的，文本框的边界会随着输入文字的增加不断向后扩大，如果要另起一行，需要按<Enter>键。若想让输入的文本在固定宽度内自动换行，可以在建创文本时，用鼠标在工作区中拖出一个矩形区域，此时文本框的右上角将会出现方形手柄，表示文本框的宽度是固定不变的，文本输入至每一行末尾时会自动换行，如图 5-60 所示，为 2 种类型的文本框示意图。

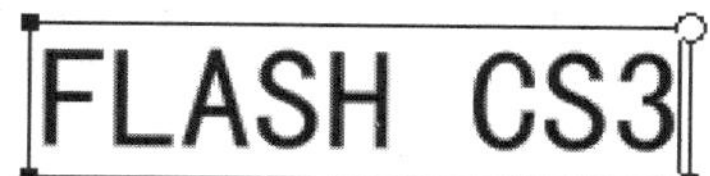

图 5-60　可变宽度和固定宽度的文本框

固定宽度和可变宽度的文本框之间也可以相互转换。用鼠标拖动可变长度文本框的圆形手柄，圆形手柄会变成方形手柄，此时可变宽度文本框就变为固定长度文本框；在固定长度文本框的方形手柄上双击鼠标，方形手柄就会变成圆形手柄，此时固定宽度文本框就会变为可变宽度的文本框。

（3）文本属性设置

选择“文本工具”后，“属性”面板上将显示与文本对象编辑相关的选项，如图 5-61 所示。

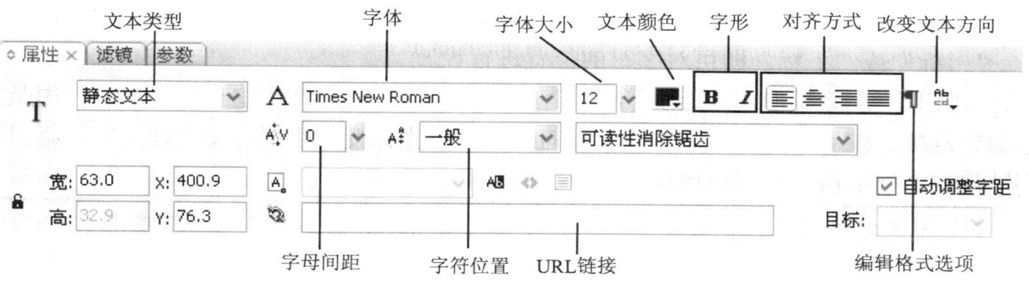

图 5-61　“文本工具”的“属性”面板

1）“文本类型”。单击“文本类型”下拉列表框，会弹出 Flash 所支持的 3 种文本类型。

①“静态文本”：指文本的内容在动画运行时不可动态修改，即一般的普通文本，它是默认的文本类型，也是最常使用的文本类型。

②“动态文本”：指在动画的运行过程中可以通过 Action Script 脚本程序对其内容或属性进行动态的编辑、修改和更新，但用户不能直接输入文本。

③“输入文本”：指在动画的运行过程中，允许用户在输入文本框内直接输入文字，增加了动画的交互性。

2）“字体”。单击“字体”下拉列表可以选择要使用的字体。

3）“字体大小”。单击“字体大小”右侧的下拉按钮，调整弹出的滑块可以改变字体的大小，也可以直接修改文本框中的数值改变字体的大小。

4）“文本颜色”。单击“文本颜色”按钮，可弹出调色板，选择所需的颜色即可。也可以在调色板上方的颜色值文本框中直接输入颜色的值，以确定颜色。

5）字形。文本的字形包括粗体和斜体 2 种，可通过单击对应的按钮进行切换。

6）对齐方式。文本的对齐方式有 4 种：“左对齐”“居中对齐”“右对齐”和“两端对齐”。单击相应的按钮可以改变相应的对齐方式。

7）“编辑格式选项”。单击“编辑格式选项”按钮，会出现“格式选项”对话框，如图 5-62

所示，可以通过调整对应的值，对文本的“缩进”“行距”“左边距”“右边距”进行设置。

8）“改变文本方向”。单击“改变文本方向”按钮，在弹出的“文本方向”选项菜单中可以设置文本的排列方式，如图 5-63 所示。“水平”表示文字从左向右水平排列；“垂直，从左向右”表示文字垂直排列，第一列在最左边，依次向右排列后面各列；“垂直，从右向左”表示文字垂直排列，排列顺序为从右向左。

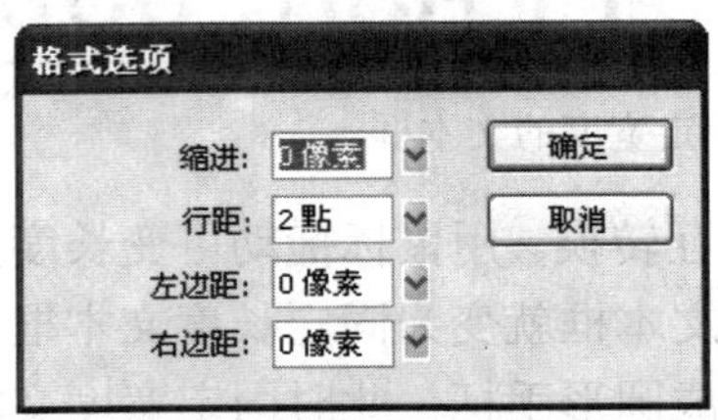

图 5-62 “格式选项”对话框

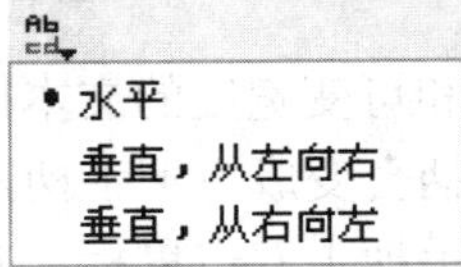

图 5-63 改变文本方向菜单

9）“字母间距”。单击“字母间距”右侧的下拉按钮，调整弹出的滑块即可调节字符之间的间距，其中，“0”表示标准间距，正值表示加宽，负值表示紧缩。

10）“字符位置”。单击“字符位置”下拉列表，会出现 3 个字符位置的选项。选择“一般” “上标”或“下标”即可对字符的位置进行设置。

11）“URL 链接”。“URL 链接”栏只有在静态文本和动态文本中有效，它的作用是为文字添加超链接。在动画运行时，当鼠标指向此文本时光标变为手形，单击此文字，将自动链接到链接文本框中指定的链接地址。

❖ 无论对文字进行什么设置，一定要先选定文本，否则不会显示出效果。

（4）分离文本

在动画的制作过程中，某些对文本的操作是不能够直接进行的，如对文本填充渐变效果、图案等，所以经常需要将文本对象转换为图形对象，即对文本进行分离。只有对文本进行分离操作，才可以使文本成为单个的字符或图形对象，从而轻松地制作出每个字符的动画或设置特殊的文本效果。另外，将文本分离为图形对象后，还可以非常方便地改变文字的形状，像修改其他图形对象一样，使用工具箱中的多种工具进行操作。

分离文本的方法如下。

1）选中文本对象，选择“修改”→“分离”命令，或者按<Ctrl+B>组合键。可以看到文本对象中的一行字符被“分离”成了单个的字符，如图 5-64 所示。

2）再次选择“修改”→“分离”命令，或者按<Ctrl+B>组合键，所有的文本对象被转换为图形对象，如图 5-65 所示。

FLASH CS3

图 5-64 第一次分离

FLASH CS3

图 5-65 第二次分离

❖ 如果该文本对象只有一个文字，则只需要执行一次“分离”命令就可以转换为图形对象。

❖ 一旦文本被分离成图形对象，就不能再返回到文本状态，不能再作为文本进行字体、段落等编辑。所以在分解文本之前须确保完成了对文本内容、格式等的设置。

8．“手形工具”

“手形工具”是为了方便设计移动舞台的。当窗口无法同时显示所有的元素时，可以用“手形工具”调整图形的显示区域。选择“手形工具”，鼠标将变成手掌形状，此时拖动鼠标可以使图形在整个工作区内移动，在拖动的同时，纵向滑块和横向滑块也随之移动。“手形工具”的作用相当于同时拖动纵向和横向滑块。

9．“缩放工具”

“缩放工具”的作用是用来调整对象的显示比例，使用户以一个合适的比例编辑动画。选择“缩放工具”，在选项栏中有“放大”和“缩小”两个按钮，用于放大或缩小显示比例。单击其中一个按钮，在工作区单击，即可放大或缩小显示比例。

【魔法展示】小小青蛙

1．新建文件

选择“文件”→“新建”命令，新建一个空白文档。单击“属性”面板中的“大小”按钮，打开“文档属性”对话框，设置文档的“尺寸”为 400×400 像素，“背景颜色”为“#0099FF”。

2．绘制青蛙的头部

1）选择“椭圆工具”，“笔触颜色”为“#006600”，“笔触高度”为 1，“笔触样式”为“实线”，选择右侧的“颜色”面板，设置填充颜色的“类型”为“放射状”，颜色为浅绿色“#99FF66”到深绿色“#66CC33”的渐变，并调整渐变滑块的位置，如图 5-66 所示，绘制一个椭圆。

2）选择“渐变变形工具”，在刚绘制的椭圆上单击，调整渐变填充的宽度和半径，使渐变填充与椭圆边框相吻合，如图 5-67 所示。

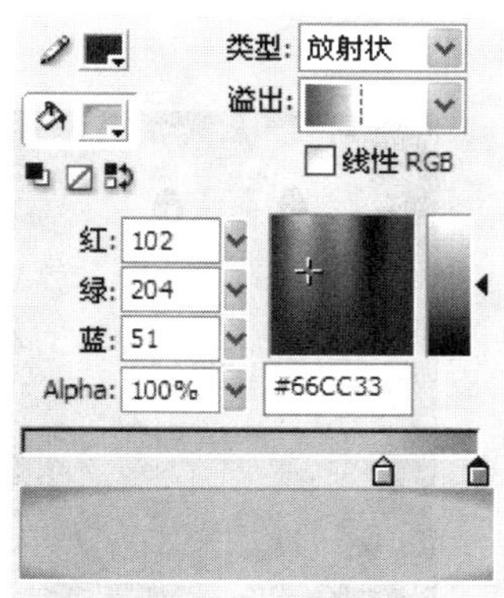

图 5-66 “颜色”面板

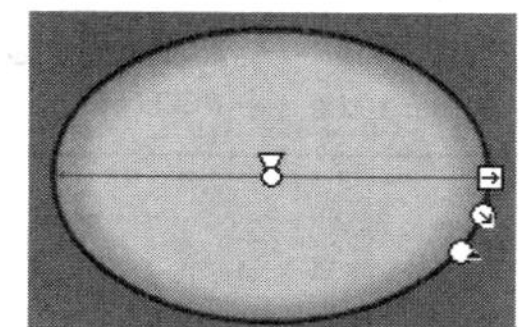
图 5-67 用渐变变形工具调整填充

3）选择“椭圆工具”，在“属性”面板中设置“填充颜色”为“#FFFFFF”，“笔触颜色”为“#CCCCCC”，“笔触高度”为 10，“笔触样式”为“实线”，绘制一个椭圆，作出眼睛的轮廓。重新设置“填充颜色”为“#000000”，“笔触颜色”为无色，绘制一个小椭圆，作出黑眼睛。

4）选择“刷子工具”，设置“填充颜色”为“#FFFFFF”，“刷子形状”为“椭圆”，选择适当的大小，为眼睛画上瞳孔，一只眼睛绘制完成，如图 5-68 所示。

5）使用“选择工具”，选中刚绘制的一只眼睛，按住<Ctrl>键拖动，复制一只眼睛，选择 “修改”→“变形”→“水平翻转”命令，制作出另一只眼睛，移动 2 只眼睛到相应的位置，如图 5-69 所示。

6）选择“直线工具”，在“属性”面板中设置“笔触颜色”为“#66CC33”，“笔触高度”为 5，“笔触样式”为“实线”，绘制一条直线。选择“选择工具”，当鼠标变成状态时，修改直线形状，使其出现向上弯的嘴的形状，选择整个头部，选择菜单“修改”→“组合”命令或按<Ctrl+B>组合键，将整个头部组合，最终效果如图 5-70 所示。

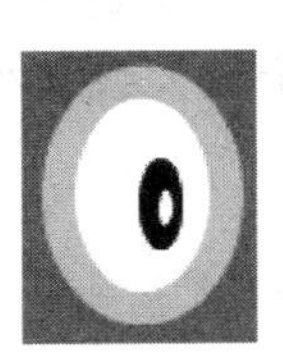
图 5-68 眼睛

图 5-69 头部和眼睛

图 5-70 头部效果

3. 绘制青蛙身体

1）选择“椭圆工具”，“笔触颜色”为“#006600”，“笔触高度”为 1，“笔触样式”为“实线”，选择右侧的“颜色”面板，设置填充颜色的“类型”为“放射状”，颜色为淡黄色“#CCFF66”到深绿色“#66CC33”的渐变，并调整渐变滑块的位置，如图 5-71 所示，绘制一个正圆，作成青蛙的身体。

2）选择青蛙的身体并移至相应的位置，选择“修改”→“组合”命令或按<Ctrl+B>组合键，将整个身体组合，在身体上单击鼠标右键，在弹出的快捷菜单中选择“排列”→“下移一层”命令，如图 5-72 所示。

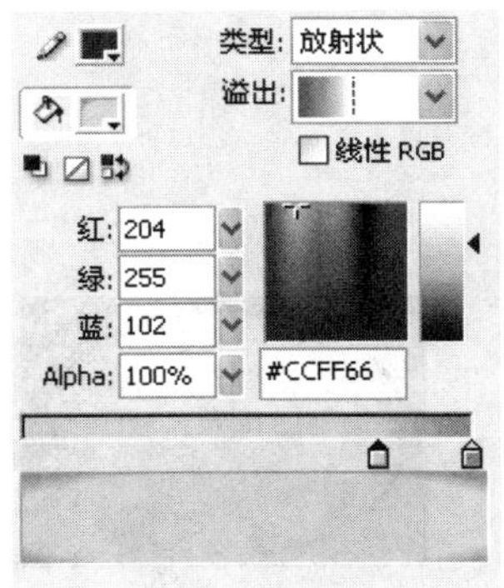

图 5-71 “颜色”面板

图 5-72 头部与身体

3）重复绘制头部椭圆的操作，再绘制 2 个小的椭圆，选择“任意变形工具”，对 2 个椭圆进行旋转及变形，调整其位置，形成青蛙的腿，并对腿部进行组合，如图 5-73 所示。

4）选择青蛙的腿，按住<Ctrl>键拖动，复制一份，选择“修改”→“变形”→“水平翻转”命令，对复制的腿进行翻转，移动 2 条腿到相应的位置，在 2 条腿上单击鼠标右键，在弹出的快捷菜单中选择“排列”→“下移一层”命令，如图 5-74 所示。

5）选择“椭圆工具”，在“属性”面板中设置“填充颜色”为“#00CC33”，“笔触颜色”为无色，绘制一个椭圆，按住<Ctrl>键拖动，复制 2 份，选择“任意变形工具”，调整椭圆的角度及位置，形成青蛙的脚。

6）选择青蛙的脚，按住<Ctrl>键拖动，复制出另一只脚，调整 2 只脚的位置，与身体放在一起，青蛙绘制完成，效果如图 5-75 所示。

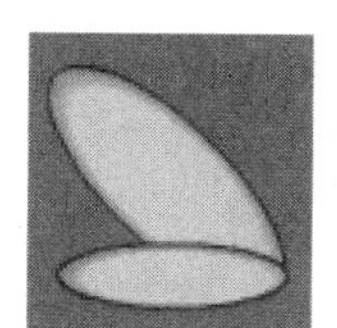

图 5-73　青蛙腿

图 5-74　青蛙腿与身体

图 5-75　青蛙效果

4．制作文字效果

1）选择“文本工具”，设置“字体”为“华文琥珀”，“字体大小”为 45，“文本颜色”为“#66CC33”，单击“属性”面板上的“改变文字方向”按钮，在弹出的菜单中选择“垂直，从左向右”命令，如图 5-76 所示，输入文字“小小青蛙”。

2）选中文字，选择“修改”→“分离”命令，或者按<Ctrl+B>组合键，操作 2 次，将文字转换成图形对象。

3）选择“墨水瓶工具”，在“属性”面板中设置“笔触颜色”为“#006600”，“笔触高度”为 2，“笔触样式”为“实线”，在文字上单击，为文字加上绿色边框。最终效果如图 5-49 所示。

图 5-76　改变文字方向菜单

5.2.2 【小试身手】绘制荷风送香

完成效果，如图 5-77 所示。

图 5-77　最终效果

1．新建文件

选择“文件”→“新建”命令，新建一个空白文档。单击“属性”面板中“大小”按钮，打开“文档属性”对话框，设置文档的“尺寸”为400×400像素，“背景颜色”为“#0099FF”。

2．绘制荷花

1）选择“钢笔工具”，“笔触颜色”为“#000000”，“笔触样式”为“极细”，绘制出荷花花瓣的轮廓，如图5-78所示。

2）选择“颜料桶工具”，选择右侧的“颜色”面板，设置“填充颜色”的类型为“放射状”，颜色为白色“#FFFFFF”到粉色“#FF00FF”的渐变，如图5-79所示，对花瓣进行填充。

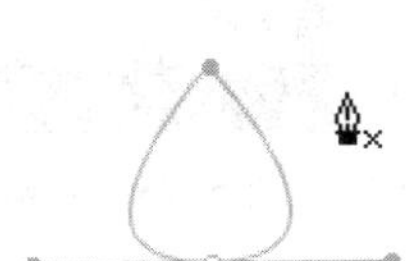

图5-78　荷花花瓣形状

图5-79　“颜色”面板

3）选择整个花瓣，选择“修改”→“组合”命令或按<Ctrl+B>组合键，将花瓣组合。

4）选择绘制好的花瓣，按住<Ctrl>键拖动，复制出2个花瓣。

5）选择“任意变形工具”，对复制的2个花瓣进行旋转，并调整其位置，如图5-80所示。

6）选择2片花瓣，按住<Ctrl>键拖动，复制另外2片花瓣，选择“修改”→“变形”→“水平翻转”命令，对花瓣进行翻转并移动到相应的位置，如图5-81所示。

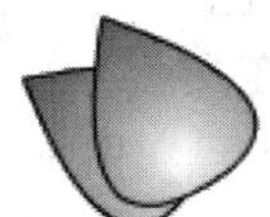

图5-80　两片花瓣

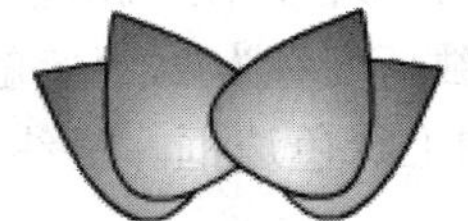

图5-81　复制两片花瓣

7）选择剩余的一片花瓣，将其移动至4片花瓣中间，此时，花瓣被另外2片花瓣挡住，在花瓣上单击鼠标右键，在弹出的快捷菜单中选择“排列”→“移至顶层”命令，如图5-82所示，荷花的花瓣完成，如图5-83所示。

8）选择“铅笔工具”，设置“笔触颜色”为“#006600”，“笔触高度”为5，“铅笔模式”为“平滑”，在花瓣的下方画上茎，荷花完成，选择整个荷花，选择菜单“修改”→“组合”命令或按<Ctrl+B>组合键，将荷花组合，效果如图5-84所示。

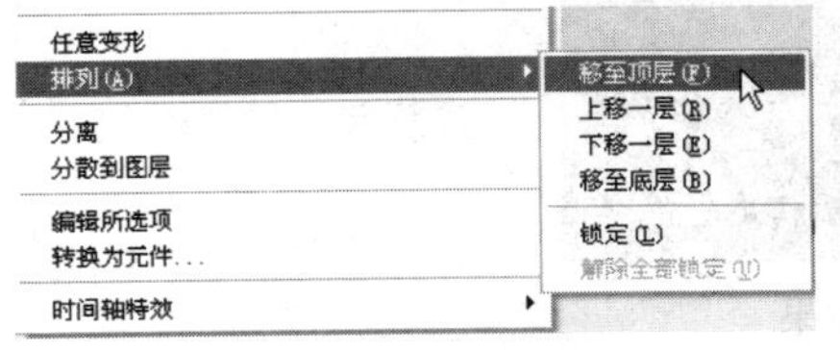

图5-82　“排列”菜单

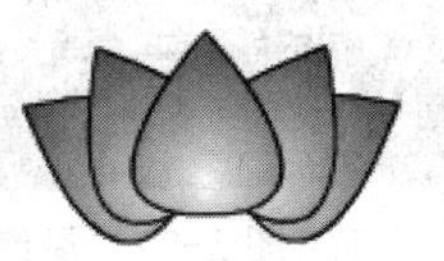

图5-83　调整花瓣排列结果

图5-84　荷花效果

3．绘制荷叶

1）选择“椭圆工具”，“笔触颜色”为“#006600”，“笔触高度”为 2，“笔触样式”为“实线”，选择右侧的“颜色”面板，设置填充颜色的“类型”为“放射状”，颜色为白色“#FFFFFF”到绿色“#009900”的渐变，按住<Shift>键拖动鼠标，画出一个正圆，如图 5-85 所示。

2）选择“椭圆工具”，设置“填充颜色”为无色，“笔触颜色”为“#006600”，在刚绘制的正圆中心处绘制一个小的正圆。

3）选择“铅笔工具”，设置“笔触颜色”为“#006600”，“笔触高度”为 2，“铅笔模式”为“平滑”，画出荷叶上的叶脉。将整个荷叶选中，选择“修改”→“组合”命令或按<Ctrl+B>组合键，将荷叶组合，如图 5-86 所示。

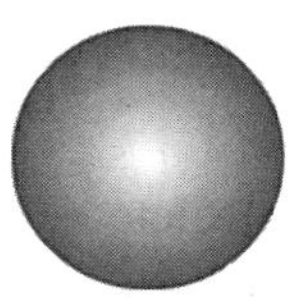

图 5-85 “放射状”填充正圆

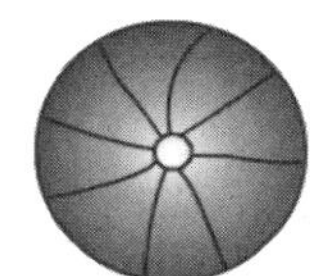

图 5-86 荷叶效果

4）使用“选择工具”选中荷叶，按住<Ctrl>键拖动，复制出几个荷叶，选择“任意变形工具”，调整荷叶的大小和形状，并移动至相应的位置，将荷叶和荷花组合在一起，形成荷花图，如图 5-87 所示。

图 5-87 荷花图效果

4．制作文字效果

1）选择“文本工具”，设置“字体”为“黑体”，“字体大小”为 45，“文本颜色”为“#006600”，输入文字“荷风送香”。

2）单独选中“荷”字，设置“字体大小”为 70，“文本颜色”为“#003300”，加粗显示。

3）选中文字，选择 “修改”→“分离”命令，或者按<Ctrl+B>组合键将文字分离成单独的字符。

4）选择“荷”字，再次选择“修改”→“分离”命令，或者按<Ctrl+B>组合键，将“荷”字转换成图形对象。

5）使用“部分选取工具”，选择“荷”字的“草头”，显示其轮廓，如图 5-88 所示。

6）选择“删除锚点工具”，删除“草头”两侧不必要的锚点，如图 5-89 所示。

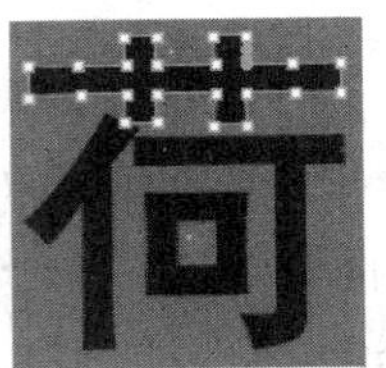
图 5-88　显示轮廓

图 5-89　删除锚点

7）使用“选择工具”或“部分选取工具”，修改“草头”的轮廓，如图 5-90 所示。

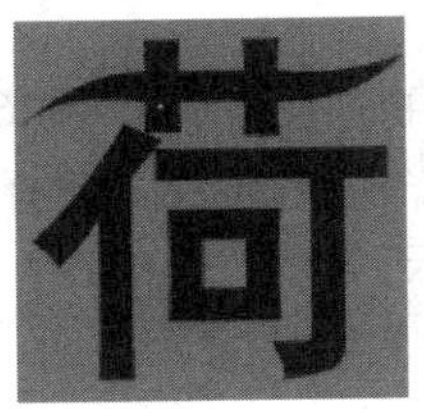
图 5-90　修改后的轮廓

8）使用“选择工具”，选择“荷”字中的“口”，按<Delete>键将其删除。

9）使用“选择工具”，选择上面的小荷叶，按住<Ctrl>键拖动复制一个，移动到“口”字的位置上，并调整其位置和大小，效果如图 5-91 所示。最终完成效果如图 5-77 所示。

图 5-91　文字修改后效果

5.3　绘图综合实战

【魔法】——西瓜熟了

【魔法目标】绘制西瓜熟了

完成效果如图 5-92 所示。

图 5-92　最终效果

【魔法分析】使用“椭圆工具”及“颜料桶工具”绘制出西瓜轮廓及切面，使用“墨水瓶工具”修改西瓜皮上的纹路，使用“任意变形工具”修改切面的大小及角度，使用“刷子工具”绘制西瓜籽，将文字执行两次分离后，使用“颜料桶工具”填充渐变颜色，使用“墨水瓶工具”进行描边，制作文字效果。

【魔法展示】

1. 新建文件

选择“文件”→“新建”命令，新建一个空白文档。单击“属性”面板中“大小”按钮，打开“文档属性”对话框，设置文档的“尺寸”为400×400像素，“背景颜色”为“#99CCFF”。

2. 绘制西瓜外皮

1）选择“椭圆工具”，设置“笔触颜色”为“#003300”，“笔触高度”为2.5，“笔触样式”为“实线”，选择右侧的“颜色”面板，设置填充颜色的“类型”为“放射状”，颜色为浅绿色“#009900”到深绿色“#003300”的渐变，画一个椭圆，绘制出西瓜的外形。

2）选择“选择工具”，选中椭圆的边框，选择“编辑”→“复制”命令，再选择菜单“编辑”→“粘贴到当前位置”命令，复制一个边框，并保持选中状态，选择“任意变形工具”，按住<Alt>键，从侧面向中心拖动鼠标，如图5-93所示。

3）重复上面的步骤，再次选择“编辑”→“粘贴到当前位置”命令，并按住<Alt>键用“任意变形工具”进行修改，画出多道西瓜条纹，如图5-94所示。

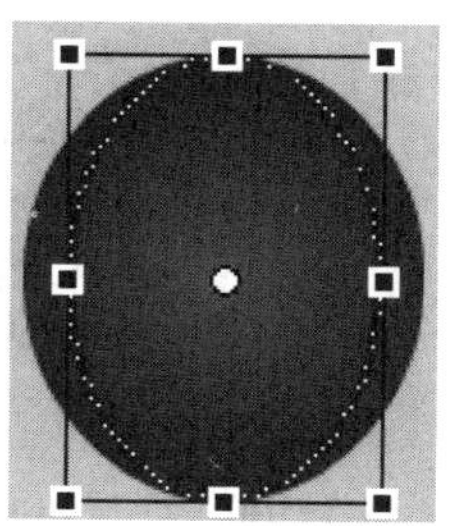

图5-93 用“任意变形工具”调整边框

图5-94 西瓜条纹

4）选择“墨水瓶工具”，设置“笔触颜色”为“#000000”，“笔触高度”为5，“笔触样式”为“点描线”，单击“属性”面板的“自定义”按钮，打开“笔触样式”对话框，如图5-95所示，设置“点大小”为“中”，“点变化”为“不同大小”，“密度”为“非常密集”，在西瓜条纹上单击，效果如图5-96所示。

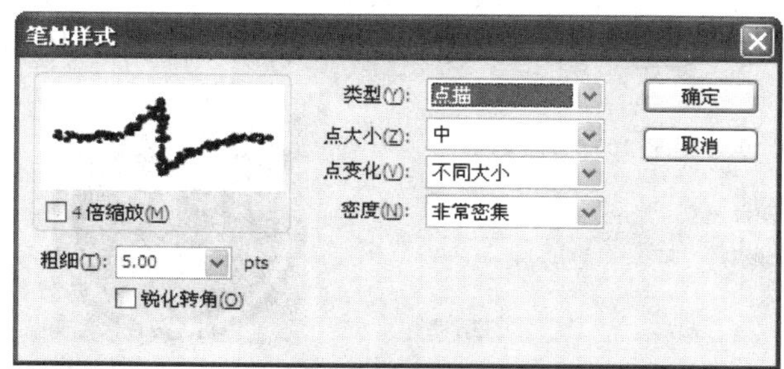

图5-95 “笔触样式”对话框

图5-96 修改后的西瓜条纹

5）选择“选择工具”，在西瓜上拖动画出一个矩形区域，将西瓜的上半部分选中，如图 5–97 所示，按<Delete>键将其删除，剩下一半西瓜，如图 5–98 所示。

图 5–97　选择西瓜上半部

图 5–98　删除西瓜上半部后的效果

3．绘制西瓜剖面

1）选择“椭圆工具”，“笔触颜色”为“#003300”，“笔触高度”为 2.5，“笔触样式”为“实线”，选择右侧的“颜色”面板，设置填充颜色的“类型”为“放射状”，颜色为白色“#FFFFFF”、红色“#FF0000”到绿色“#006600”的渐变，并调整渐变滑块的位置，如图 5–99 所示，绘制一个正圆，形成西瓜切面，如图 5–100 所示。

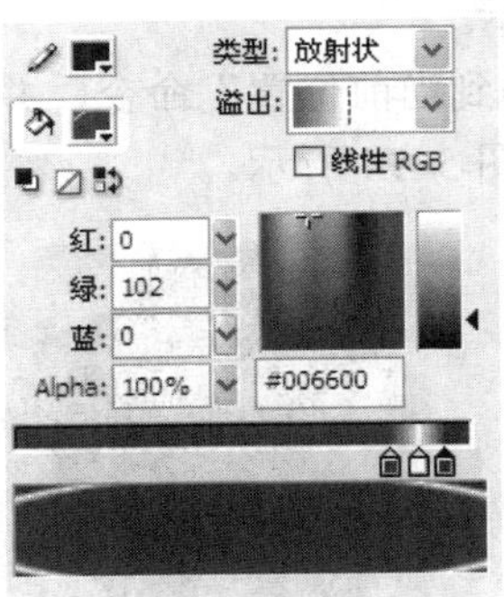

图 5–99　颜色面板

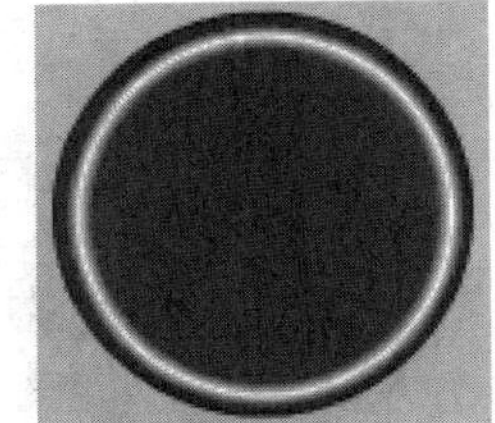

图 5–100　西瓜切面

2）选择“选择工具”，选中西瓜的切面圆形，按住<Ctrl>键拖动复制一份备用。

3）选择“刷子工具”，设置“填充颜色”为“#000000”，“刷子形状”为“椭圆”，选择适当的大小，在西瓜切面的圆形上单击，绘制出几个西瓜籽。

4）选择“选择工具”，选中西瓜籽，选择“任意变形工具”，调整旋转中心到西瓜切面圆形的中心位置，如图 5–101 所示，打开“变形”面板，设置旋转角度为 30°，如图 5–102 所示，连续单击“复制并应用变形”按钮 11 次，形成西瓜圆形切面，如图 5–103 所示。

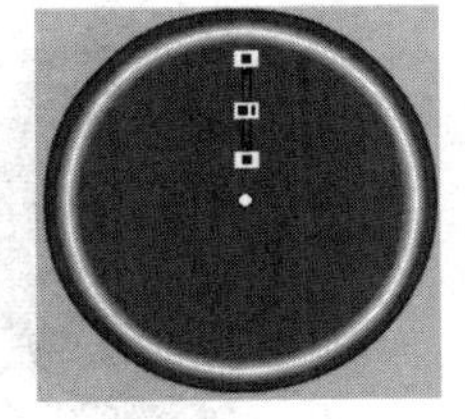

图 5–101　调整旋转中心

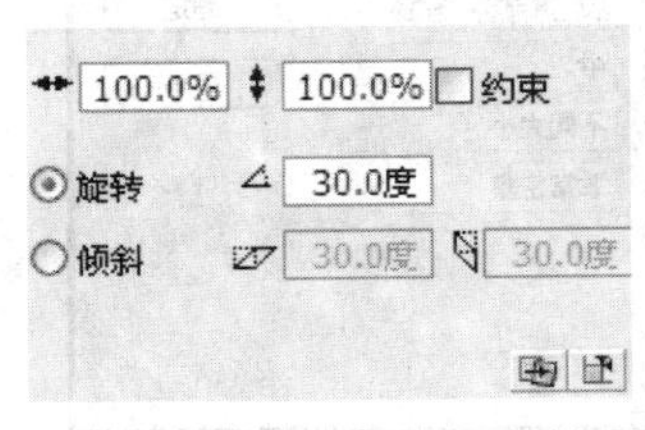

图 5–102　文字修改后的效果

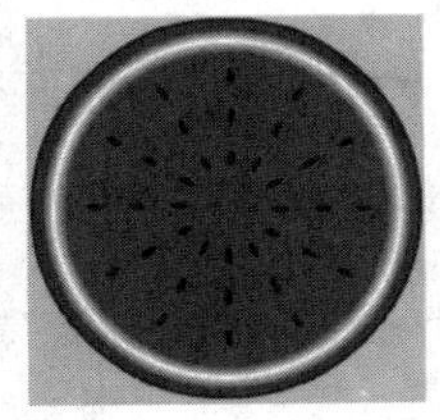

图 5–103　西瓜切面图

5）选择“选择工具”，选中西瓜圆形切面，移动至刚绘制的西瓜外皮上，如图 5-104 所示，选择“任意变形工具”，调整西瓜圆形切面的大小和形状，使其变成椭圆形状，并与西瓜外皮相切，如图 5-105 所示。

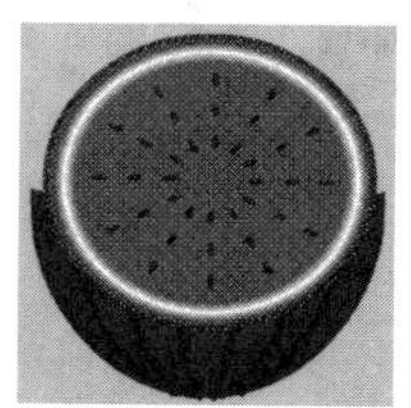

图 5-104　移动西瓜切面

图 5-105　调整好的西瓜切面

4．绘制一块西瓜

1）选择“选择工具”，在复制备用的西瓜切面上拖动出一个矩形区域，将西瓜切面的上半部分选中，按<Delete>键将其删除，只剩下半圆形，如图 5-106 所示。

2）选择“刷子工具”，设置“填充颜色”为“#000000”，“刷子形状”为“椭圆”，选择适当的大小，在西瓜切面的圆形上单击，绘制出西瓜籽，一块西瓜绘制完成，如图 5-107 所示。

3）选择“选择工具”，选择绘制好的一块西瓜，选择菜单“修改”→“组合”命令或按<Ctrl+B>组合键，将西瓜组合，移动到绘制好的一半西瓜旁边，如图 5-108 所示。

图 5-106　一半西瓜

图 5-107　加上西瓜籽

图 5-108　西瓜图片部分效果

5．制作文字效果

1）选择“文本工具”，设置“字体”为“华文琥珀”，“字体大小”为 45，“文本颜色”为“#66CC33”，输入文字“西瓜熟了”。

2）选中文字，选择 “修改”→“分离”命令，或者按<Ctrl+B>组合键，操作 2 次，将文字转换成图形对象。

3）选择“颜料桶工具”，在右侧的“颜色”面板中设置填充颜色的“类型”为“线性”，颜色为绿色“#009900”到红色“#FF0000”的渐变，此时文字将以每个文字为单位出现渐变效果，如图 5-109 所示。选择“颜料桶工具”在文字上再次单击，则渐变效果会在整个字间出现，如图 5-110 所示。

图 5-109　为文字填充渐变

图 5-110　调整后的渐变效果

4）选择“墨水瓶工具”，在“属性”面板中设置“笔触颜色”为“#FFFFFF”，“笔触高度”为 1.5，“笔触样式”为“实线”，在文字上单击，为文字加上白色边框。最终完成效果如图 5-92 所示。

第6讲　动画制作

6.1　制作逐帧动画

6.1.1　【魔法】——逐笔写入文字

【魔法目标】逐笔写入文字

完成效果，如图6-1所示。

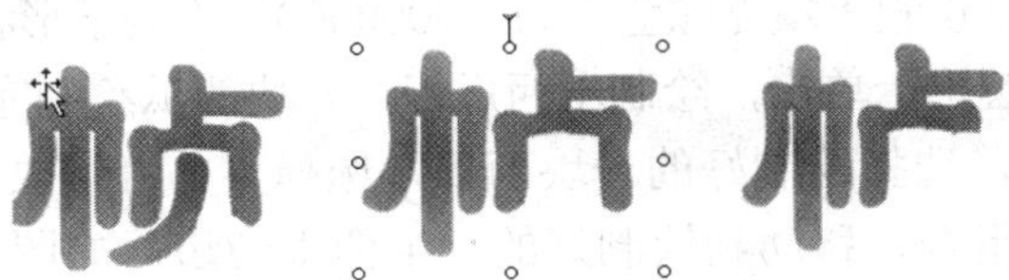

图6-1　完成效果

【魔法分析】 利用逐帧动画的原理，将文字按照书写的顺序进行拆分，每个笔画建立一个关键帧，最后连续播放。

【魔法道具】

1. 逐帧动画

逐帧动画是最基本的一类动画，它按照时间顺序描绘每一帧的变化，因此能够表现变化细腻的动画效果。逐帧动画更改每一帧中的舞台内容，它最适合于每一帧中的图像都在变化的复杂动画。但同样效果的逐帧动画要比补间动画生成的文件大。

2. 创建逐帧动画

要创建逐帧动画，需要将每个帧都定义为关键帧，然后为每个关键帧创建或修改不同的图像。例如，要创建一个眨眼睛的动画，就要创建两个关键帧，第一个关键帧是睁眼睛，第二个关键帧是闭眼睛，如图6-2和图6-3所示。

图6-2　睁眼睛

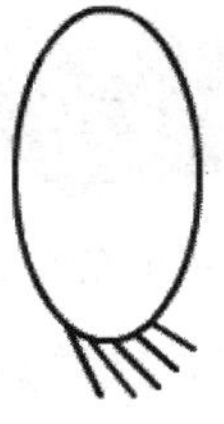

图6-3　闭眼睛

【魔法展示】逐笔写入文字

1）新建一个文档，在“属性”对话框中设置文档的“尺寸”为300×260像素，如图6-4所示。

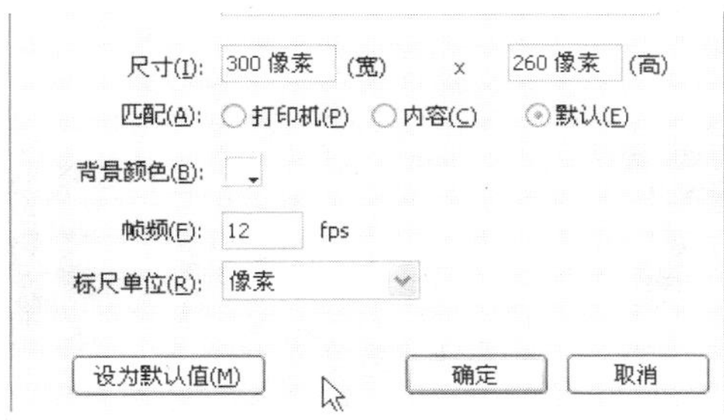

图6-4　新建文档

2）选择“文本工具”，打开“属性”面板，设置字体为“隶书”，“字体大小”为180，在舞台中的小矩形内输入“帧”文字。

3）选中文字，选择“修改”→“分离”命令，将文字打散，如图6-5所示。

4）打开“颜色”面板，在该面板中设置填充颜色的“类型”为“放射状”，颜色为红色到绿色的渐变，如图6-6和图6-7所示。

图6-5　文字打散

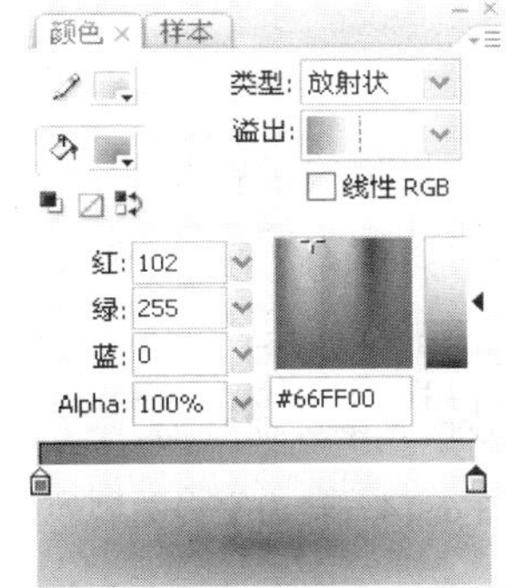

图6-6　颜色调整

图6-7　填充颜色

5）在时间轴面板中的第30帧处单击鼠标右键，在弹出的快捷菜单中选择“插入关键帧”命令，将第30帧设置为关键帧，如图6-8所示。

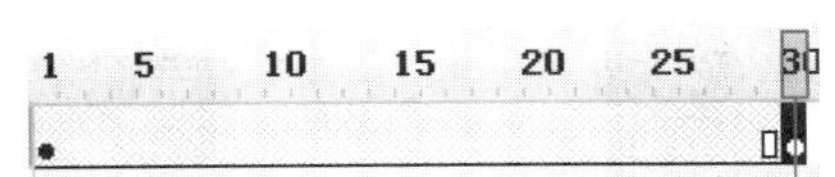

图6-8　插入关键帧

6）选择第2～29帧，单击鼠标右键，在弹出的快捷菜单中选择“转化为关键帧”命令，将第2～29帧都转化为关键帧，如图6-9所示。

图6-9　转化关键帧

7）选择第 30 帧，选择“橡皮擦工具”，将“帧”字按照笔画的先后顺序，从最后一笔反向擦掉一部分，如图 6-10 所示。

8）在时间轴面板中选择第 29 帧，选择“橡皮擦工具”，进一步反向擦除一部分笔画，如图 6-11 所示。

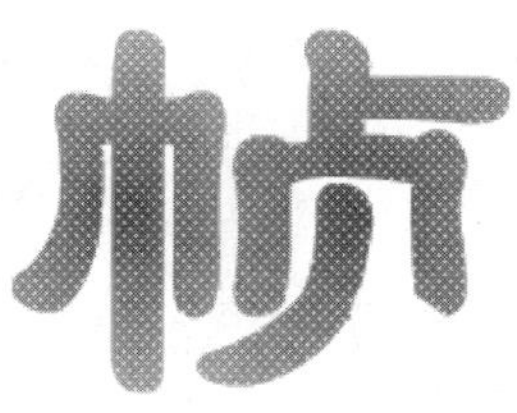

图 6-10　擦除第一笔

图 6-11　擦除第二笔

9）在第 28 帧处再次反向擦除一部分笔画，如图 6-12 所示。

10）重复操作，直到第 22 帧处剩下最早书写的一笔，如图 6-13 所示。

图 6-12　擦除第三笔

图 6-13　擦除最后一笔

11）第 21 帧处将笔画全部删除，此时关键帧变为空白关键帧。

12）将第 15～21 帧的关键帧全部转变为空白关键帧，如图 6-14 所示。

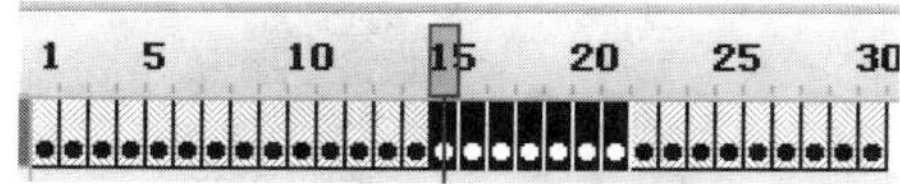

图 6-14　转为空白关键帧

13）选择“文件”→“保存”命令，将 Flash 文档命名为“逐帧写入文字”后保存。

6.1.2 【小试身手】数字魔方

完成效果如图 6-15 和图 6-16 所示。

图 6-15　完成效果 1

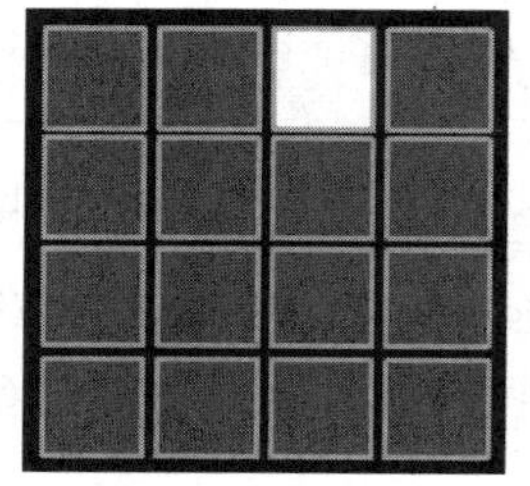

图 6-16　完成效果 2

1）新建一个文件，设置文档的“尺寸”为 400×400 像素，“背景颜色”为黑色，如图 6-17 所示。

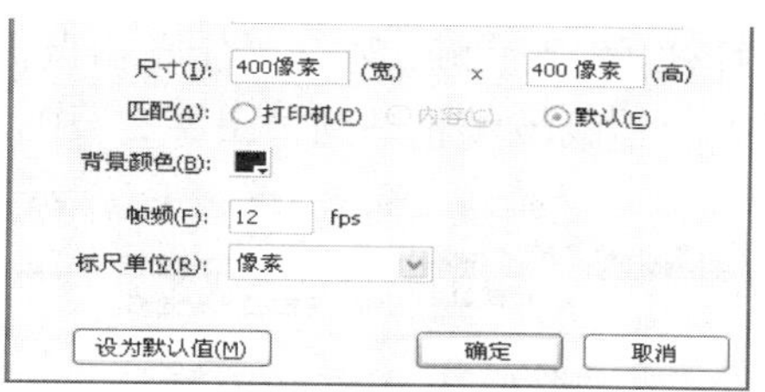

图 6-17　新建文档

2）选择“矩形工具”，设置其边线为 3，“笔触颜色”为橙色，“填充颜色”为蓝色，在舞台上绘制矩形，如图 6-18 所示。

3）按住<Alt>键复制多个矩形，并将其按照一定的顺序排列，如图 6-19 所示。

4）按 15 次<F6>键，插入 15 个关键帧，如图 6-20 所示

5）选择“颜料桶工具”，将第 1 帧的第 1 个矩形的“填充颜色”改为白色，如图 6-21 所示。

6）参照 5）的操作，按照顺时针的顺序，依次将第 2 个到第 16 个矩形填充为白色。

7）使用逐帧动画制作将矩形逆时针填充白色的动画。单击“图层 1”，选中“图层 1”中的所有帧，在帧上单击鼠标右键，在弹出的菜单中选择“复制帧”命令，如图 6-22 所示。

图 6-18　绘制矩形

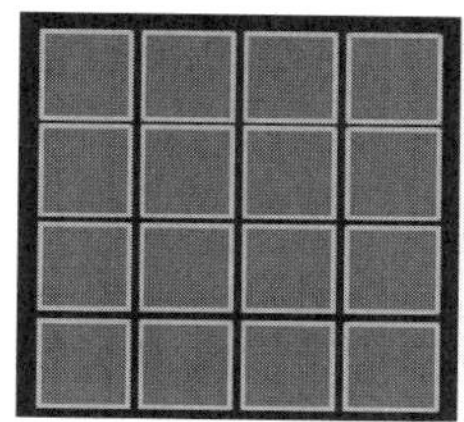

图 6-19　多个矩形

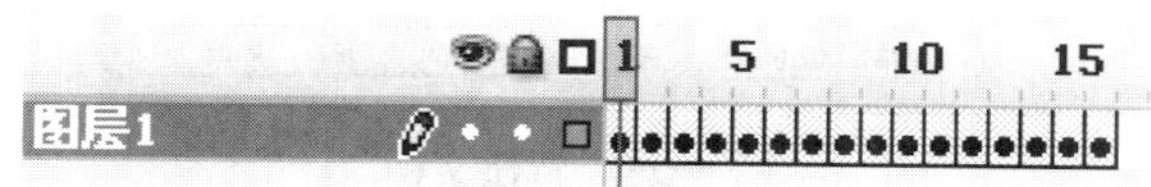

图 6-20　插入关键帧

图 6-21　第一个矩形

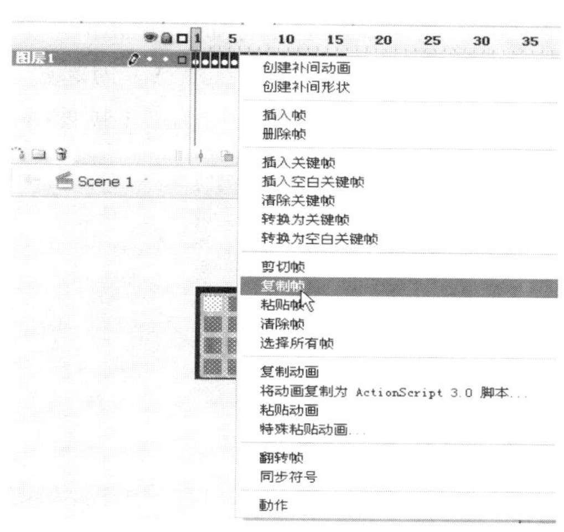

图 6-22　复制帧

8）新建一个图层，选中该层的第 1 帧，在该帧上单击鼠标右键，在弹出的菜单中选择“粘贴帧”命令，将“图层 1”的第 16 帧粘贴到“图层 2”中，如图 6-23 所示。

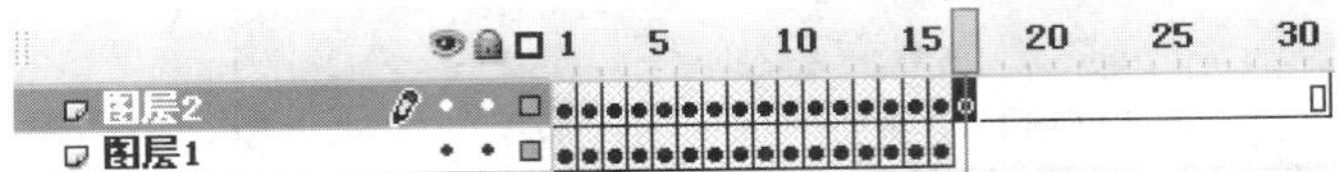

图 6-23　粘贴第 16 帧

9）单击“图层 2”，选中“图层 2”中的所有帧，在“图层 2”上单击鼠标右键，在弹出的菜单中选择“翻转帧”命令，如图 6-24 所示。

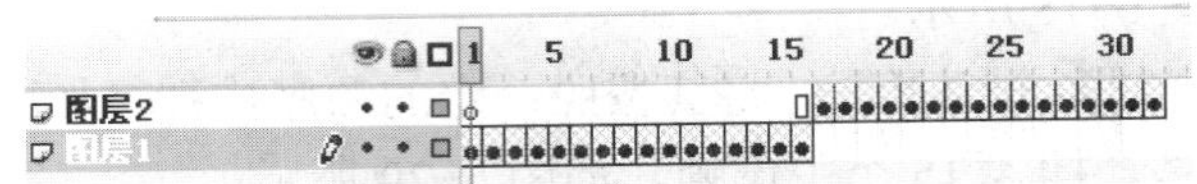

图 6-24　翻转帧效果

10）选中“图层 2”的第 1 帧，按<Delete>键删除该帧，此动画制作完毕。

6.1.3 【小试身手】倒数计时

1）新建一个文档，设置文档的“尺寸”为 550×400 像素，“背景颜色”为黑色，如图 6-25 所示。

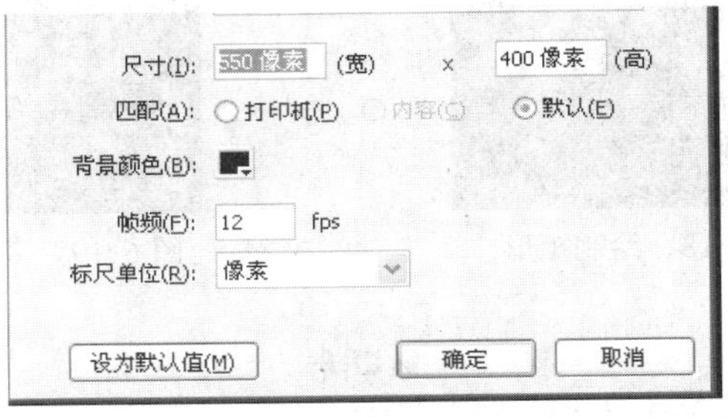

图 6-25　新建文档

2）选择“椭圆工具”，在“属性”面板中设置椭圆的“填充颜色”为灰色。按住<Shift>键使用“椭圆工具”在舞台上绘制一个正圆，使用“选择工具”，删除圆的边线，按照同样的方法再绘制 2 个同心圆，“笔触颜色”为绿色，如图 6-26 所示。

3）创建一个新图层，在该图层的第 1 帧使用“文本工具”输入数字“9”，如图 6-27 所示。

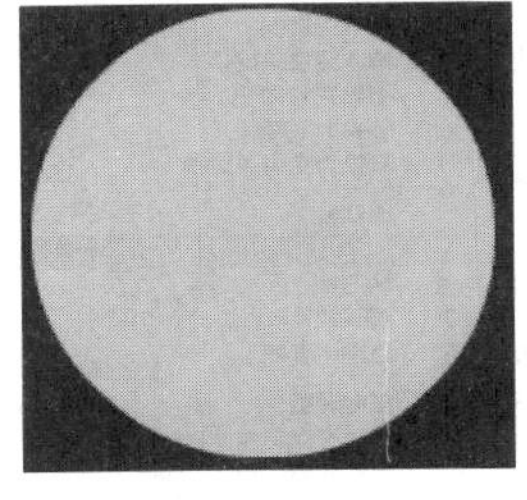

图 6-26　画 2 个正圆

图 6-27　输入“9”

4）在第 5 帧按<F6>键插入一个关键帧，使用“文本工具”，将该帧的数字改成“8”，如图 6-28 所示。

5）按照同样的方法，在第 10、15、20、25、30、35、40、45 帧分别插入一个关键帧，分别将数字改为 7～0。第 45 帧的效果如图 6-29 所示

图 6-28　输入“8”

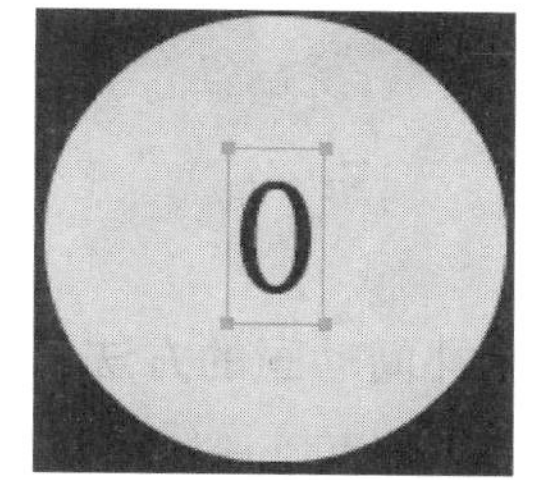

图 6-29　输入“0”

6）在第 50 帧处插入帧，该动画制作完成，时间轴如图 6-30 所示。

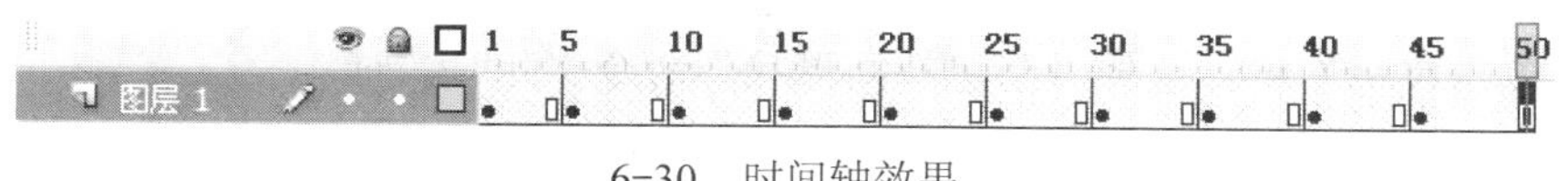

6-30　时间轴效果

6.2　制作形状补间动画

6.2.1 【魔法】——海阔天空

【魔法目标】制作海阔天空动画

完成效果，如图 6-31 所示。

图 6-31　完成效果

【魔法分析】通过绘制海浪的不同形状，利用形状补间动画的原理，模拟海浪汹涌的动画。

【魔法道具】

1. 形状补间动画

Flash 可以将图形、打散的文字和由点阵图像转换的矢量图形进行形状、大小及颜色的改变。形状补间动画就是实现这种改变的动画，如图 6-32 所示。

第6讲 动画制作

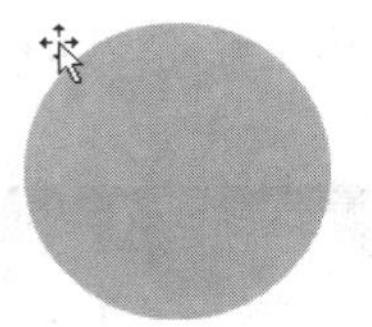

图 6-32　形状补间动画

2．创建形状补间动画的方法

在时间轴面板上动画开始播放的地方创建或选择一个关键帧并设置开始变形的形状，一般在一帧中以一个对象为宜，在动画结束处创建或选择一个关键帧并设置要变成的形状。再单击开始帧，在“属性”面板上单击“补间”下拉列表框，选择“形状”。或者在时间轴上单击鼠标右键，选择“创建补间形状”命令。此时，时间轴上的变化如图 6-33 所示，一个形状补间动画就创建完毕。

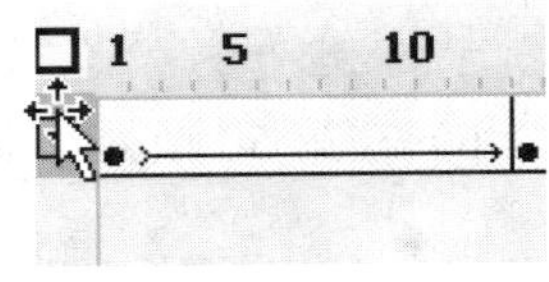

图 6-33　时间轴效果

形状补间动画的“属性”面板上常用的参数如图 6-34 所示。

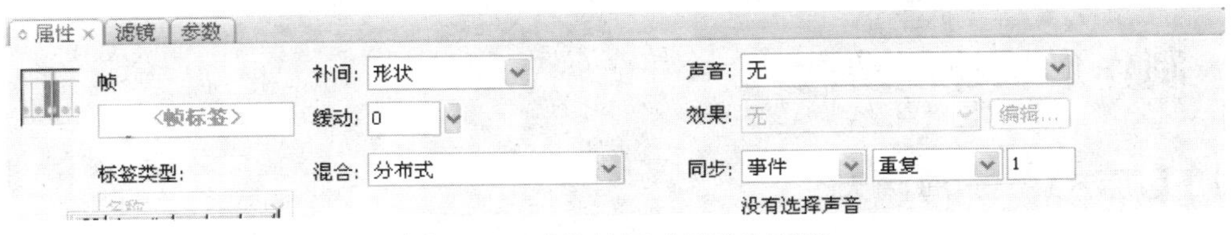

图 6-34　形状补间“属性”面板

1）“帧”文本框：用来输入帧的标签名称。

2）“补间”下拉列表框：用来选择动画的类型。它有 3 个选项：“无”“动画”“形状”。

3）“缓动”文本框：通过设置“缓动”的数值，可以改变形状补间动画的相应变化。

① 在 1～-100 的负值之间，动画运动的速度从慢到快，朝运动结束的方向加速度补间。

② 在 1～100 的正值之间，动画运动的速度从快到慢，朝运动结束的方向减慢补间。

③ 默认情况下，补间帧之间的变化速率是不变的。

4）“混合”下拉列表框中可以选择如下 2 种方式。

①“分布式”：在此种方式下，可以使动画过程中新创建的中间过渡帧的图形比较平滑。

②“角度式”：在此种方式下，创建的过渡帧中的图形更多地保留了原来图形的尖角或直线的特征。如果关键帧中的图形没有尖角，这 2 种方式则无区别。

5）“声音”下拉列表框：如果导入声音，则该下拉列表框中会提供所有已导入的声音名称。选择一种声音名称后，会将声音加入动画，时间轴的动画图层中会出现一条水平反映声音的波纹线。

❖ 形状补间动画前后两个关键帧中存放的都必须是矢量图。

【魔法展示】海阔天空

1）新建一个文档，设置文档的“尺寸”为 240×240 像素，“背景颜色”为白色，如图 6-35 所示。

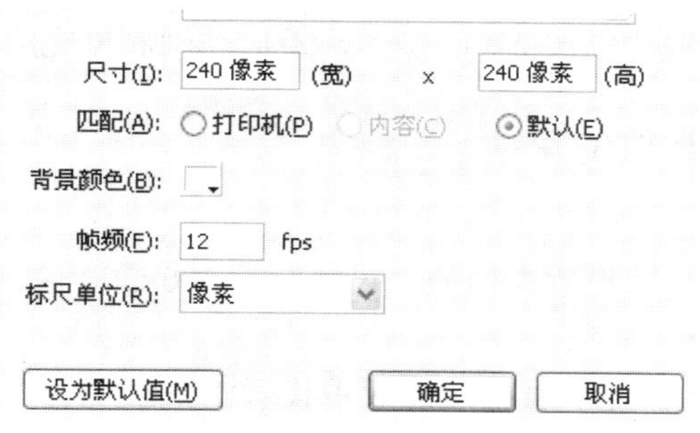

图 6-35　新建文档

2）在“图层 1”中选择“钢笔工具”，设置“填充颜色”为深蓝色。在该层的第 1 帧使用“钢笔工具”绘制一个海浪的形状，大小略大于舞台，如图 6-36 所示。

3）在该图层的第 19 帧按<F7>键插入一个空白关键帧，在该帧使用“钢笔工具”绘制第 2 个海浪图形，如图 6-37 所示。

图 6-36　绘制海浪

图 6-37　绘制第 2 个海浪

4）在该图层的第 29 帧按<F7>键插入一个空白关键帧，在该帧使用“钢笔工具”绘制第 3 个海浪图形，如图 6-38 所示。

5）创建一个新图层，在第 2 层的第 1、19、29 帧绘制出 3 个海浪的图形，设置其“填充颜色”为浅蓝色，如图 6-39 所示。

6）新建一个图层并在该图层中使用“椭圆工具”绘制一个圆形，填充红色作为太阳，如图 6-40 所示。

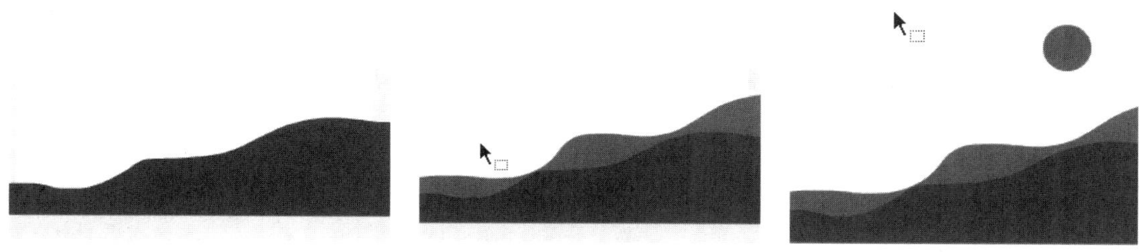

图 6-38　绘制第 3 个海浪　　图 6-39　绘制完毕的海浪　　图 6-40　绘制太阳

7）选中“图层 1”中的第 1 帧和第 19 帧，在“属性”面板中设置“补间”的选项为“形状”，如图 6-41 所示。

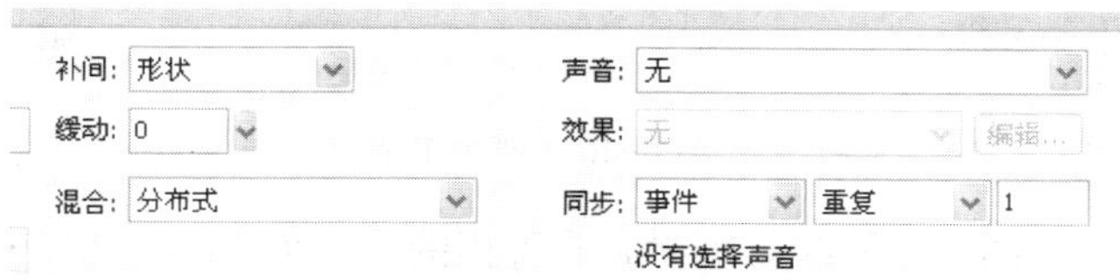

图 6-41　“属性”面板

8）用同样的方法完成“图层 2”的操作，最后动画制作完成测试影片。

6.2.2 【小试身手】绽放的花朵

1）新建一个文档。

2）选择“属性”面板，设置文档的“尺寸”为 300×300 像素，“背景颜色”为白色，单击“确定”按钮。

3）选择“椭圆工具”，在“属性”面板中设置“笔触颜色”为无色，“填充颜色”为红色，在舞台区中绘制一个椭圆，作为一朵花瓣，如图 6-42 所示。

4）选择“任意变形工具”，移动椭圆的旋转中心到椭圆的下部，如图 6-43 所示。

5）单击右侧的“变形”面板，选中“旋转”单选按钮 旋转 ，在“旋转”文本框中输入数字“45 度”，单击“复制并应用变形”按钮 7 次，复制花瓣，形成一朵花的形状，如图 6-44 所示。

图 6-42　花瓣

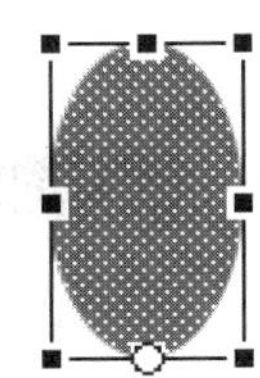
图 6-43　花瓣变形

图 6-44　花朵

6）选择“选择工具”，选中花朵，单击右侧的“颜色”面板，设置填充颜色的“类型”为“放射状”，左右色标的颜色分别为黄色和红色，如图 6-45 所示，填充花朵。

7）选中填充好的花朵形状，选择“编辑”→“复制”命令，再选择“编辑”→“粘贴到当前位置”命令。

8）单击右侧的“变形”面板，选中“约束”复选框 约束 ，在“放缩比例”文本框中输入“60%”，如图 6-46 所示，按<Enter>键。

9）按照上述方法，对花朵再次复制、粘贴，并缩放 30%，形成一朵花，如图 6-47 所示。

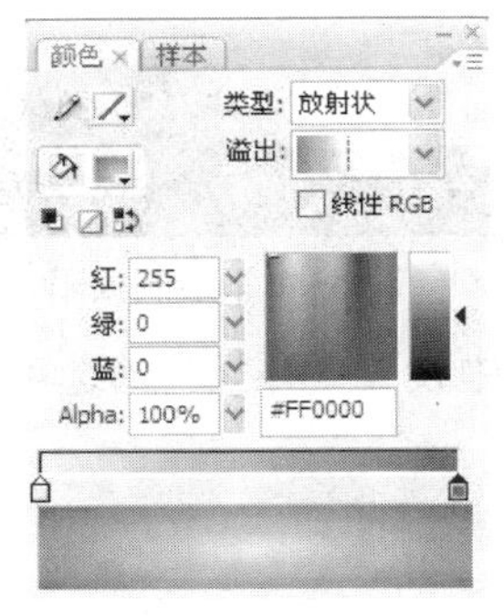

图 6-45　调整花色

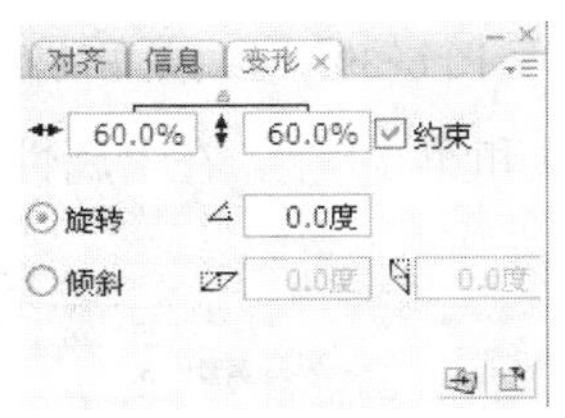

图 6-46　制作花朵

图 6-47　花

10）鼠标右键单击“图层 1”的第 30 帧，在弹出的快捷菜单中，选择“插入关键帧”命令。

11）单击“图层 1”的第 1 帧，按<Delete>键将舞台上的花朵删除。

12）选择“椭圆工具”，在“属性”面板中设置“笔触颜色”为无色，“填充颜色”为白色，在删除的花朵处绘制一个圆形。

13）选中 1～30 帧中的任意一帧，在“属性”面板中设置“补间”为“形状”，“缓动”为“ -50”，如图 6-48 所示，“时间轴”面板如图 6-49 所示。

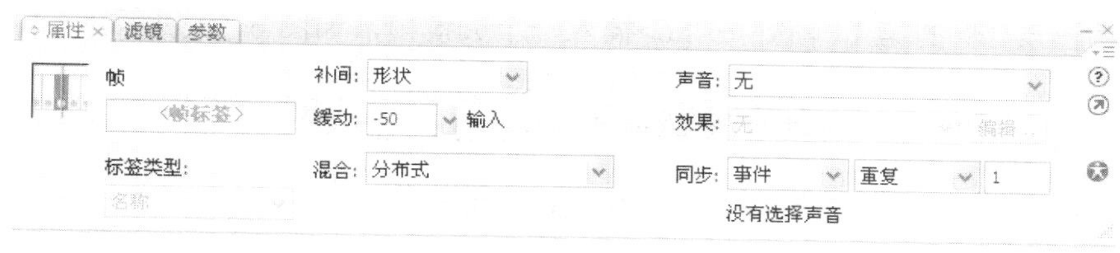

图 6-48 “属性”面板

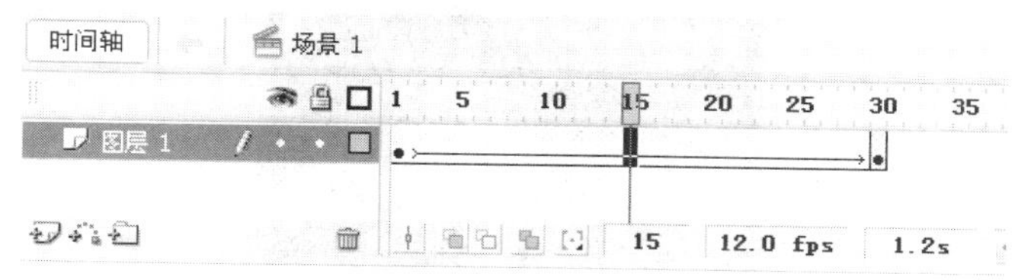

图 6-49 时间轴效果

14）选择“控制”→“测试影片”命令，一个花朵绽放的动画就出现了。

6.2.3 【小试身手】四个图形互相变换

完成效果，如图 6-50 所示。

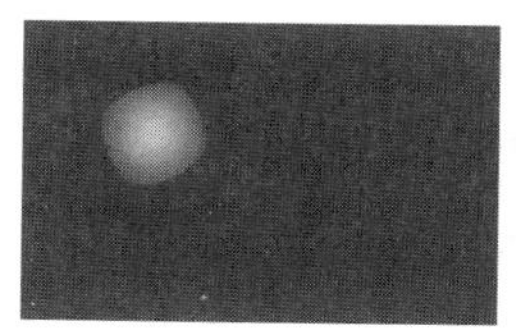

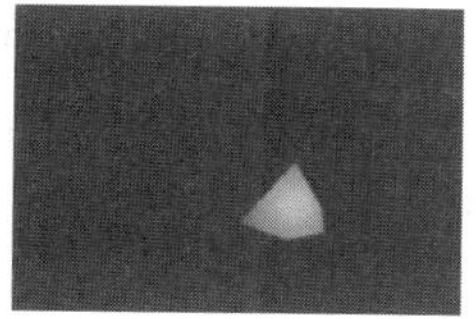

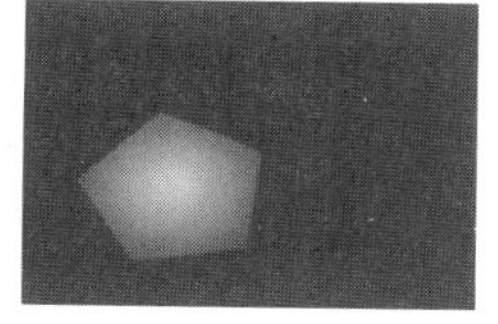

图 6-50 完成效果

1）新建一个文档，在文档“属性”面板中设置文档的“尺寸”为 550×400 像素，“背景颜色”为黑色，如图 6-51 所示。

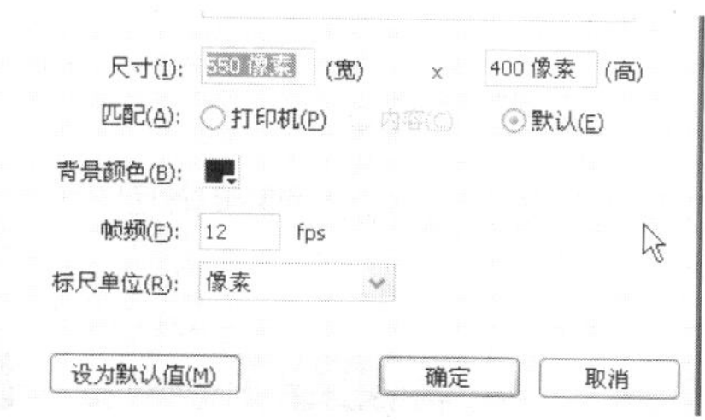

图 6-51 新建文档

2）使用“椭圆工具”绘制一个正圆，在“属性”面板中设置参数，如图 6-52 所示。

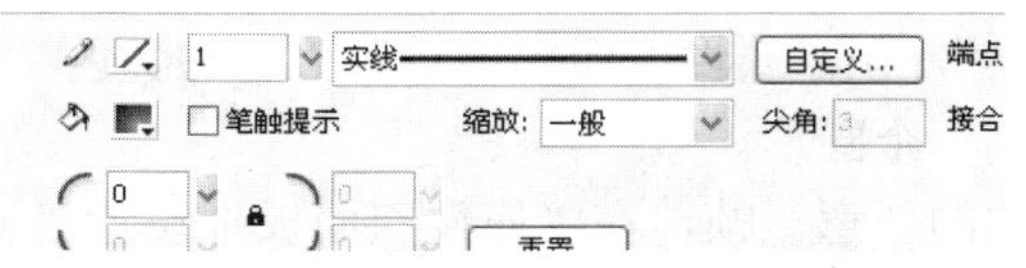

图 6-52　绘制正圆“属性“面板

3）在“图层 1”的第 14 帧处按<F6>插入一个关键帧，如图 6-53 所示。

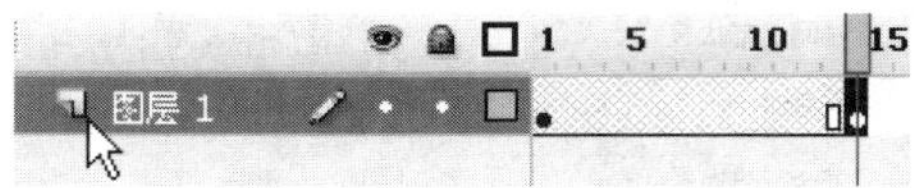

图 6-53　插入关键帧

4）在该帧删除原有的正圆，使用“矩形”工具画一个矩形。如图 6-54 所示。

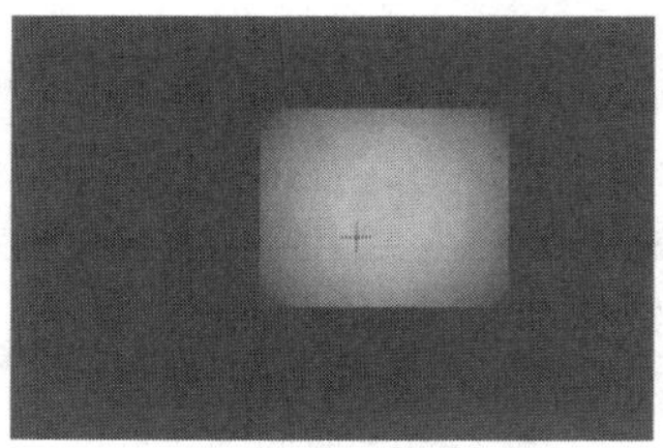

图 6-54　绘制矩形

5）将鼠标移动到第 1 帧，在“属性”面板中选择“形状”，如图 6-55 所示。

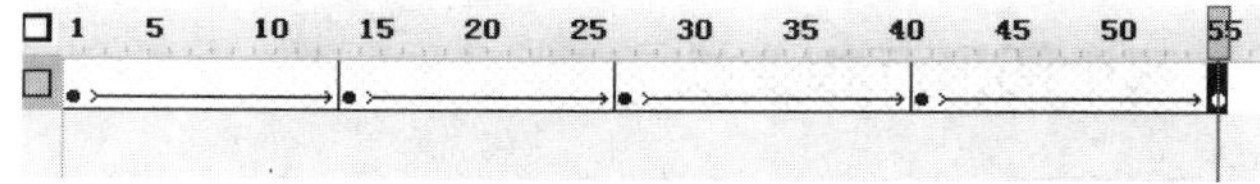

图 6-55　制作形状动画

6）用同样的方法分别制作一个三角形和一个五边形，在第 55 帧处创建关键帧并将第 1 帧的正圆复制到第 55 帧处。分别创建补间形状动画，如图 6-56 所示。

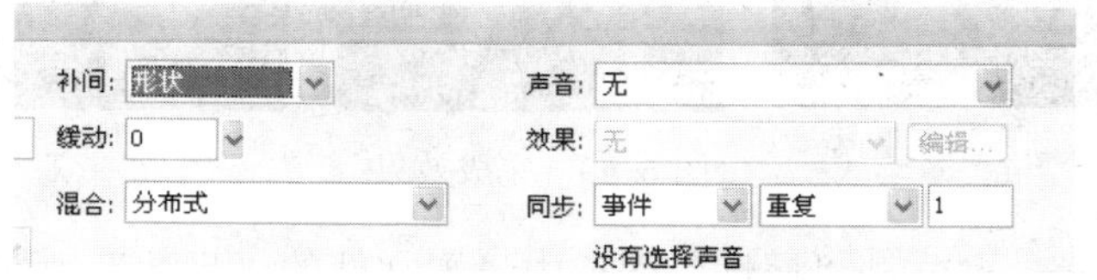

图 6-56　最终时间轴效果

7）测试影片制作完成。

6.2.4 【魔法】——“Flash”文字渐变

【魔法目标】实现文字“Flash”逐渐变成“闪客帝国”

完成效果如图 6-57 所示。

图 6-57　完成效果

【魔法分析】形状补间动画的原理：形状提示会标志起始形状和结束形状中的相对应的点。如从文字的左上角向文字的右下角渐变，可以使用形状提示。这样文字就会按照一定的规律进行变化。

【魔法道具】

形状补间动画看似简单，实则不然，Flash 在“计算”2 个关键帧中图形的差异时，远不如人们想象中的“聪明”，尤其在前后图形差异较大时，变形结果会显得乱七八糟，这时，“形状提示”功能会大大改善这一情况。在“起始形状”和“结束形状”中添加相对应的“参考点”，使 Flash 在计算变形过渡时按照一定的规则进行，从而较有效地控制变形过程。添加提示符的步骤如下。

1）在形状补间动画的开始帧上单击。

2）选择“修改”→“形状”→“添加形状提示”命令。

3）该帧的形状上就会增加一个带字母的红色圆圈，相应地，在结束帧形状中也会出现一个“提示圆圈”。单击并分别按住这 2 个“提示圆圈”，放置在适当的位置，安放成功后开始帧上的“提示圆圈”变为黄色，结束帧上的“提示圆圈”变为绿色，安放不成功或不在一条曲线上时，“提示圆圈”的颜色不变。这样，在形状变化时可以有一定的规则进行变化。

【魔法展示】“Flash”文字渐变

1）新建一个 Flash 文档，设置文档的“尺寸”为 300×100 像素，如图 6-58 所示。

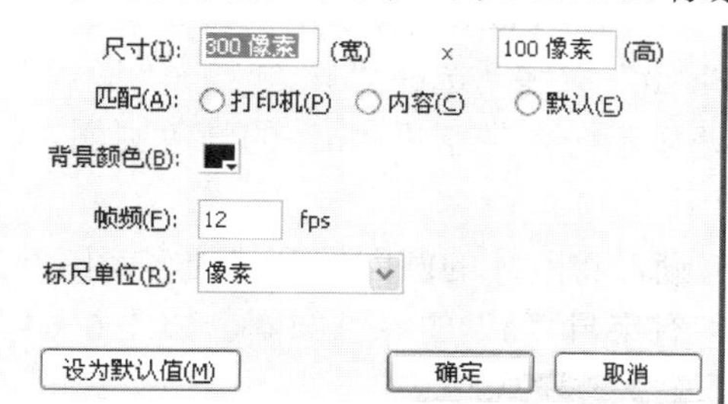

图 6-58　新建文档

2）选择“文本工具”在“属性”面板中设置“字体”为“隶书”，“文本颜色”为#“3300CC”，“字体大小”为 50，如图 6-59 所示。

图 6-59　设置字体

3）在工作区输入文字“Flash”。调整文字在工作区中的位置，在时间轴面板的第 15 帧插入一个空白关键帧，如图 6-60 所示。

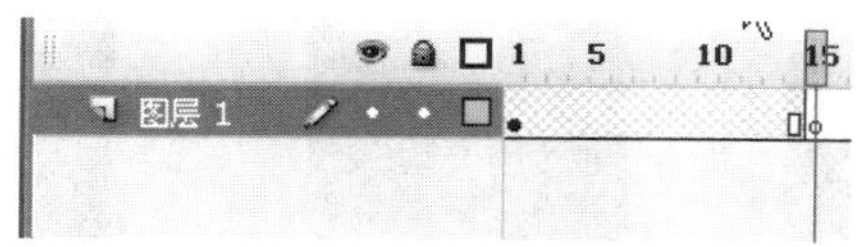

图 6-60　插入空白关键帧

4）选择“文本工具”，设置“字体”为“隶书”，“文本颜色”为“#FF0033”，“字体大小”为 50，输入文字“闪客帝国”。

5）将第 15 帧的内容复制到第 20 帧，在第 35 帧和第 40 帧处插入 2 个空白关键帧。将第 1 帧中的内容复制到第 35 帧和第 40 帧上，如图 6-61 所示。

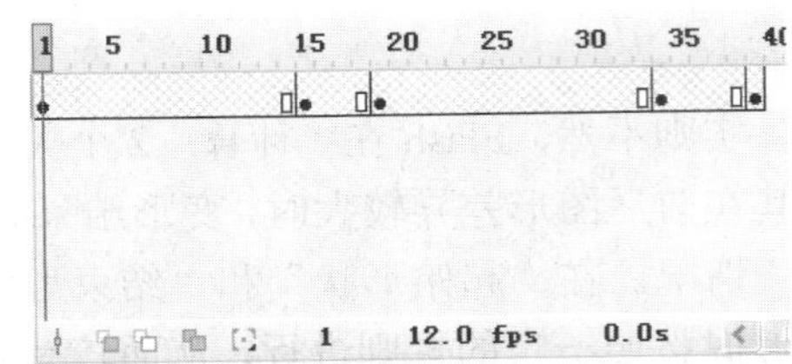

图 6-61　复制帧

6）将第 1 帧处的文字选中并打散，同样将其他关键帧处的文字也都打散。

7）选中第 1 帧，在“属性”面板中设置“补间”为“形状”，如图 6-62 所示。

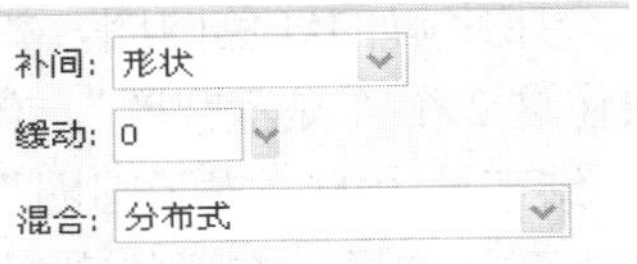

图 6-62　选择“形状”

8）同样在第 20 帧处也设置“补间”为“形状”。

9）为动画使用形状提示，让“Flash”文字从左上方变到“闪客帝国”的右下方。

10）选中第 1 帧的“Flash”文字，选择“修改”→“形状”→“添加形状提示”命令，起始形状提示会在该形状处显示一个带字母“a”的红色圆圈。将这个圆圈拖到“Flash”文字的左上方，如图 6-63 所示。

11）选择动画的第 15 帧，将刚才的圆圈拖到“闪客帝国”的右下角，这时，结束形状提示会在该形状显示一个带有字母“a”的绿色圆圈，如图 6-64 所示。

图 6-63　起始位置

图 6-64　结束位置

12）最后运行影片，动画制作完毕。

6.2.5 【小试身手】“XYZ”变换

完成效果如图 6-65 所示。

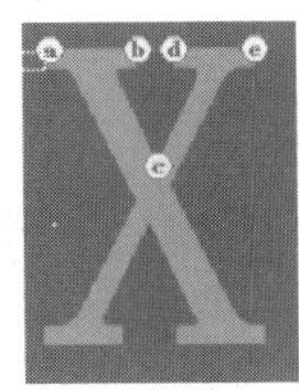

图 6-65　完成效果

1）新建一个文档，“背景颜色”为黑色，选择“文本工具”，在“属性”面板中设置“字体”为“隶书”，“文本颜色”为红色，“字体大小”为200，输入字母“X”，如图6-66所示。

图6-66 设置文字

2）选中字母“X”并将其打散，在“图层1”中的第20帧插入空白关键帧，单击第20帧再在字母“X”右边输入和“X”的字体、字号、颜色一样的字母“Y”。将字母“Y”打散，把字母“X”删除，如图6-67所示。

3）选中第1帧，在“属性”面板中设置“补间”为“形状”，如图6-68所示。

4）字母“X”到字母“Y”的变形动画制作完成，但是变化的过程不太理想，需要调整。

图6-67 输入“Y”

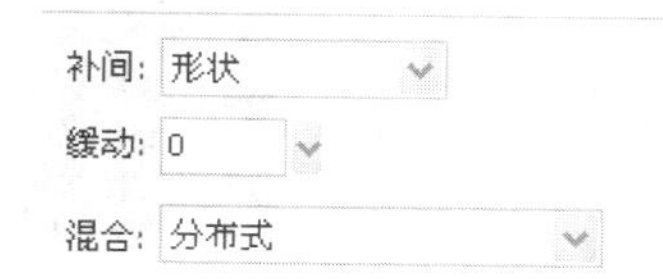

图6-68 选择形状

5）单击“图层1”的第1帧，选择“修改”→“形状”→“添加形状提示”命令，起始形状提示会在该形状处显示一个带字母“a”的红色圆圈。将这个圆圈拖到字母“X”上，使用同样的方法再拖动4个提示符，并调整它们的位置。

6）单击第20帧的字母“Y”就会出现刚才的提示符，然后适当调整其位置，直至达到满意的效果，如图6-69和图6-70所示。

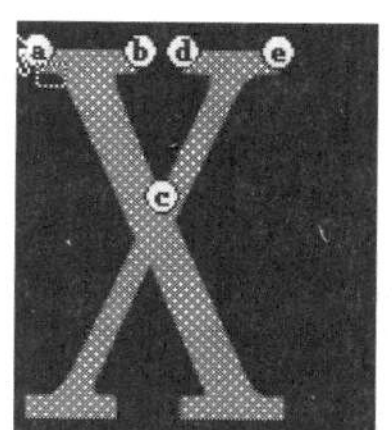
图6-69 调整“X”

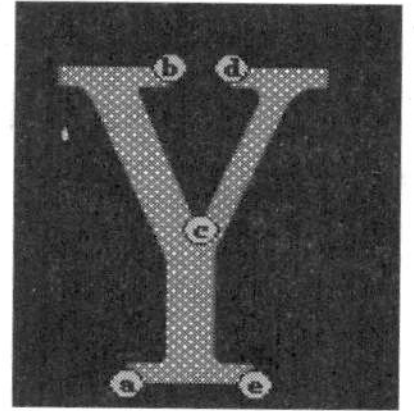
图6-70 调整“Y”

7）使用同样的方法在“图层1”的第40帧插入空白关键帧，作出字母“Y”到字母“Z”的变形动画，如图6-71和图6-72所示。

图6-71 调整“Y”

图6-72 调整“Z”

8）整个字母变形动画制作完成，测试影片。

第6讲 动画制作

6.3 制作动画补间动画

6.3.1 【魔法】——下落的文字

【魔法目标】制作文字依次从舞台上滚动落下的动画。

完成效果，如图 6-73 所示。

图 6-73 完成效果

【魔法分析】创建“F”“L”“A”“S”“H”5 个字母，利用动画补间动画的原理让 5 个字母顺序从场景上方顺时针旋转 3 周下落到场景下方。

【魔法道具】

1. 动画补间动画

动画补间是使用运动渐变的方法而制作的动画。使用渐变的方法可以处理舞台中经过群组后的各种矢量图形、文字和导入的素材等。使用这种方法，用户可以设置对象在位置、大小、倾斜等方面的渐变效果。完成后的补间动画时间轴如图 6-74，效果如图 6-75 所示。

图 6-74 动画补间时间轴

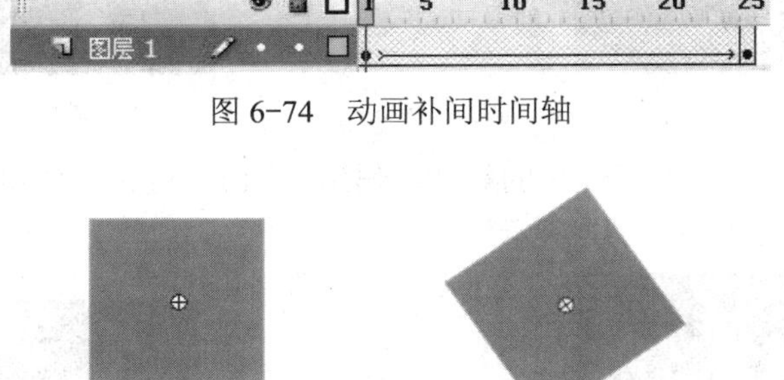

图 6-75 动画补间效果

2. 创建动画补间

首先创建 2 个关键帧，在第一个关键帧中设置对象、群组或文字的属性，在第 2 个关键帧中修改对象的属性，从而在两帧间产生动画效果，可以修改的属性包括大小、颜色、旋转和倾斜、位置、透明度以及各种属性的组合。最后选择第一个关键帧，在动画“属性”面板中选择“动画”，如图 6-76 所示。

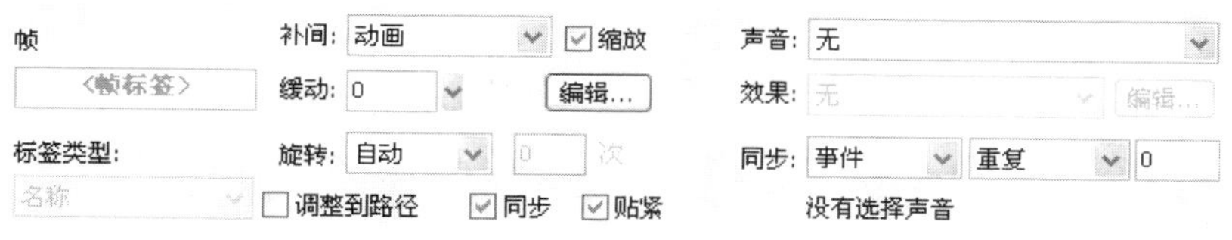

图 6-76　动画补间“属性”面板

该面板中有关选项的作用如下。

1）“帧”文本框：用来输入帧的标签名称。

2）“补间”下拉列表框：用来选择动画的类型。它有 3 个选项：“无”“动画”“形状”。

3）“缓动”文本框：用来调整运动的加速度。可以在文本框中输入数据或调整滑条的滑块来调整文本框中的数据。

4）“旋转”下拉列表框：用来控制对象在运动时是否自旋转。选择“无”，不旋转；选择“自动”，按照尽可能少运动的情况下旋转对象；选择“顺时针”，顺时针旋转对象；选择“逆时针”，逆时针旋转对象。如果选择“顺时针”或“逆时针”，其右边的“次”文本框变为有效，必须在其右边的“次”文本框内输入旋转次数。

5）“调整到路径”复选框：选中该复选框后，可以控制运动对象沿路径的方向自动调整自己的方向。

6）“同步”复选框：选中该复选框后，可确保影片剪辑实例在循环播放时与主电影相匹配。

7）“贴紧”复选框：选中该复选框后，可使对象自动捕捉路径。

8）“缩放”复选框：选中该复选框后，可以实现对象大小逐渐改变的效果。

9）“声音”下拉列表框：如果导入声音，则该下拉列表框中会提供所有已导入的声音名称。选择一种声音名称后，会将声音加入动画，时间轴的动画图层中会出现一条水平反映声音的波纹线。

> ❖ 动作补间动画前后 2 个关键帧中存放的必须是元件、实例或组合对象，一定不能是矢量图。

【魔法展示】下落文字

1）新建一个文档。

2）选择“属性”面板，设置文档的“尺寸”为“550×400 像素，“背景颜色”为蓝色，单击“确定”按钮。

3）选择“文本工具”，在“属性”面板中设置“字体”为“Arial Black”，“字体大小”为 60，“文本颜色”为黄色，“字母间距”为 60，如图 6-77 所示。

4）在舞台区外的上部，输入文字“FLASH”，如图 6-78 所示。

5）选择“选择工具”，选中输入的文本，选择“修改”→“分离”命令，如图 6-79 所示。

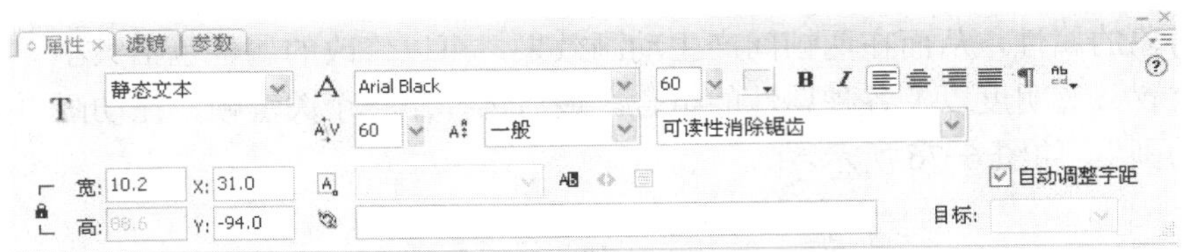

图 6-77　字体属性

图 6-78　输入文字

图 6-79　分离文字

6）选择“选择工具”，选中所有的文字，单击鼠标右键，在弹出的快捷菜单中选择“分散到图层”命令，如图 6-80 所示，“图层”面板如图 6-81 所示。

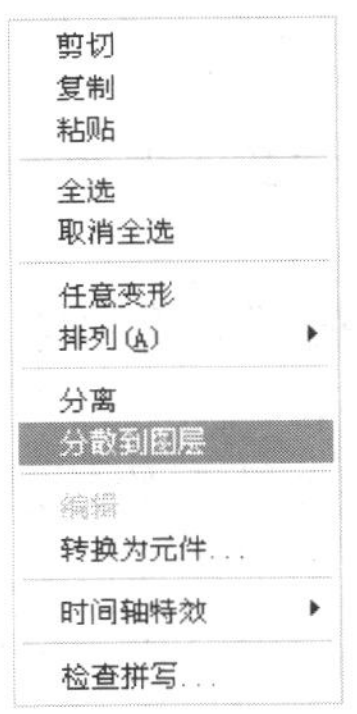

图 6-80　快捷菜单

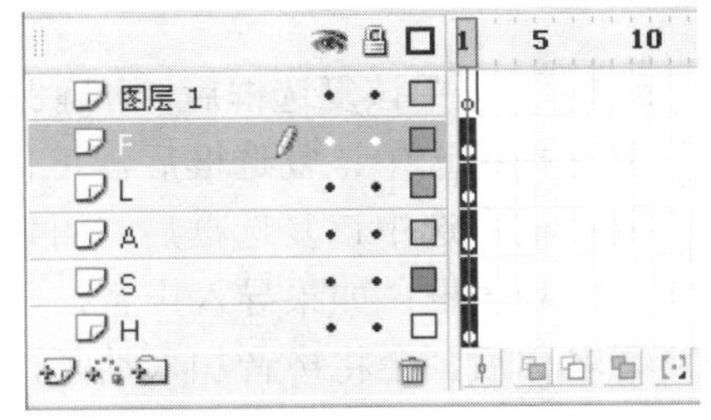

图 6-81　将各字母分散到图层

7）选择“选择工具”，分别选中舞台中的字符“F”“L”“A”“S”“H”，选择“修改”→“分离”命令，然后选择“修改”→“组合”命令，如图 6-82 所示。

图 6-82　组合文字

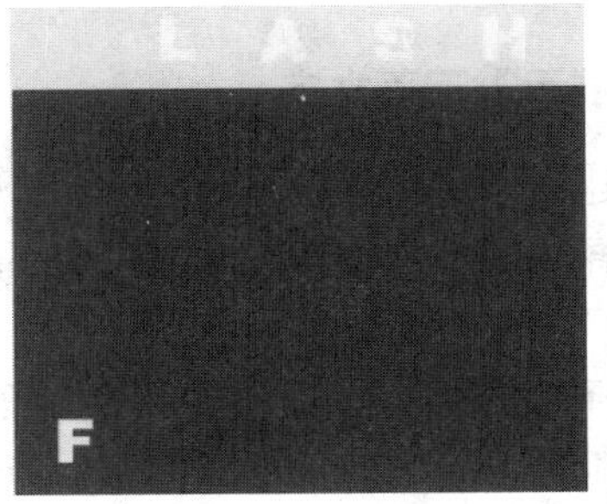

图 6-83　移动“F”

8）按住<Shift>键，选中“F”“L”“A”“S”“H”图层的第 100 帧，单击鼠标右键，在弹出的快捷菜单中选择“插入帧”命令。

9）在“F”图层的第 20 帧单击鼠标右键，在弹出的快捷菜单中选择“插入关键帧”命令。

10）选择“选择”工具 ，选择字符“F”，移动到舞台区域内，如图 6-83 所示。

11）选择 1～20 帧中的任意一帧，在“属性”面板中，设置“补间”为“动画”，“旋转”为“顺时针”，旋转 3 次，如图 6-84 所示。

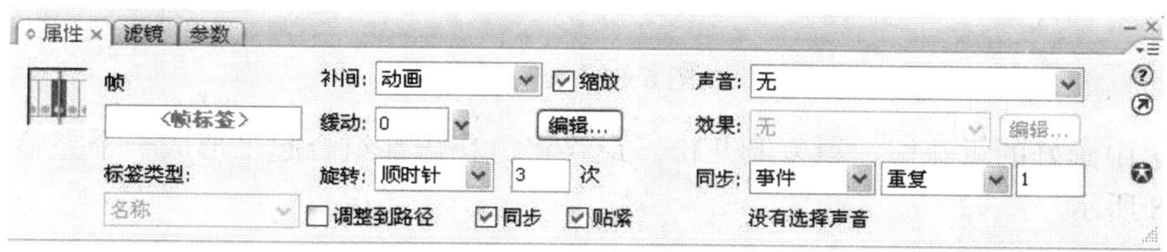

图 6-84　属性面板

12）分别在“L”图层的第 20 帧和第 40 帧单击鼠标右键，在弹出的快捷菜单中选择“插入关键帧”命令。

13）选中“L”图层的第 40 帧，将字符“L”移动到舞台区域内。

14）选择 20～40 帧中的任意一帧，重复步骤 11）的操作。

15）使用同样的方法，处理字符“A”“S”“H”，如图 6-85 所示。

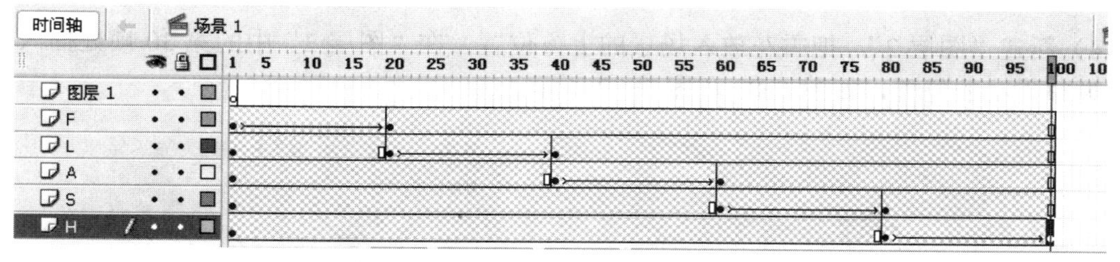

图 6-85　分离文字

16）选择“控制”→“测试影片”命令，一个掉落文字的动画就出现了。

6.3.2 【小试身手】雪花飘落

1）新建一个文档，“背景颜色”为蓝色，如图 6-86 所示。

图 6-86　完成效果

2）使用“铅笔工具”画出一个雪花瓣，如图 6-87 所示。

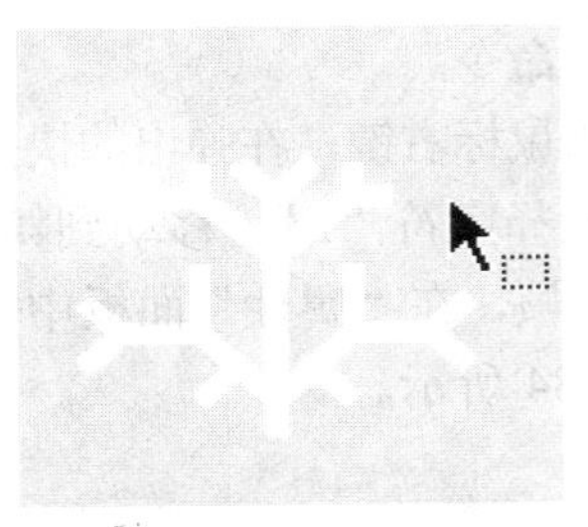

图 6-87　雪花瓣

3）选中画好的雪花瓣，再复制几份。最终将雪花瓣都组合起来形成一个完整的雪花，如图 6-88 所示

图 6-88　整个雪花

4）新建“图层 2”，把雪花放入场景的上方位置，在“图层 2”中的第 30 帧处插入关键帧，调整雪花的位置，如图 6-89 和图 6-90 所示。

图 6-89　雪花设置 1

图 6-90　雪花设置 2

5）在时间轴上单击鼠标右键，选择“创建补间动画”命令。为了让雪花看起来更加逼真，在“属性”面板中设置“旋转”和“缓动”参数，为雪花添加“旋转”和“缓动”效果，如图 6-91 所示。

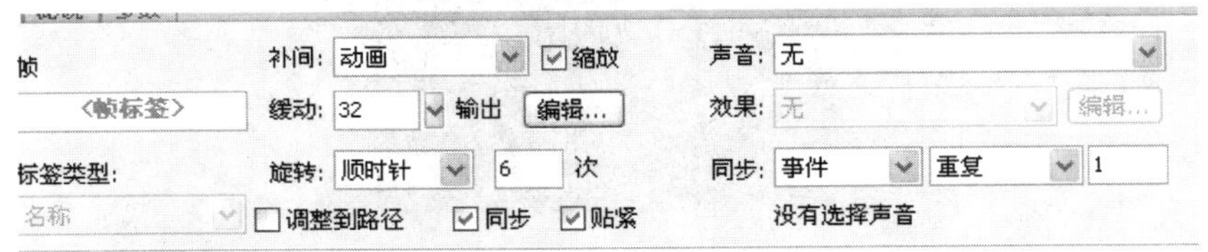

图 6-91　最后效果

6）使用同样的方法多加几个图层，调整雪花的不同位置和更改参数值来完成下雪的效果。

6.4 时间轴特效

6.4.1 【魔法】—— 文字模糊特效

【魔法目标】制作文字由清晰到模糊并逐渐放大的特效

完成效果，如图 6-92 所示。

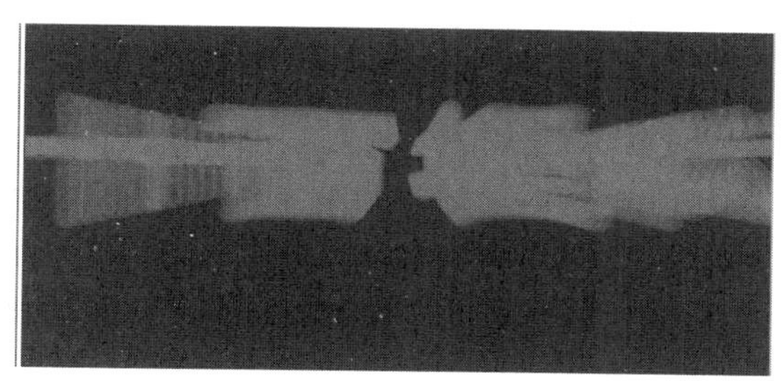

图 6-92 完成效果

【魔法分析】时间轴特效，可以应用于多种对象，包括文本、图形、位图、按钮等。使用时间轴特效中的模糊特效，可以使对象出现逐渐模糊的特效效果，更具有动感。

【魔法道具】

1. 时间轴特效

时间轴特效就是使用软件自动生成的效果，一般 Flash 软件都带有“模糊”“分离”“展开”“投影”等特效，也有专门的时间轴特效插件，能作出意想不到的效果。

2. 创建时间轴特效

为一个对象添加时间轴特效的步骤如下。

1）按照通常的方法，在编辑区中添加一个对象。

2）在编辑区中选取要添加时间轴特效的对象，选择“插入”→“时间轴特效”命令，在其下级菜单中选择一种特效。

提示：也可以在选取的对象上单击鼠标右键，在快捷菜单中选择“时间轴特效”命令，在其下级菜单中选择一种特效。

3）在自动显示的特效设置对话框中预览基于默认设置的特效。如果需要，可以修改这些设置，然后单击右上角的“更新预览”按钮，预览新的设置效果。

4）如果感觉效果满意，单击“确定”按钮，Flash 自动在时间轴中添加创建特效所需的帧。

5）选择“控制”→“测试影片”命令，即可测试时间轴特效。

下面详细说明几种特效的参数及其设置方法。

（1）“复制到网格”

选择“插入”→“时间轴特效”→“帮助”→“复制到网格”命令，可以为选定的对象添加“复制到网格”特效。

“复制到网格”特效的作用是按列数复制选定的对象，然后按照行数×列数，创建该元素的网格。

在“复制到网格”对话框可以设置的参数如下。

1）“网格尺寸”。

“行数”：设置网格的行数。

“列数”：设置网格的列数。

2）“网格间距”。

“行数”：设置行间距（以像素为单位）。

“列数”：设置列间距（以像素为单位）。

（2）“分散式直接复制”

选择“插入”→“时间轴特效”→“帮助”→“分散式直接复制”命令，可以为选定的对象添加特效。

“分散式直接复制”特效的作用是根据设置的次数复制选定的对象，并按照所设置的参数对复制的对象进行修改，直至最后的对象反映设定的参数。

在“分散式直接复制”对话框可以设置的参数如下。

1）“副本数量”：设置要复制的副本数。

2）“偏移距离”：X 位置，X 轴方向的偏移量（以像素为单位）。Y 位置，Y 轴方向的偏移量（以像素为单位）。

3）“偏移旋转”：设置偏移旋转的角度（以度为单位）。

4）“偏移起始帧”：设置偏移开始的帧编号。

5）“缩放”：设置缩放的方式和比例。

在其右边的文本框中可以设置缩放的比例，在其上面的下拉列表中可以选择缩放的方式。可选的缩放方式有如下。

“指数缩放”：按指数级别在 X 轴和 Y 轴方向进行缩放。

“线性缩放”：按线性级别在 X 轴和 Y 轴方向进行缩放。

6）“更改颜色”：选中此复选框将改变副本的颜色；取消此复选框的选择，不改变副本的颜色。

7）“最终颜色”：单击此按钮，可以指定最后副本的颜色（用 RGB 十六进制值表示）。中间的副本逐渐过渡到这种颜色。

8）“最终的 Alpha”：设置最后副本的 Alpha 透明度百分数。可以在其右边的文本框中直接输入百分数，也可以左右拖动其下面的滑块进行调整。

（3）“模糊”

选择“插入”→“时间轴特效”→“效果”→“模糊”命令，可以为选定的对象添加“模糊”特效。

“模糊”特效的作用是，通过改变对象的 Alpha 值、位置或缩放比例，创建运动模糊特效。

在“模糊”对话框可以设置的参数如下。

1）“效果持续时间”：设置特效持续的时间长度（以帧为单位）。

2）缩放比例：设置对象缩放的比例。

3）“允许水平模糊”：选中此复选框，设置在水平方向产生模糊效果。

4）“允许垂直模糊”：选中此复选框，设置在垂直方向产生模糊效果。

5）“移动方向”：单击此图标中的方向按钮，可以设置模糊特效的移动方向。

（4）投影

选择“插入”→“时间轴特效”→“效果”→“投影”命令，可以为选定的对象添加“投影”特效。

“投影”特效的作用是在选定的对象下面创建一个阴影。

在“投影”对话框可以设置的参数如下。

1）“颜色”：单击此按钮，可以设置阴影的颜色（用 RGB 十六进制值表示）。

2）“Alpha 透明度”：设置阴影的 Alpha 透明度百分数。可以在其右边的文本框中直接输入百分数，也可以通过拖动其下面的滑块进行调整。

3）“阴影偏移”：设置阴影在 X 轴和 Y 轴方向的偏移量（以像素为单位）。

（5）“展开”

选择“插入”→“时间轴特效”→“效果”→“展开”命令，可以为选定的对象添加“展开”特效。

“展开”特效的作用是扩展、收缩或扩展与收缩对象。对两个或多个组合在一起或组合在一个电影剪辑或图形元件中的对象应用本特效效果最好。对包含文本或字母的对象应用本特效效果也很好。

在“展开”对话框可以设置的参数如下。

1）“效果持续时间”：设置“展开”特效持续的时间（以帧为单位）。

2）“展开”“压缩”“两者皆是”：设置特效的运动形式。

3）“移动方向”：单击此图标中的方向按钮，可以设置“展开”特效的移动方向。

4）“组中心转换方式”：设置运动在 X 轴和 Y 轴方向的偏移量（以像素为单位）。

5）“碎片偏移”：设置碎片（如文本中的每个文字或字母）的偏移量。

6）“碎片大小更改量”：通过改变 Height（高度）和 Width（宽度）值来改变碎片的大小（以像素为单位）。

（6）“分离”

选择“插入”→“时间轴特效”→“效果”→“分离”命令，可以为选定的对象添加“分离”特效。

“分离”特效的作用是产生对象爆炸的效果。文本或复杂组合对象（元件、矢量图或视频剪辑）的元素被打散、旋转和向外抛撒。

在“分离”对话框可以设置的参数如下。

1）“效果持续时间”：设置“分离”特效持续的时间（以帧为单位）。

2）“分离方向”：单击此图标中的方向按钮，可以设置爆炸特效的运动方向。

3）“弧线大小”：设置 X 轴和 Y 轴方向的偏移量（以像素为单位）。

4）“碎片旋转量”：设置碎片的旋转角度（以度为单位）。

5）“碎片大小更改量”：设置碎片的大小（以像素为单位）。

6）“最终的 Alpha”：设置分离特效最终的 Alpha 透明度百分数。可以在其右边的文本框中直接输入百分数，也可以通过拖动其下面的滑块进行调整。

（7）“变形”

选择“插入”→“时间轴特效”→“变形/转换”→“变形”命令，可以为选定的对象添加“变形”特效。

“变形”特效的作用是调整选定对象的位置、缩放比例、旋转角度、Alpha透明度和色彩。使用“变形”可以应用单个特效或组合特效，创建淡入/淡出、飞进/飞出、膨胀/收缩和左旋/右旋特效。

在“变形”对话框可以设置的参数如下。

1）“效果持续时间”：设置“变形”特效持续的时间（以帧为单位）。

2）“移动位置”：设置对象中心在X轴和Y轴方向的位置值（以像素为单位）。

3）“更改位置方式”：设置对象在X轴和Y轴方向的相对偏移量（以像素为单位）。

4）“缩放比例”：锁定时，X轴和Y轴使用相同的比例缩放（以百分数表示）；解锁时，可以分别设置X轴和Y轴的缩放比例（以百分数表示）。

5）“旋转”度数：设置对象的旋转角度（以度为单位）。

6）“旋转”次数：设置对象的旋转次数。

7）“更改颜色”：选中此复选框将改变对象的颜色；取消选中此复选框，不改变对象的颜色。

8）“最终颜色”：单击此按钮，可以指定对象最后的颜色（用RGB十六进制值表示）。

9）“最终的Alpha”：设置对象最终的Alpha透明度百分数。可以在其右边的文本框中直接输入百分数，也可以左右拖动其下面的滑块进行调整。

10）“移动减慢”：可以设置开始时慢速，然后逐渐变快；或开始时快，然后逐渐变慢。

（8）“转换”

选择“插入”→“时间轴特效”→“变形/转换”→“转换”命令，可以为选定对象添加“转换”特效。

“转换”特效的作用是对选定的对象进行擦除和淡入淡出处理，或二者组合处理，产生逐渐过渡的特效。

在“转换”对话框可以设置的参数如下。

1）“效果持续时间”：设置“转换”特效持续的时间（以帧为单位）。

2）“方向”：选中“入”或“出”单选按钮，在图标中单击方向按钮，可以设置“转换”特效的方向。

3）“淡化”：选中此复选框和“入”单选按钮，获得淡入效果；选中此复选框和“出”单选按钮，获得淡出效果；不选中此复选框，不对选定的对象进行淡入淡出处理。

4）“涂抹”：选中此复选框和“入”单选按钮，获得擦入效果（例如，文字逐渐显示出来）；选中此复选框和“出”单选按钮，获得擦出效果（例如，文字逐渐消失）；不选中此复选框，不对选定对象进行擦除处理。

5）“移动减慢”：可以设置开始时慢速，然后逐渐变快；或开始时快，然后逐渐变慢。

【魔法展示】文字模糊特效

1）新建一个文档，选择“文本工具”，打开“属性”面板，设置“字体”为“隶书”“字

体大小”为 120。在舞台中的小矩形内输入“十面埋伏”文字，如图 6–93 所示

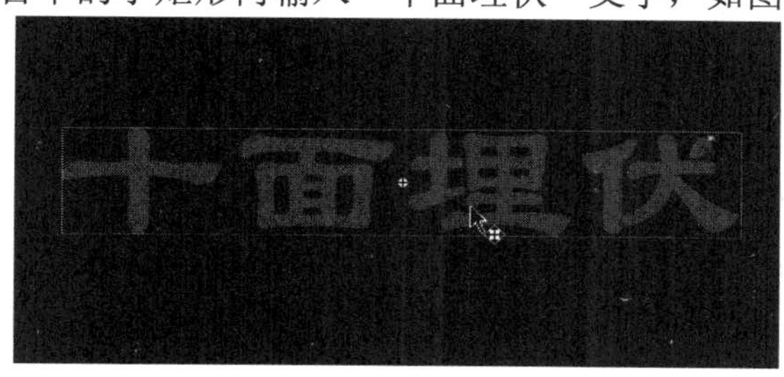

图 6–93 输入文字

2）选中文字按 2 次“Ctrl+B”组合键将其打散，如图 6–94 所示。

图 6–94 打散文字

3）选择“插入”→“时间轴特效”→“效果”→“模糊”命令，如图 6–95 所示。

4）此时打开了“模糊”对话框，在其中可以设置“模糊”特效的相关参数，如图 6–96 所示。

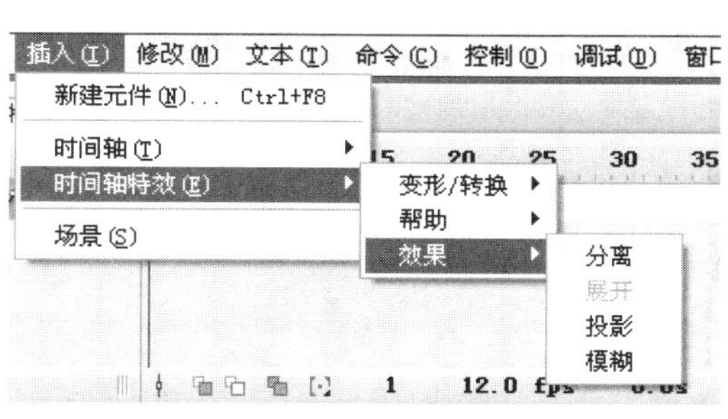

图 6–95 选择“模糊”特效

图 6–96 参数设置

5）对话框右侧为预览区域，可以调整模糊的效果。最后测试影片。

6.4.2 【小试身手】百叶窗效果

完成效果如图 6–97 所示。

1）新建一个文档，在“图层 1”绘制一个矩形并输入文字，在时间轴的第 30 帧处插入

帧，如图 6-98 所示。

图 6-97　完成效果

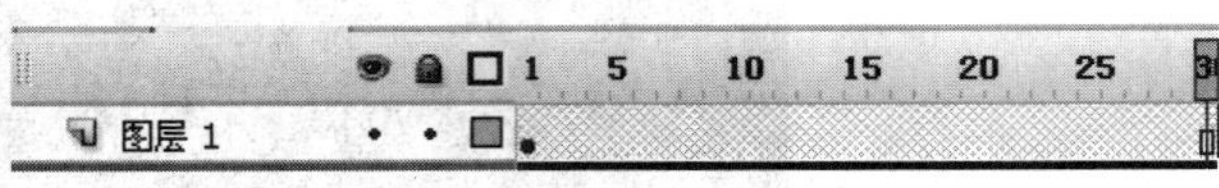

图 6-98　插入帧

2）新建一个图层，在第 30 帧处插入帧，使用“矩形工具”画一个矩形，宽度要与下面的绿色矩形宽度相同，复制几个矩形将下面的矩形覆盖上，如图 6-99 所示。

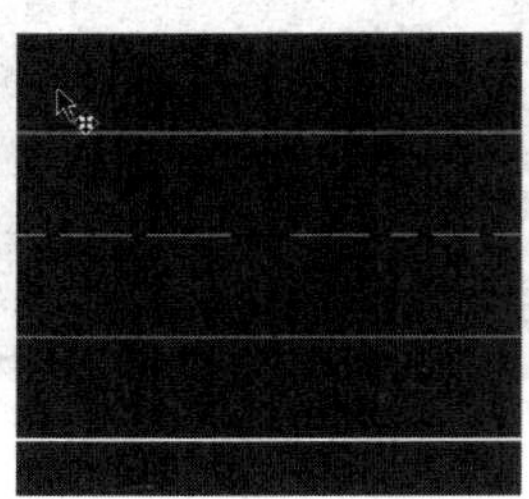

图 6-99　调整矩形位置

3）将第 2 层的所有矩形都选中，选择“修改”→“组合”命令。选中这个组合，单击鼠标右键选择“时间轴特效”→“变形/转换”命令，如图 6-100 所示。

4）弹出“转换”对话框，对里面的参数进行设置，达到满意的效果，如图 6-101 所示。

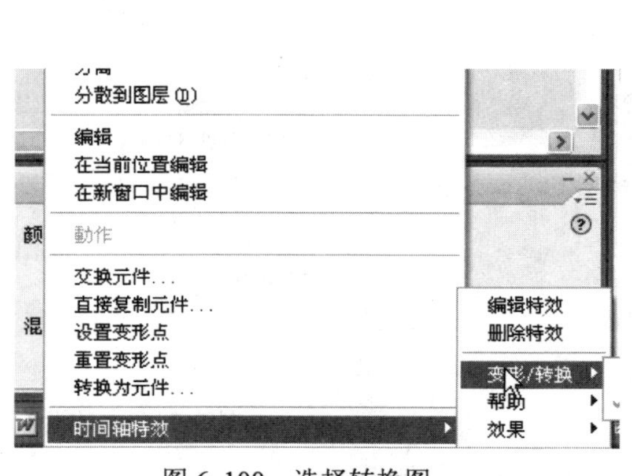

图 6-100　选择转换图

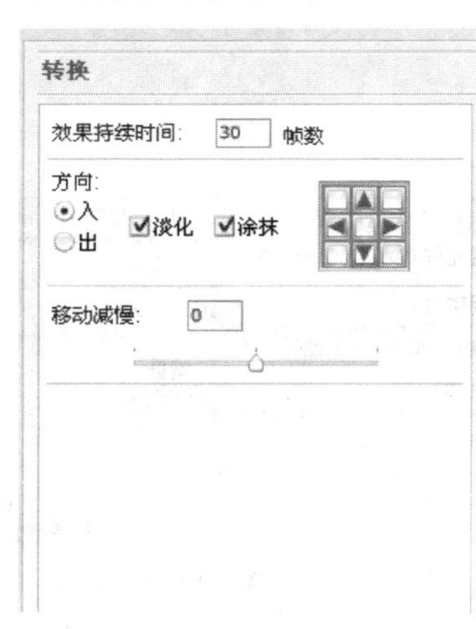

图 6-101　设置参数

5）最后单击“确定”按钮，退出“转换”对话框，回到场景中，测试影片，制作完成。

第 7 讲　元件、实例与库

7.1　创建图形元件

7.1.1 【魔法】——制作文字变色效果

【魔法目标】制作文字变色效果

完成效果，如图 7-1 和图 7-2 所示。

图 7-1　第 10 帧完成效果

图 7-2　第 20 帧完成效果

【魔法分析】利用图形元件制作出文字元件，再改变元件的颜色属性，通过关键帧的设置，制作文字变色效果。

【魔法道具】

1．元件、实例和库

元件是指在 Flash 动画中可以重复使用的图像、影片剪辑或按钮。每个元件都有唯一的时间轴、舞台以及若干个层。元件就是动画中的动画。实例是元件在舞台上的具体应用。在动画的制作过程中，把元件从元件库中取出，应用于工作区就成了实例。库的作用是存放和组织可重复使用的元件、位图、声音和视频等文件。

❖　实例本身只是元件的一个复制品，将元件拖到场景后，元件本身还将位于库中。改变场景中实例的属性，库中元件的属性不会改变；但如果改变元件的属性，该元件的所有实例的属性都将随之变化。

2．元件的类型

Flash 的元件主要有 3 种类型：图形、按钮、影片剪辑。

1）按钮元件：可以响应动画中的鼠标动作，通常用于设置作品中的交互操作。

2）图形元件：一般是静态的图形图像，不支持交互图像，也不能添加声音。图形元件与影片的时间轴同步。

3）影片剪辑元件：用来制作可重复使用的、独立于影片时间轴的动画片段。

3．图形元件的创建

1）将场景中的元素转换成元件：选中要转换的图形或文字，单击鼠标右键，选择“转换为元件”命令（或按<F8>键），在弹出的“转换为元件”对话框中输入“名称”，“类型”选择“图形”，单击“确定”按钮，如图 7-3 所示。

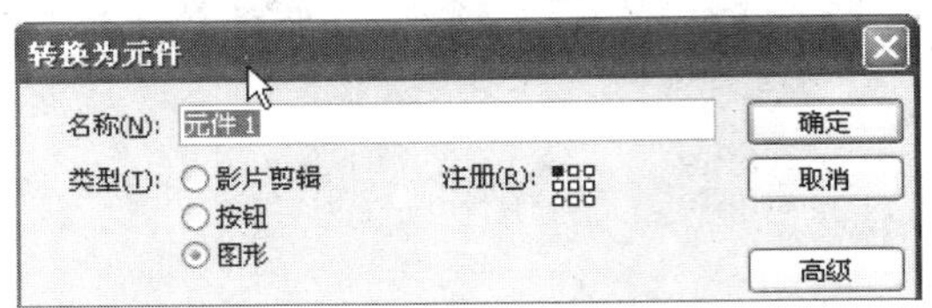

图 7-3 “转换为元件”对话框

2）创建新元件。选择“插入”→“新建元件”命令（或按<Ctrl+F8>组合键），在弹出的“创建新元件”对话框中输入“名称”，“类型”选择“图形”，点击“确定”按钮，如图 7-4 所示。

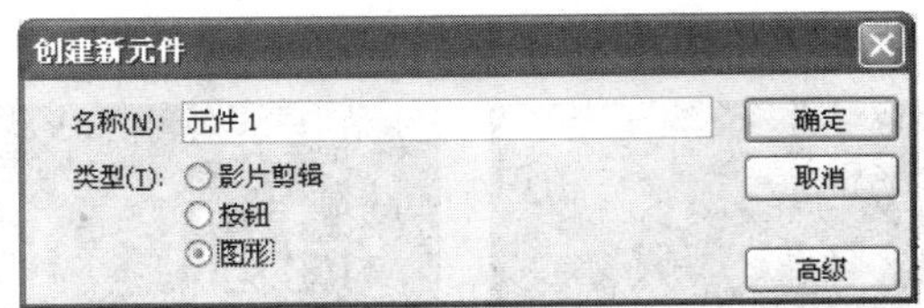

图 7-4 “创建新元件”对话框

3）单击“库”面板底部的“新建元件”按钮，在弹出的“创建新元件”对话框中输入“名称”，“类型”选择“图形”，单击“确定”按钮。

4．元件属性

（1）元件的大小和位置

在元件上单击，在屏幕的下方出现“属性”面板，如图 7-5 所示。

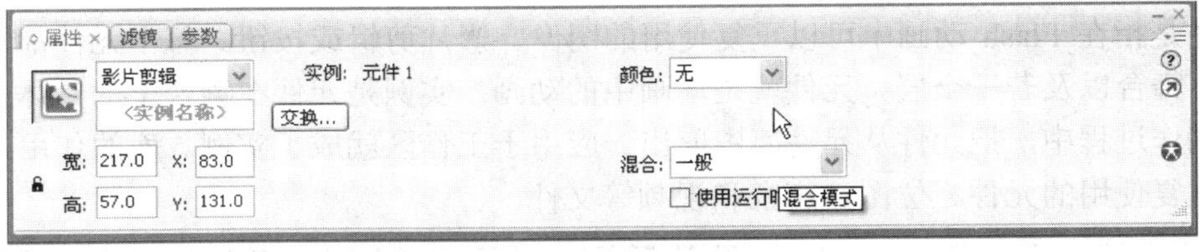

图 7-5 元件的“属性”面板

其中“高”和“宽”代表元件的大小，可以通过输入数字改变元件的大小。“X”和“Y”代表元件的位置。

（2）元件的类型

在图 7-5 中元件的类型为“影片剪辑”，在下拉列表中可以选择元件的类型。

（3）元件的颜色

在元件“属性”面板的右侧，在“颜色”下拉列表中选择颜色的类型，其中“Alpha”可以改变元件的透明度。

【魔法展示】制作文字变色效果

1．新建文件

选择“文件”→“新建”命令，新建一个空白文档。单击“属性”面板中“大小”按钮，打开“文档属性”对话框，设置文档的“尺寸”为 550×200 像素，“背景颜色”为“#FFFFFF”。

2．创建文字图形元件

1）选择“插入”→“新建元件”命令，弹出“创建新元件”对话框，如图 7-6 所示。

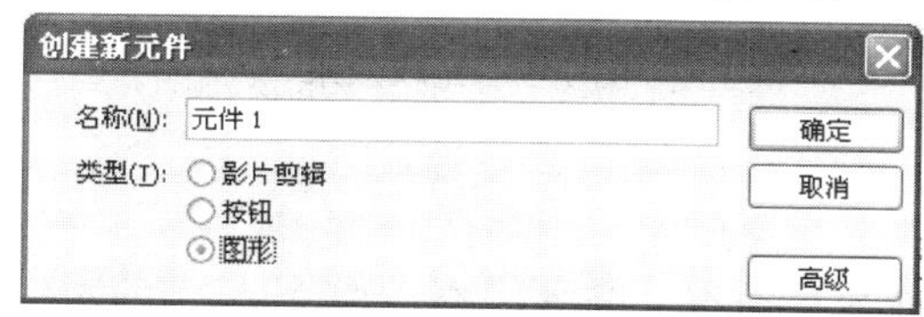

图 7-6　创建新元件

输入元件的名称，“类型”选择“图形”，单击“确定”按钮进入元件编辑状态。

2）选择“文本工具”，在舞台上输入文字“Hello Flash CS3”。

3）选择“场景 1”按钮 场景 1 文字 ，完成文字元件的创建。

3．制作文件变色效果

1）选择第 1 帧，将文字元件拖到舞台上并调整位置。选中第 5 帧插入关键帧，选中文字图形元件，在屏幕下方出现“属性”面板，如图 7-7 所示。

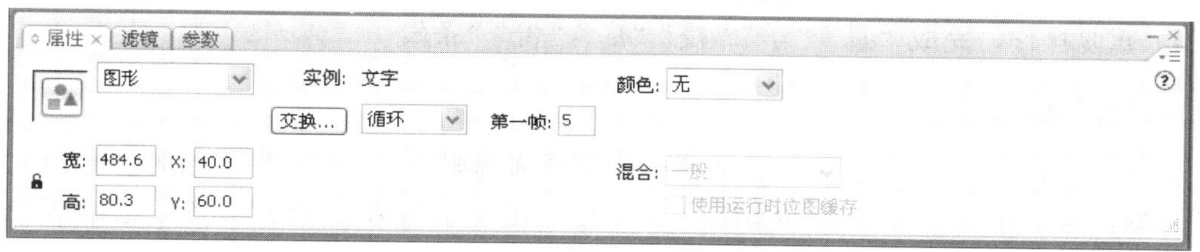

图 7-7　元件属性

2）在“颜色”下拉列表选择“色调”，颜色选择黄色，如图 7-8 所示。

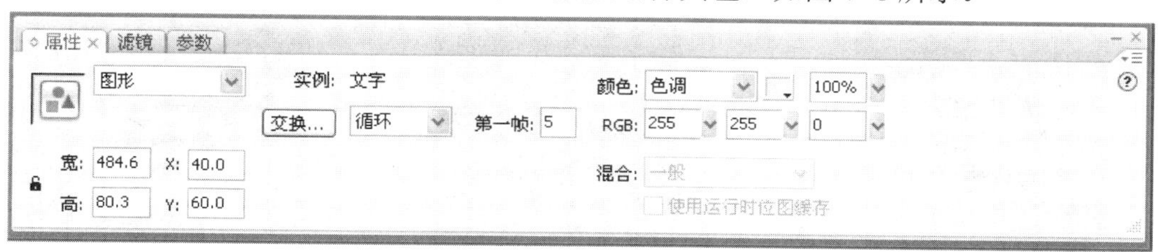

图 7-8　元件颜色属性

3）设置文字的颜色。

4）分别选中第 10、15、20、25、30 帧，插入关键帧，重复操作，在“颜色”下拉列表中选择“色调”，并选择红色、蓝色、白色、紫色、绿色几种不同的颜色，使文字颜色发生变化。测试查看效果。

7.1.2 【小试身手】文字动画效果

完成效果，如图 7-9 所示。

信息　　信息学校广　　信息学校广告条

图 7-9　完成效果

1. 新建文件

选择 “文件”→“新建”命令，新建一个空白文档。单击“属性”面板中“大小”按钮，打开“文档属性”对话框，设置文档的“尺寸”为 750×135 像素，“背景颜色”为“#99CCFF”。

2. 创建“信”等图形元件

1）选择“插入”→“新建元件”命令，弹出“创建新元件”对话框。输入元件名称“信”，“类型”选择“图形”，单击“确定”按钮进入元件编辑状态。

2）选择“文本工具”，在舞台上输入文字“信”，设置“字体大小”为 67，“文本颜色”为蓝色“#3300FF”。

3）选择“场景 1”按钮，完成文字元件的创建。

4）重复操作，完成“息”“学”“校”“广”“告”“条”。

3. 完成文字动画

1）将“图层 1”命名为“信”，将“信”元件拖到舞台上，调整到适当的位置。在第 50 帧插入帧。分别在第 5 帧和第 10 帧插入关键帧。在第 5 帧选中“信”元件，在“属性”面板中选择“颜色”下拉列表中的“Alpha”并设为 0，使其变为透明。选择“任意变形工具”，调整“信”元件的大小。在第 5 帧前后创建运动补间动画，效果如图 7-10～图 7-12 所示。

图 7-10　“信”元件第 1 帧完成效果

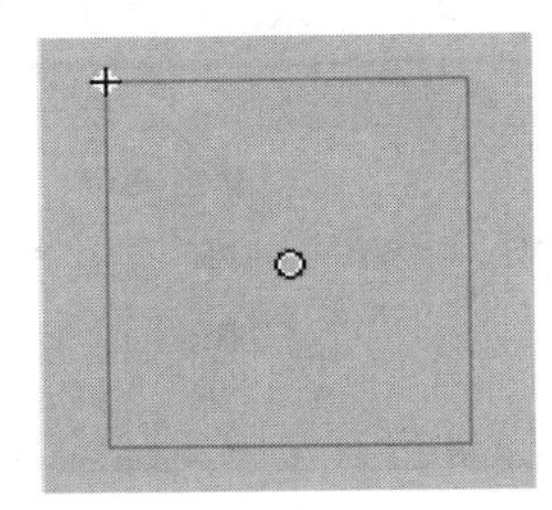

图 7-11　“信”元件第 5 帧完成效果

图 7-12　“信”元件第 10 帧完成效果

2）新建图层，命名为“息”，在第 5 帧插入空白关键帧，将“息”元件拖到舞台上，调整到恰当的位置。在第 50 帧插入帧。分别在第 10 帧和第 15 帧插入关键帧。在第 10 帧选中“息”元件，在“属性”面板中选择“颜色”下拉列表中的“Alpha”并设为 0，使其变为透明。选择“任意变形工具”，调整“息”元件的大小，在第 10 帧前后创建运动补间动画。

3）新建图层，命名为“学”，在第 10 帧插入空白关键帧，将“学”元件拖到舞台上，调整到恰当的位置。在第 50 帧插入帧。分别在第 15 帧和第 20 帧插入关键帧。在第 15 帧选中“学”元件，在“属性”面板中选择“颜色”下拉列表中的“Alpha”并设为 0，使其变为透明。选择“任意变形工具”，调整“学”元件的大小，在第 15 帧前后创建运动补间动画。

4）重复操作，完成其他文字的动画效果。

4．测试影片

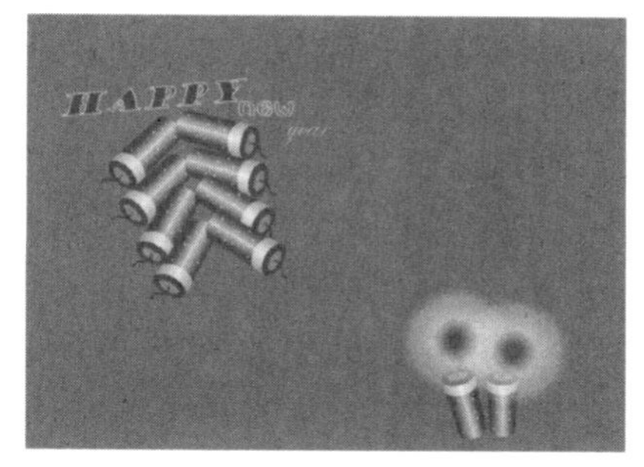

图 7-13　完成效果

7.1.3 【小试身手】鞭炮

完成效果，如图 7-13 所示。

1．新建文件

选择“文件”→“新建”命令，新建一个空白文档。单击“属性”面板中“大小”按钮，打开“文档属性”对话框，设置文档的“尺寸”为 512×384 像素，“背景颜色”为“#996600”。

2．创建单个鞭炮和火花图形元件

1）选择“插入”→“新建元件”命令，弹出“创建新元件”对话框。输入元件名称“单个鞭炮”，“类型”选择“图形”，单击“确定”按钮进入元件编辑状态。

2）选择“椭圆工具”，在舞台上创建 2 个“笔触颜色”为无色的椭圆，“填充颜色”分别为“#FF0000”和“#FF6600”，调整到适当大小，效果如图 7-14 所示。选择“矩形工具”，在舞台上创建 2 个无边框的矩形，使用“任意变形工具”调整矩形的形状，并填充线性渐变，创建几个黄色小三角，效果如图 7-15 所示。矩形框颜色如图 7-16 和图 7-17 所示。

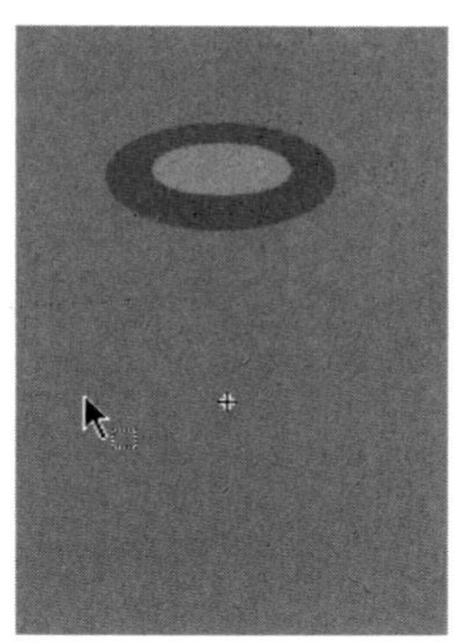
图 7-14　椭圆完成效果

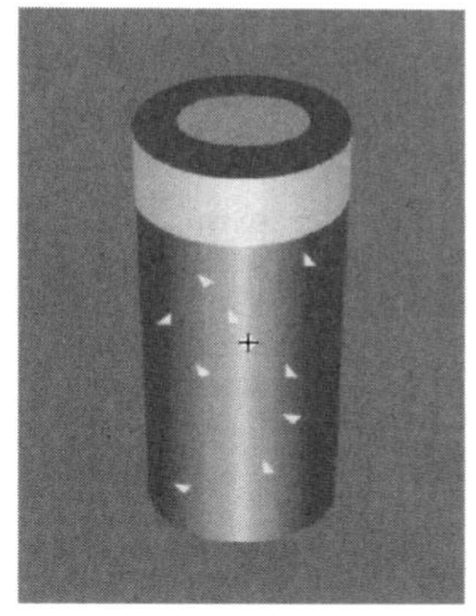
图 7-15　矩形完成效果

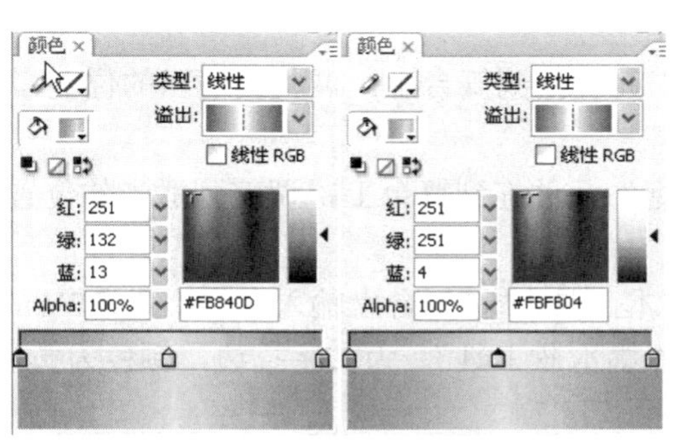

图 7-16　黄色矩形线性渐变效果

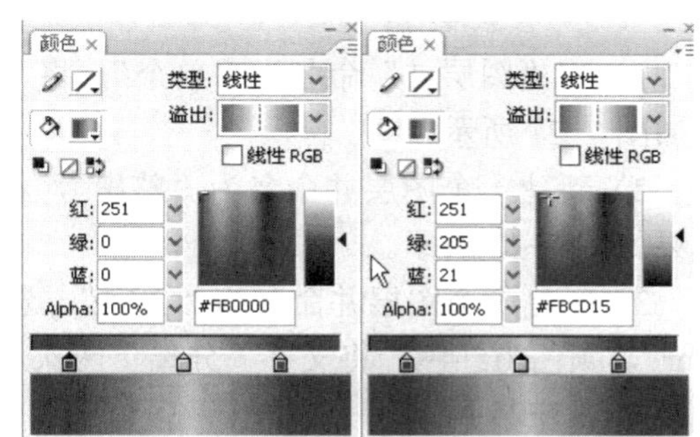

图 7-17　红色矩形线性渐变效果

3）选择“铅笔工具”，“笔触高度”为 5，“笔触颜色”为“#663300”，创建鞭炮的引线，完成单个鞭炮的图形元件，效果如图 7-18 所示。

4）选择“插入”→“新建元件”按钮，弹出“创建新元件”对话框。输入元件的名称“火花”，“类型”选择“图形”，单击“确定”按钮进入元件编辑状态。

5）选择“插入”→“新建元件”按钮，弹出“创建新元件”对话框。输入元件的名称“火花”，“类型”选择“图形”，单击“确定”按钮进入元件编辑状态。

6）选择“椭圆工具”，在舞台上创建一个无边框的椭圆，调整到适当大小，颜色设置如图 7-19 所示，效果如图 7-20 所示。

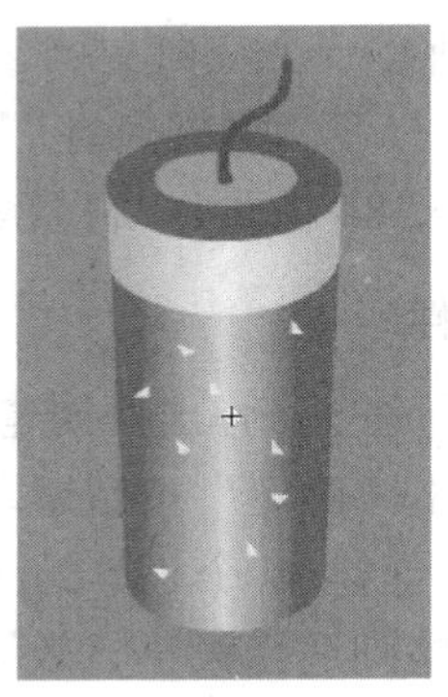

图 7-18　单个鞭炮图形元件效果

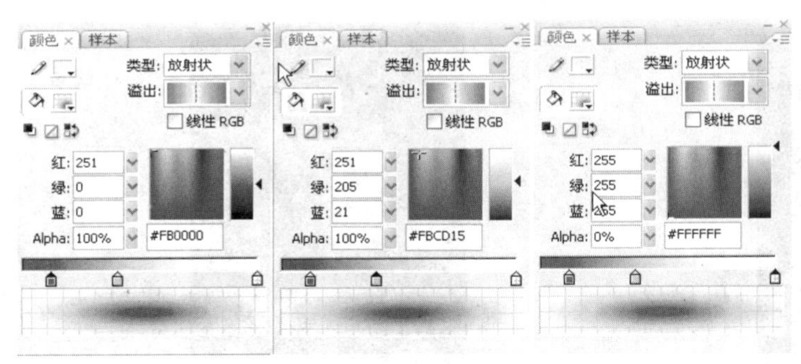

图 7-19　火花图形元件颜色效果

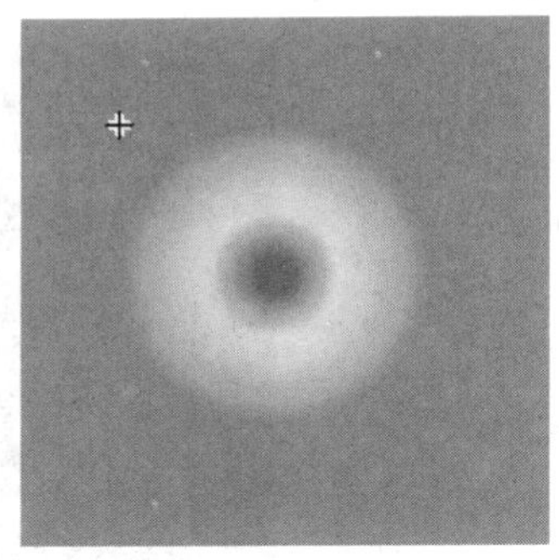

图 7-20　火花图形元件效果

3．完成鞭炮动画

1）将“图层 1”命名为“单个”，将“鞭炮”元件拖到舞台上，调整到适当的位置，效果如图 7-21 所示。

2）新建一个图层并命名为“整串”，将“鞭炮”元件拖到舞台上，调整到适当的位置，效果如图 7-22 所示。

3）新建一个图层并命名为“文字”，选择“文本工具”，在舞台上输入文字“HAPPY new year”，颜色为红色，将文字“分离”两次，选择“墨水瓶工具”，为文字描边，颜色为黄色，效果如图 7-23 所示。

4）新建一个图层并命名为“火花”，将“火花”元件拖到舞台上，调整到适当的位置，效果如图 7-24 所示。

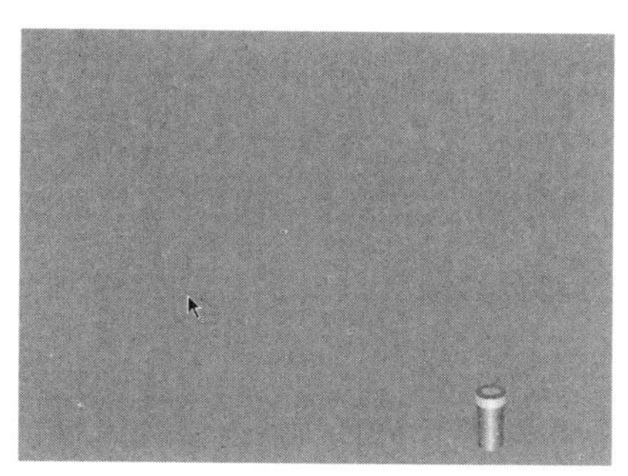

图 7-21　图层“单个”完成效果

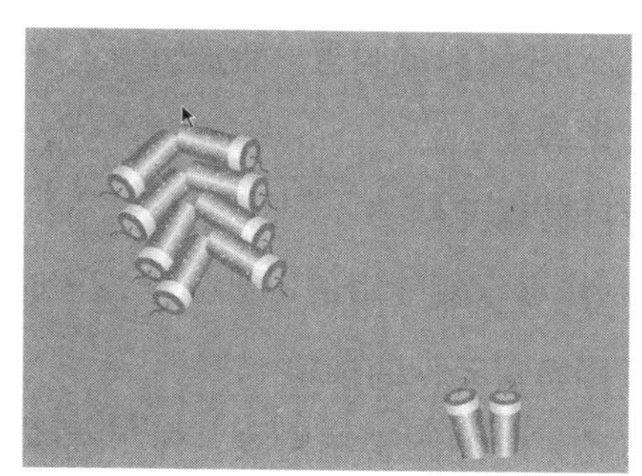

图 7-22　图层“整串”完成效果

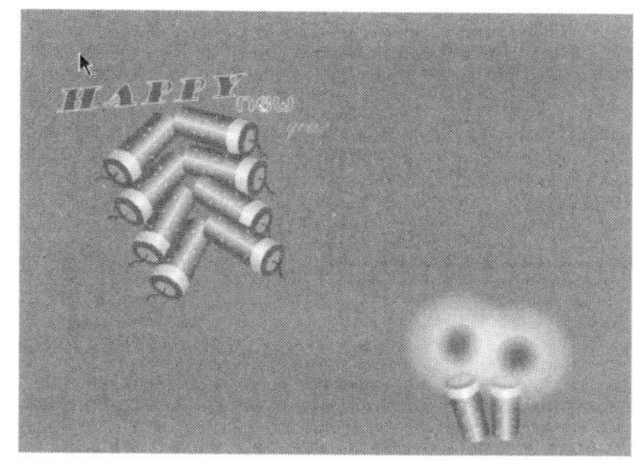

图 7-23　图层“文字”完成效果

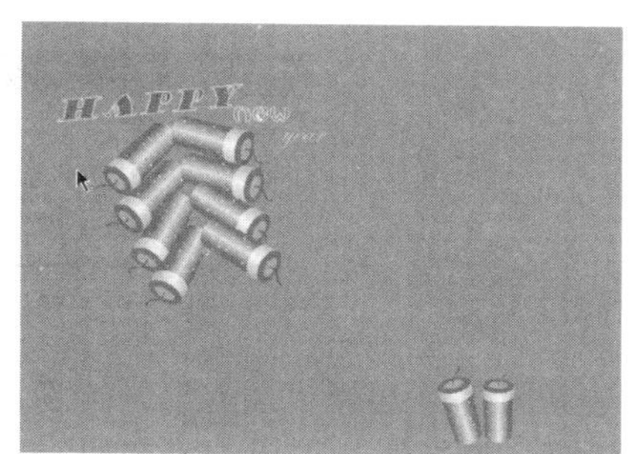

图 7-24　图层“火花”完成效果

4. 测试影片

7.2　创建影片剪辑元件

7.2.1　【魔法】——制作闪烁的星星

【魔法目标】制作星星闪烁的效果

完成效果，如图 7-25 和图 7-26 所示。

图 7-25　完成效果 1

图 7-26　完成效果 2

【魔法分析】使用图形元件、影片剪辑元件制作出闪烁的星星元件，再改变元件的颜色属性，通过对关键帧的设置，制作星星闪烁的效果。

【魔法道具】

1．影片剪辑元件

用来制作可重复使用的、独立于影片时间轴的动画片段。

2．影片剪辑元件的创建

1）将场景中的元素转换成元件。选中要转换的图形或文字，单击鼠标右键，选择“转换为元件”命令，在弹出的“转换为元件”对话框中输入“名称”，选择影片剪辑的“类型”，单击“确定”按钮，如图 7-27 所示。

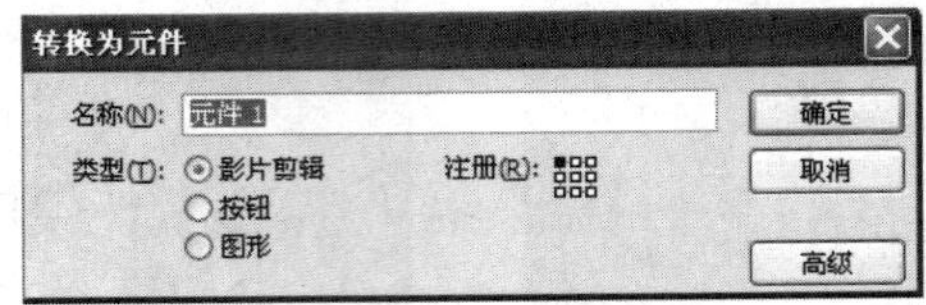

图 7-27 “转换为元件”对话框

2）创建新元件。选择“插入”→“新建元件”命令，在弹出的“创建新元件”对话框中输入“名称”，选择影片剪辑的“类型”，单击“确定”按钮，如图 7-28 所示。

图 7-28 “创建新元件”对话框

3）在“库”面板的底部单击“新建元件”按钮，在弹出的“创建新元件”对话框中输入“名称”，选择影片剪辑的“类型”，单击“确定”按钮。

3．元件属性

（1）元件的大小和位置

在元件上单击，出现“属性”面板，效果如图 7-29 所示。

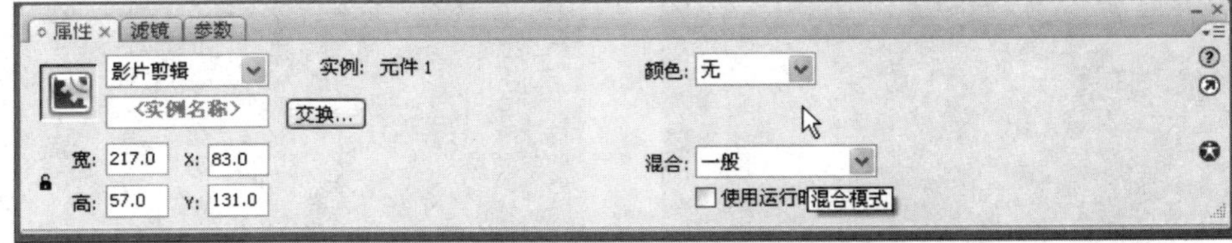

图 7-29 元件的“属性”面板

其中，“高”和“宽”代表元件的大小，可以通过输入数字改变元件的大小。“X”和“Y”代表元件的位置。

（2）元件的类型

在图 7-29 中元件的类型为“影片剪辑”，可以在下拉列表中更改元件的类型。

（3）元件的颜色

在元件“属性”面板的右侧，在“颜色”下拉列表中选择颜色的类型，其中“Alpha”可以改变元件的透明度。

【魔法展示】制作闪烁的星星

1．新建文件

选择“文件”→“新建”命令，新建一个空白文档。单击“属性”面板中的“大小”按钮，打开“文档属性”对话框，设置文档的“尺寸”为550×400像素，“背景颜色”为“#333333”。

2．创建星星图形元件

1）选择“插入”→“新建元件”命令，在弹出的“创建新元件”对话框中输入元件的名称“star1”，“类型”选择“图形”，单击“确定”按钮进入元件编辑状态。

2）选择“椭圆工具”，笔触颜色无，填充黄色“#FFFF1F”，在舞台上绘制椭圆，选择按钮“渐变变形工具”，调整椭圆的填充，效果如图7-30所示。

3）选择“场景1”按钮，完成star1图形元件的创建。

4）选择“插入”→“新建元件”命令，在弹出的“创建新元件”对话框中输入元件名称“star”，“类型”选择“图形”，单击“确定”按钮进入元件编辑状态。

5）将“star1”图形元件拖到“star”图形元件中，调整“star1”图形元件的位置，完成“star”图形元件的创建，效果如图7-31所示。

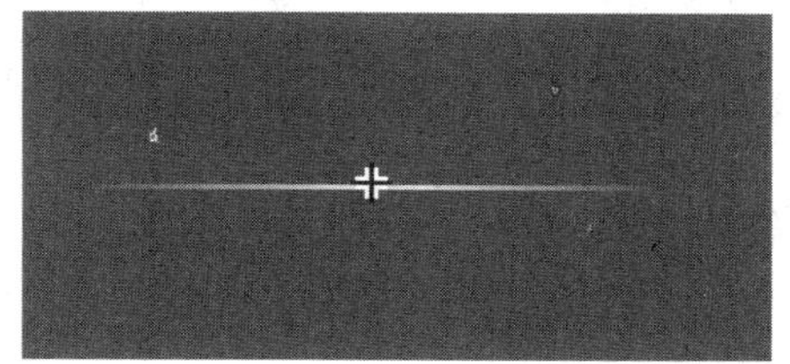

图7-30 “star1”图形元件

图7-31 “star”图形元件

6）选择“插入”→“新建元件”命令，在弹出的“创建新元件”对话框中输入元件名称“mc”，“类型”选择“影片剪辑”，单击“确定”按钮进入元件编辑状态。

7）将“star”图形元件拖到“mc”影片剪辑元件中，在第16帧处插入关键帧，在第8帧处插入关键帧，在第1帧和第16帧处将“属性”面板中颜色的类型选择“Alpha”，值为0，创建运动补间动画，效果如图7-32和图7-33所示。

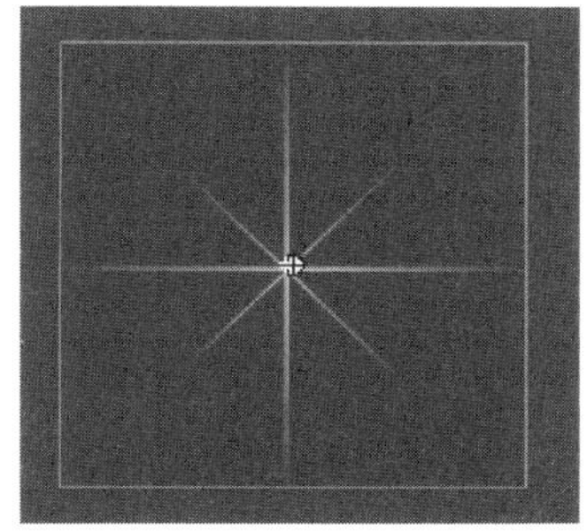

图7-32 “mc”元件第1、16帧效果

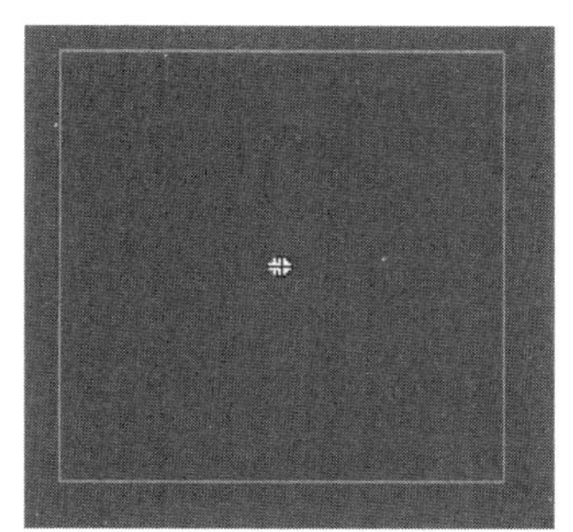

图7-33 “mc”元件第8帧效果

8）单击“场景 1”，返回场景。

3. 完成星星闪烁动画

1）新建“图层 1”，将“mc”影片剪辑元件拖到舞台上，调整元件的位置并在第 20 帧处插入帧。

2）新建“图层 2”，在第 4 帧插入空白关键帧，将“mc”影片剪辑元件拖到舞台上，调整元件的位置并在第 20 帧处插入帧。

3）新建“图层 3”，在第 3 帧插入空白关键帧，将 3 个“mc”影片剪辑元件拖到舞台上，调整元件的位置并在第 20 帧处插入帧。在“属性”面板中选择“颜色”下拉列表中的“色调”，改变星星的颜色，调整饱和度，效果如图 7-34 所示。

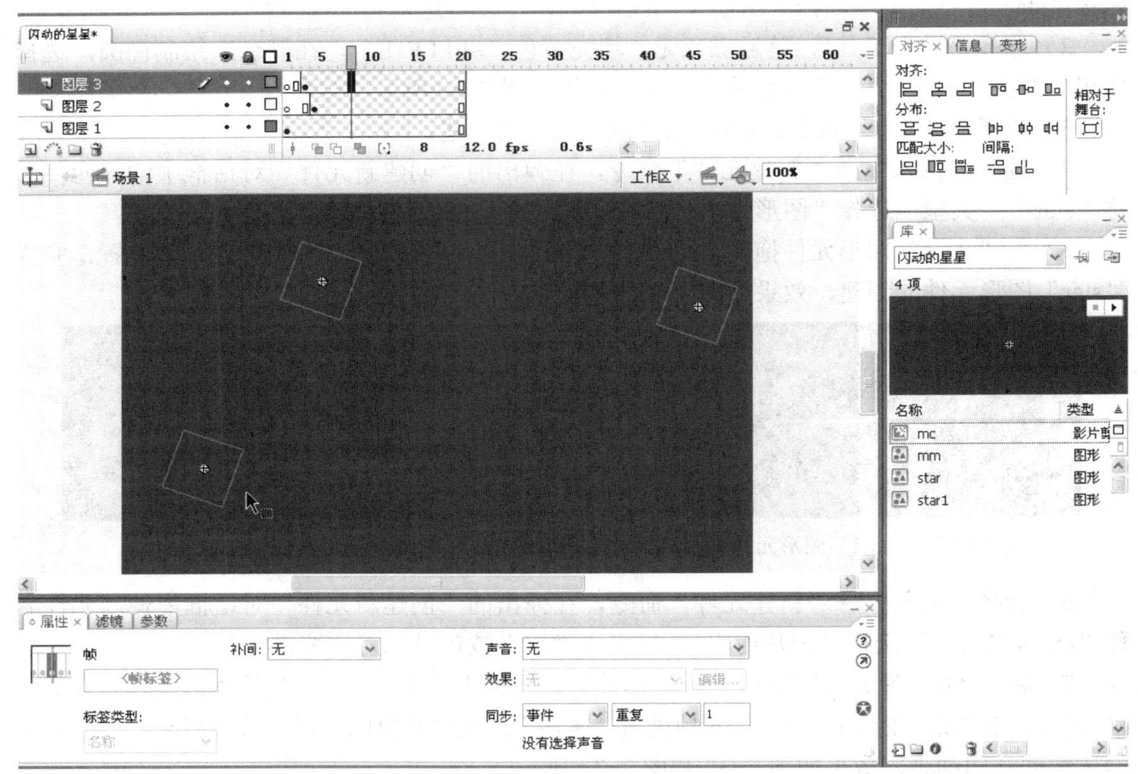

图 7-34 “图层 3”的最终效果

4）重复操作，调整星星的位置和时间。

4. 测试影片

7.2.2 【小试身手】生日贺卡

完成效果，如图 7-35 和 7-36 所示。

图 7-35　完成效果 1

图 7-36　完成效果 2

1．打开文件

打开文件“素材\魔法培训\第 7 讲\生日贺卡.fla”。

2．创建生日快乐中的各种元件

1）选择“插入”→“新建元件”命令，在弹出的“创建新元件”对话框中输入元件名称“背景”，“类型”选择“图形”，单击“确定”按钮进入元件编辑状态。使用绘图工具绘制蓝天和山峰，效果如图 7-37 所示。

2）选择“插入”→“新建元件”命令，在弹出的“创建新元件”对话框中输入元件名称“白云”，“类型”选择“图形”，单击“确定”按钮进入元件编辑状态。使用绘图工具绘制白云，效果如图 7-38 所示。

3）选择“插入”→“新建元件”命令，在弹出的“创建新元件”对话框中输入元件名称“云”，“类型”选择“影片剪辑”，单击“确定”按钮进入元件编辑状态。从“库”面板中将“白云”图片拖到工作区中，在第 140 帧处插入关键帧，改变“白云”元件的位置，创建运动补间动画，新建“图层 2”，在第 50 帧处插入空白关键帧，从“库”面板中将“白云”图片拖到工作区中，调整大小，在第 100 帧处插入关键帧，改变“白云”元件的位置，创建运动补间动画，效果如图 7-39～图 7-41 所示。

图 7-37　背景元件

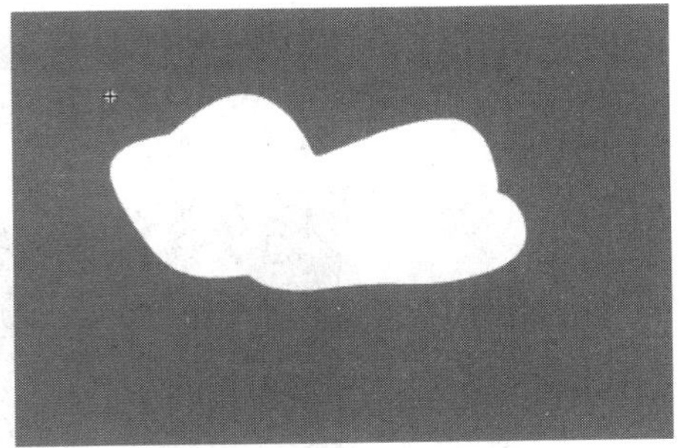

图 7-38　白云绘制效果

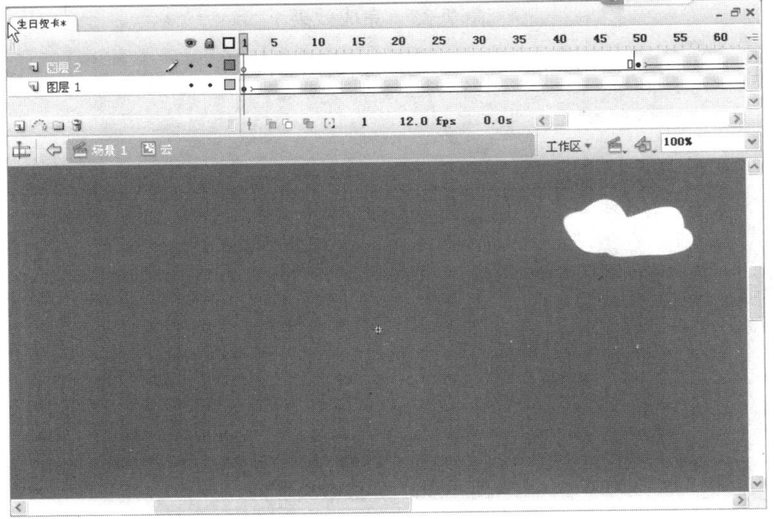

图 7-39　第 1 帧处“白云”元件

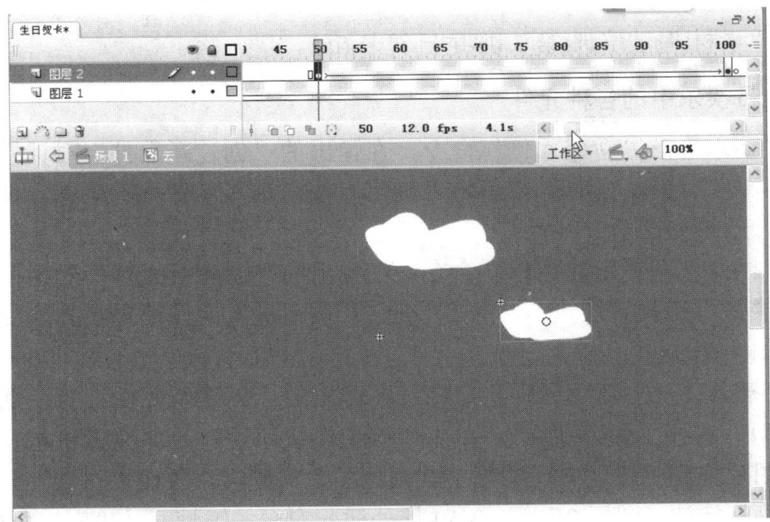

图 7-40　第 50 帧处“白云”元件

图 7-41　第 100 帧处“白云”元件

4）选择“插入”→“新建元件”命令，在弹出的“创建新元件”对话框中输入元件名称“文字”，“类型”选择“影片剪辑”，单击“确定”按钮进入元件编辑状态。选择“椭圆工具”，在工作区中绘制一个“笔触颜色”为无色，“填充颜色”为红色的椭圆。在第 30 帧处插入关键帧，选择“文本工具”，在舞台上输入文字“祝你生日快乐，送你一个礼物”，设置“字体大小”为 33 号，“文本颜色”为“#FF6600”，字体为“方正少儿简体”，加粗显示。2 次打散文字，选择中间任意一帧创建形状补间动画。在第 140 帧处插入帧。效果如图 7-42 和图 7-43 所示。

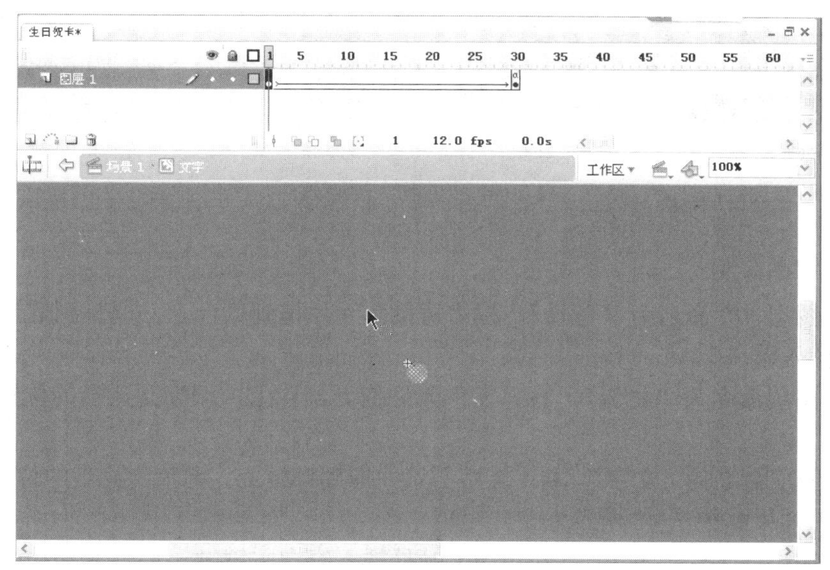

图 7-42　第 1 帧处“文字”元件

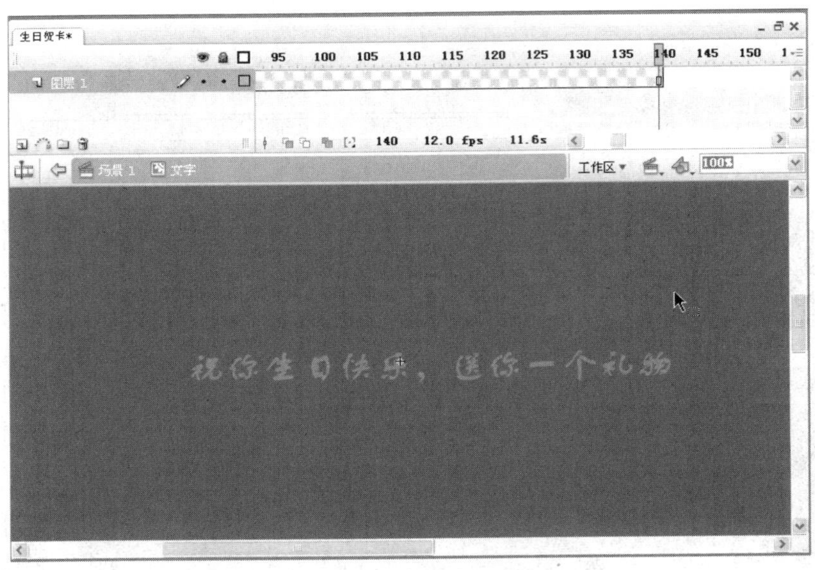

图 7-43　第 140 帧处“文字”元件

5）选择“插入”→“新建元件”命令，在弹出的“创建新元件”对话框中输入元件名称“礼物动画”，“类型”选择“影片剪辑”，单击“确定”按钮进入元件编辑状态。从“库”面板中将“礼物”元件拖到工作区中，在第 20 帧处插入关键帧，创建礼物从天向下降落的补间动画。在第 21 帧处插入关键帧，调整“礼物”的位置，在第 22 帧和第 23 帧处插入关键帧，调整“礼物”的位置，在第 24 帧处插入关键帧，调整“礼物”的透明度为 0，效果如图 7-44 所示。在第 25 帧处插入空白关键帧。

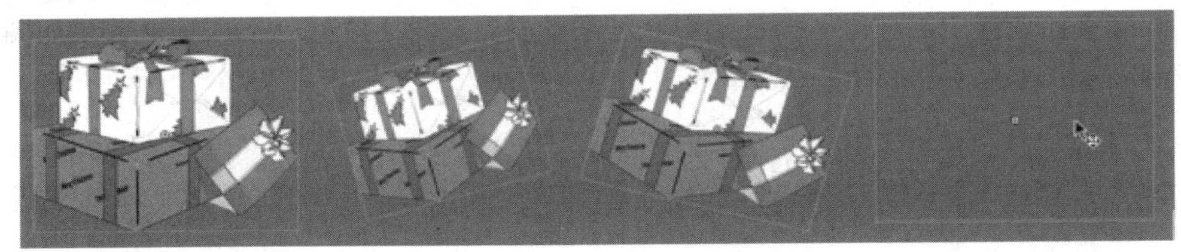

第 20、22 帧　　第 21 帧　　第 23 帧　　第 24 帧

图 7-44　“礼物”动画元件

3．完成动画

1）将“图层 1”命名为“背景”，将“背景”元件拖到舞台上，调整到适当的位置。在第 140 帧处插入帧。

2）新建图层命名为“白云”，将“云”元件拖到舞台上，调整到适当的位置。在第 140 帧处插入帧。

3）新建图层命名为“文字”，将“文字”元件拖到舞台上，调整到适当的位置。在第 140 帧处插入帧，效果如图 7-45 所示。

4）新建图层命名为“礼物”，在第 40 帧处插入空白关键帧，将“礼物动画”元件拖到舞台上，调整到适当的位置。在第 65 帧处插入空白关键帧。

5）新建图层命名为“显示礼物”，在第 65 帧处插入空白关键帧，将“显示礼物”元件拖到舞台上，调整到适当的位置。并在第 140 帧处插入帧。

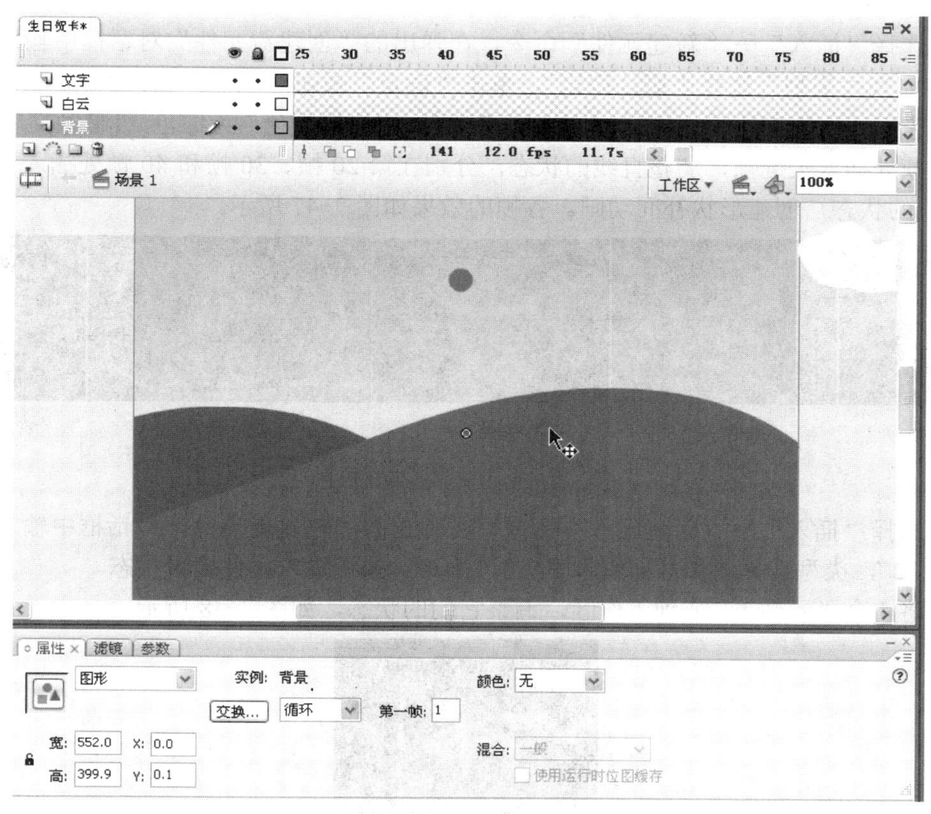

图 7-45　动画创建效果

4. 保存文件，测试影片

7.2.3 【小试身手】变幻

完成效果，如图 7-46 所示。

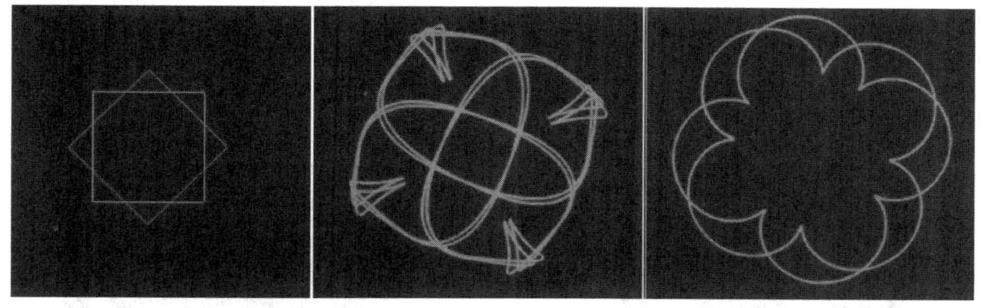

图 7-46　完成效果

1. 新建文件

选择“文件”→“新建”命令，新建一个空白文档。单击“属性”面板中的“大小”按钮，打开“文档属性”对话框，设置文档的“尺寸”为550×400像素，“背景颜色”为黑色。

2. 创建影片剪辑元件

1）选择“插入”→“新建元件”命令，在弹出的“创建新元件”对话框中输入元件名称“元件1”，“类型”选择“影片剪辑”，单击“确定”按钮进入元件编辑状态。

2）选择“线条工具”，在舞台上绘制一条直线，“笔触颜色”为绿色，“笔触高度”为2，在第10帧处插入关键帧，调整直线的状态，分别在第20帧、30帧和40帧处插入关键帧，调整直线的状态，创建形状补间动画。各帧的效果如图7-47所示。

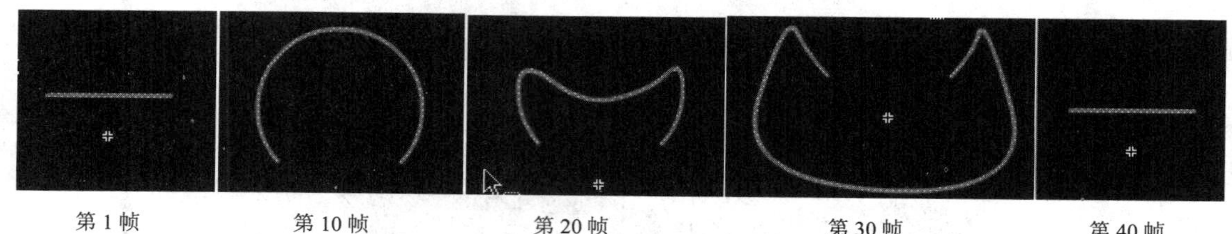

图7-47 “元件1”完成效果

3）选择“插入”→“新建元件”命令，在弹出的“创建新元件”对话框中输入元件名称“元件2”，类型选择“影片剪辑”，单击“确定”按钮进入元件编辑状态。

4）将4个“元件1”拖到工作区，调整它们的状态，如图7-48所示。

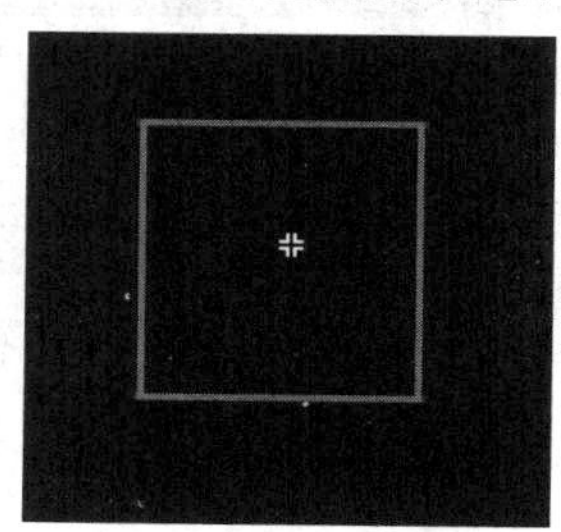

图7-48 “元件2”完成效果

3. 完成变幻动画

1）将“元件2”拖到舞台中央，在第30帧处插入关键帧，创建补间动画。逆时针旋转2次。“图层1”效果如图7-49所示。

2）新建“图层2”，将“元件2”拖到舞台中央，调整位置，在第30帧处插入关键帧，创建补间动画。顺时针旋转2次。“图层2”效果如图7-50所示。

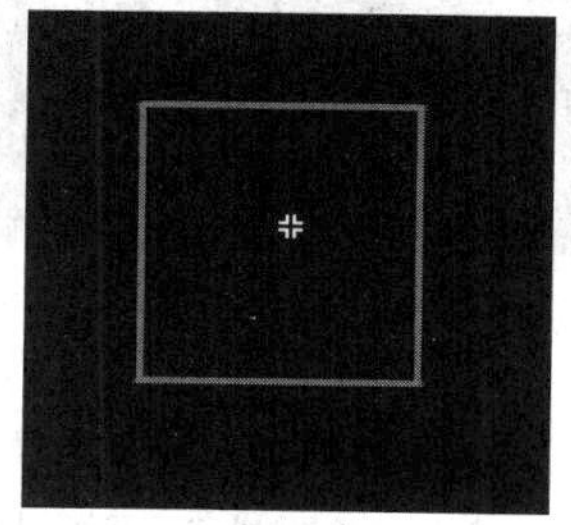

图7-49 “图层1”完成效果

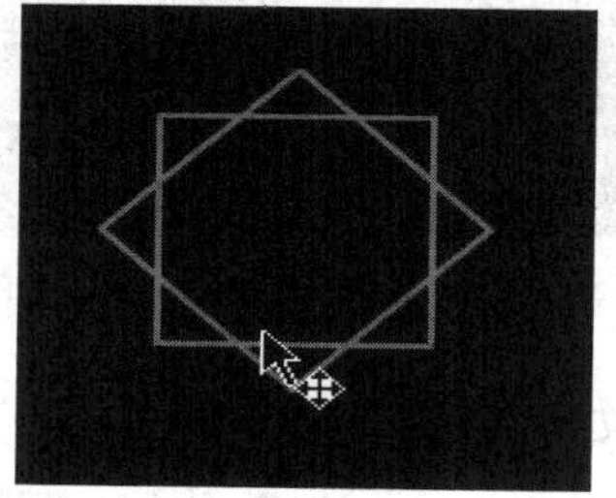

图7-50 “图层2”完成效果

4. 保存文件，测试动画

7.3　创建按钮元件

7.3.1 【魔法】——“别惹我”按钮

【魔法目标】制作“别惹我”按钮

完成效果，如图 7-51 所示。

图 7-51　完成效果

【魔法分析】制作一个按钮元件，在鼠标经过帧和按下帧中调整按钮画面图像，使其显示不同的警告，完成最终效果。

【魔法道具】

1. 按钮元件

按钮是 Flash 动画中创建互动功能的重要组成部分，在影片中响应鼠标的单击、滑过及按下等动作，然后将响应的事件结果传递给创建的互动程序进行处理。

2. 按钮元件的创建

1）选择“插入”→“新建元件”命令，打开“创建新元件”对话框。输入按钮的名称，“类型”选择“按钮”，单击“确定”按钮。

2）进入按钮编辑区，可以看到时间轴中已不再是带有时间标尺的时间栏，而是 4 个空白帧，分别为“弹起”“指针经过”“按下”和“点击”，如图 7-52 所示。

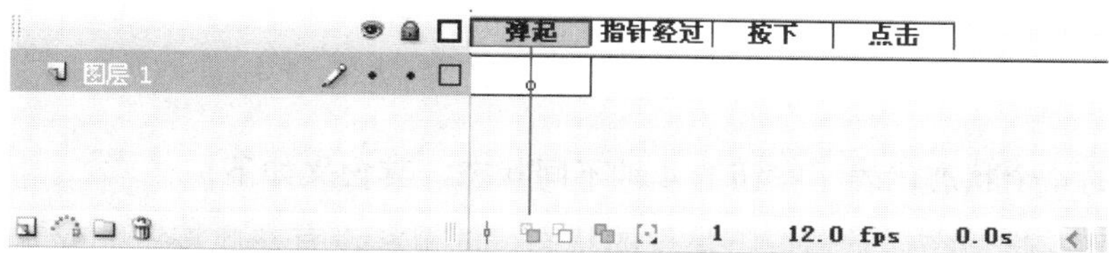

图 7-52　按钮的 4 个状态

3）在舞台中分别为 4 个状态绘制图形或导入图形，如图 7-53 和图 7-54 所示。

图 7-53　按钮的“弹起”状态

图 7-54　按钮的“按下”状态

3．按钮的 4 个状态代表了按钮的 4 种不同状态，其含义如下

1）“弹起”：按钮在通常情况下呈现的状态，即鼠标没有在此按钮上或者未单击此按钮时的状态。

2）“指针经过”：鼠标指向状态，即当鼠标移动至此按钮上但没有按下此按钮时所处的状态。

3）“按下”：鼠标按下此按钮时，按钮所处的状态。

4）“点击”：这种状态下可以定义响应按钮事件的区域范围，只有当鼠标进入到这个区域时，按钮才开始响应鼠标的动作。另外，这一帧仅仅代表一个范围，该范围不用特别设定，Flash 会自动依照按钮的“弹起”或“指针经过”状态的反应面积作为鼠标的反应范围。

【魔法展示】“别惹我”按钮

1．新建文件

选择“文件”→“新建”命令，新建一个空白文档。单击“属性”面板中“大小”按钮，打开“文档属性”对话框，设置文档的“尺寸”为 550×400 像素，“背景颜色”为“#33CC00”。

2．创建按钮元件

1）选择“插入”→“新建元件”命令，在弹出的“创建新元件”对话框中输入元件名称“按钮”，类型选择“按钮”，单击“确定”按钮进入元件编辑状态。

2）在按钮元件的编辑状态下，选择“文本工具”，在舞台上输入文字“不要碰我!”，设置“字体大小”为 33，“文本颜色”为白色，“字体”为“方正少儿简体”，加粗显示。

3）选择“椭圆工具”，在工作区中绘制一个“笔触颜色”为白色，“填充颜色”为无色的椭圆。选择“选择工具”选中椭圆的下边框，调整椭圆的形状。

4）选择“椭圆工具”，在工作区中绘制 3 个“笔触颜色”为白色，“填充颜色”为无色的椭圆。选择“选择工具”选中椭圆的下边框，调整椭圆的形状，使用绘制工具绘制笑脸，效果如图 7-55 所示。

图 7-55　按钮的“弹起”状态

5）在“指针经过”帧插入空白关键帧，使用同样的方法输入文字并添加椭圆，同时绘制笑脸，效果如图 7-56 所示。

第7讲　元件、实例与库

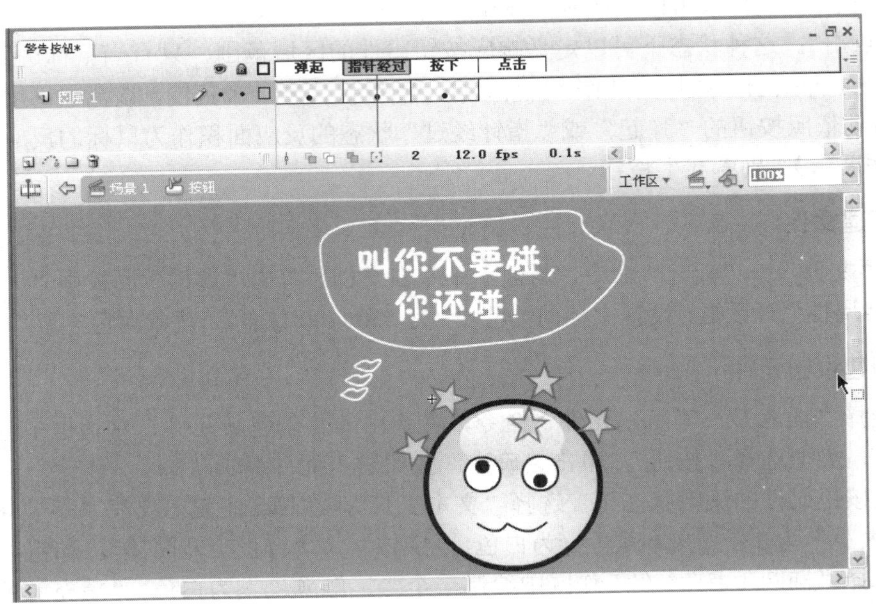

图 7-56　按钮的“指针经过”状态

6）在“按下”帧插入空白关键帧，使用同上的方法输入文字并添加椭圆，并改变笑脸的状态，效果如图 7-57 所示。

图 7-57　按钮的“按下”状态

3．完成“警告按钮”动画

1）单击 场景 1 回到主场景，将按钮元件从“库”面板拖到舞台中，效果如图 7-58 所示。

图 7-58 “警告按钮”的效果

2）保存文件，测试影片。

7.3.2 【小试身手】按钮热区效果

完成效果，如图 7-59 所示。

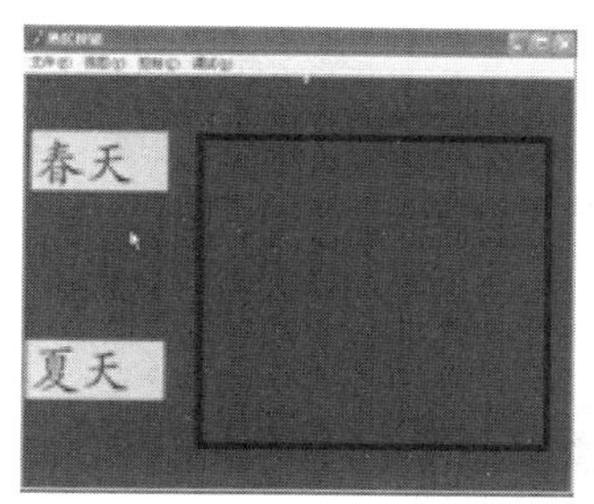

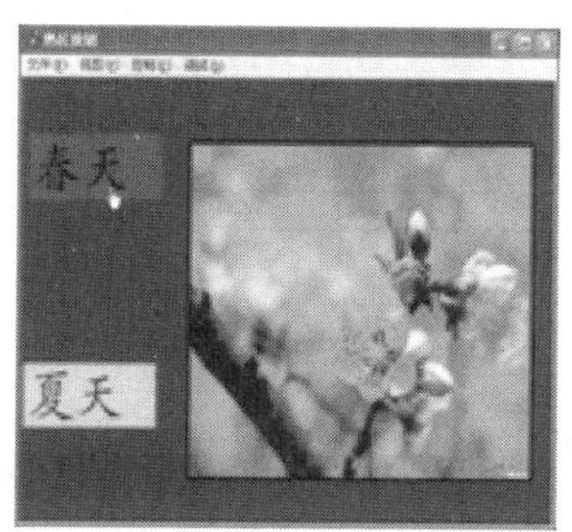

图 7-59 完成效果

1．打开文件

1）选择“文件”→“打开”命令，打开文件“素材\魔法培训\第 7 讲\热区按钮文件.fla”。

2）选择“矩形工具”，“笔触颜色”为黑色，“填充颜色”为无色，“笔触高度”为 6，在舞台上绘制一个 350×300 的矩形，放置在舞台的右侧。

2．创建春天和夏天按钮元件

1）选择“插入”→“新建元件”命令，在弹出的“创建新元件”对话框中输入元件名称“春天按钮”，“类型”选择“按钮”，单击“确定”按钮进入元件编辑状态。

2）在按钮元件的编辑状态下，选择“矩形工具”，“笔触颜色”为无色，“填充颜色”为

“#66FFFF”，绘制一个 136×58 的矩形。选择“文本工具”，在舞台上输入文字“春天”，设置“字体大小”为 50 号，“文本颜色”为蓝色，“字体”为“华文楷体”，加粗显示。效果如图 7-60 所示。

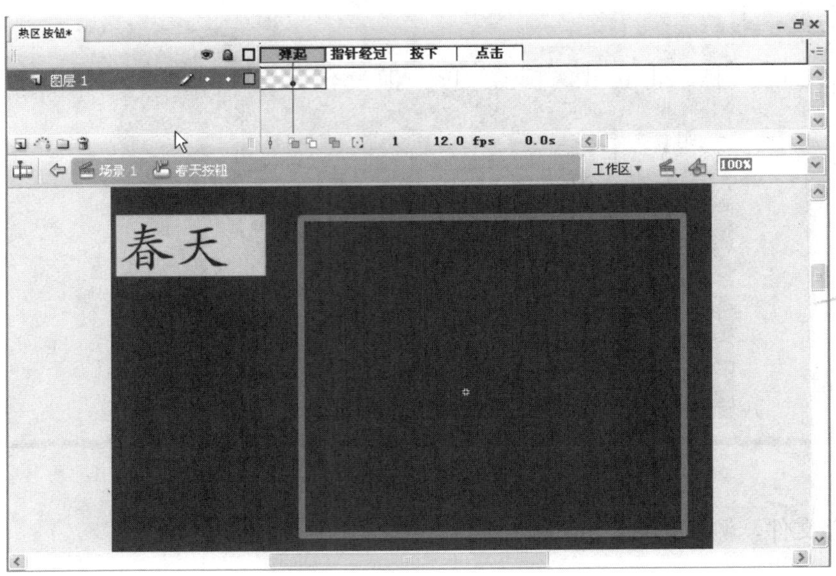

图 7-60 “春天按钮”的“弹起”状态

3）在“指针经过”帧插入关键帧，改变矩形和文字的颜色，从“库”面板中将“春天”图片拖到工作区中，改变大小为 350×300，效果如图 7-61 所示。

图 7-61 “春天按钮”的“指针经过”状态

4）按照“春天按钮”的制作方法制作“夏天按钮”，“弹起”效果如图 7-62 所示，“指针经过”状态效果如图 7-63 所示。

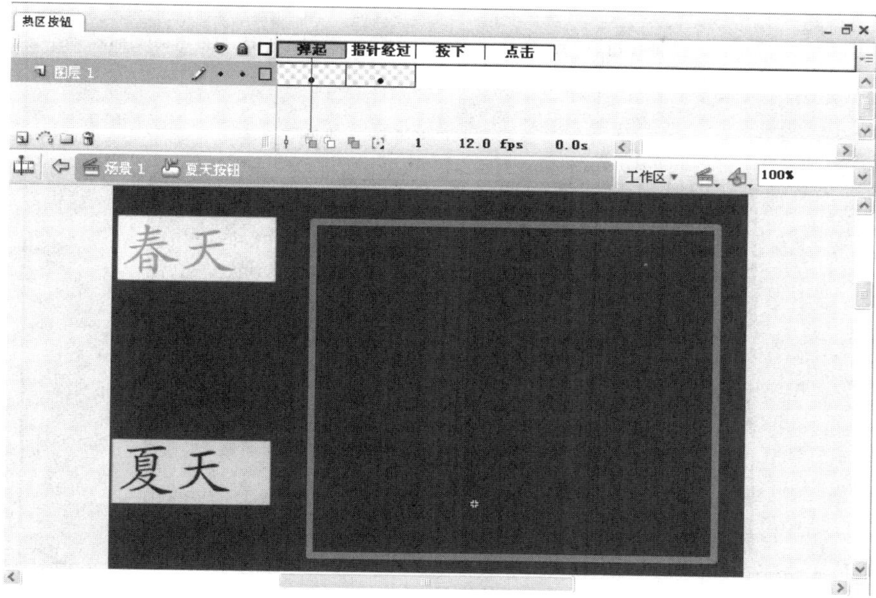

图 7-62 “夏天按钮”的“弹起”状态

图 7-63 “夏天按钮”的“指针经过”状态

3. 完成热区效果动画

1）单击场景 1回到主场景，分别将 2 个按钮元件从“库”面板拖到舞台中，效果如图 7-64 所示。

2）保存文件，测试动画。

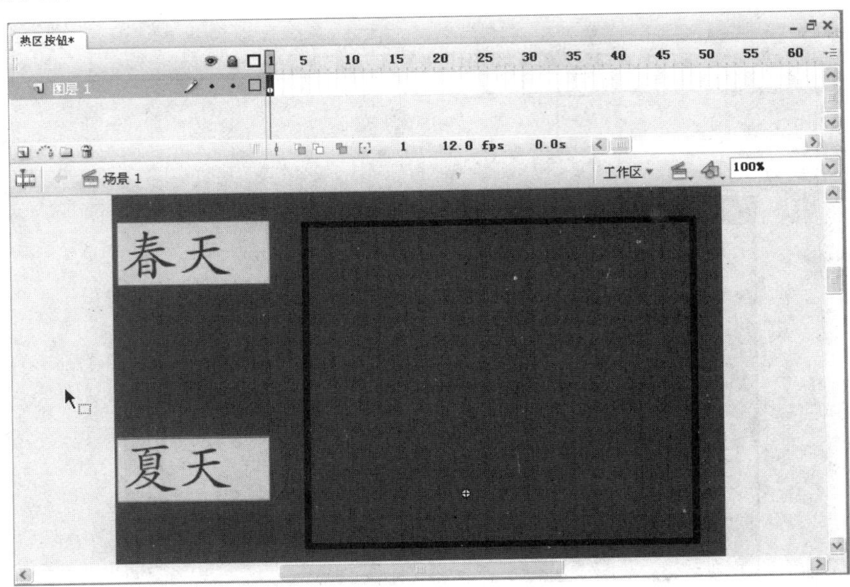

图 7-64 “热区按钮”的最终效果

7.3.3 【小试身手】导航条效果

完成效果，如图 7-65 和图 7-66 所示。

图 7-65 完成效果 1

图 7-66 完成效果 2

1. 新建文件

选择“文件”→“新建”命令，新建一个空白文档。单击“属性”面板中的“大小”按钮，打开“文档属性”对话框，设置文档的“尺寸”为 600×45 像素，“背景颜色”为白色。

2. 创建按钮元件

1）选择“插入”→“新建元件”命令，在弹出的“创建新元件”对话框中输入元件名称“背景”，“类型”选择“图形”，单击“确定”按钮进入元件编辑状态。

2）选择“矩形工具”，在舞台上绘制一个无框矩形，填充线性渐变，效果如图 7-67 和图 7-68 所示。

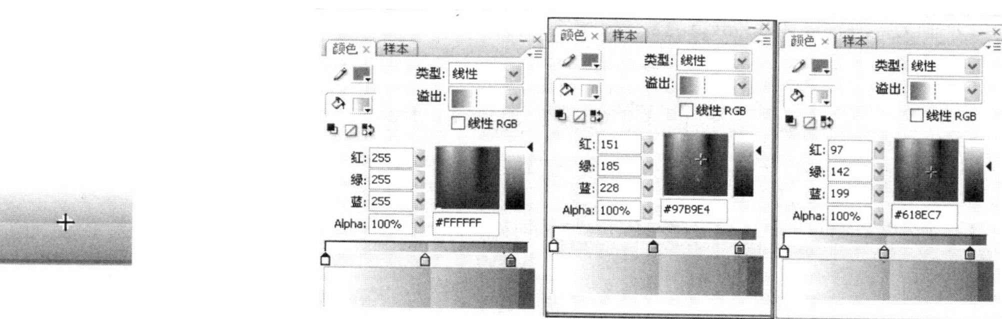

图 7-67　无框矩形

图 7-68　无框矩形颜色

3）选择“插入”→“新建元件”命令，在弹出的“创建新元件”对话框中输入元件名称“导航按钮”，类型选择“按钮”，单击“确定”按钮进入元件编辑状态。

4）在弹起状态，将“背景”元件拖到工作区，再单击状态插入帧，将背景持续。新建“图层 2”，在鼠标经过状态插入关键帧，选择“矩形工具”，在舞台上绘制一个无框矩形，填充线性渐变，效果如图 7-69 和图 7-70 所示。

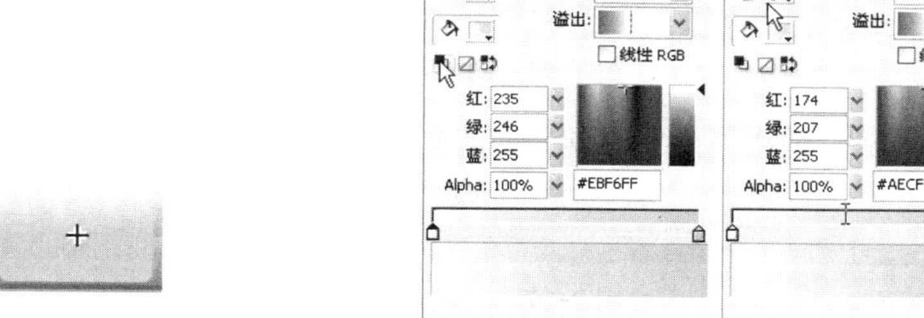

图 7-69　无框矩形

图 7-70　无框矩形颜色

新建“图层 3”，在鼠标经过状态插入关键帧，选择“矩形工具”，在舞台上绘制一个无框矩形，填充线性渐变，效果如图 7-71 和图 7-72 所示。

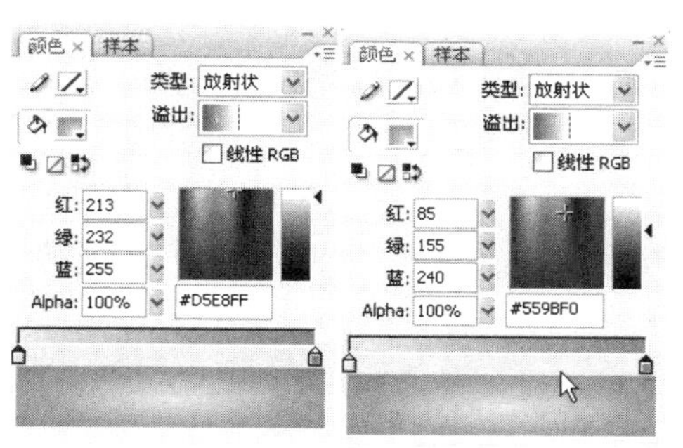

图 7-71　无框矩形

图 7-72　无框矩形颜色

3．完成导航按钮动画

1）将“背景”元件拖到舞台上，调整元件的大小与文档相同。

2）新建“图层2”，将5个“背景”元件拖到舞台上，调整位置，如图7-73所示。

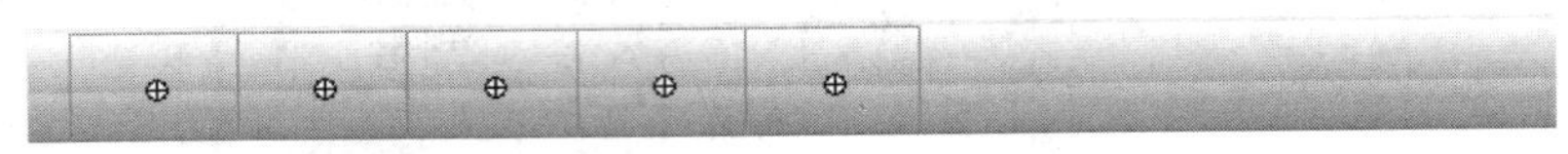

图 7-73　背景图层效果

3）新建“图层3”，使用绘图工具绘制如图7-74所示的效果。

图 7-74　图层 3 效果

4）新建“图层4”，使用绘图工具绘制如图7-75所示的效果。

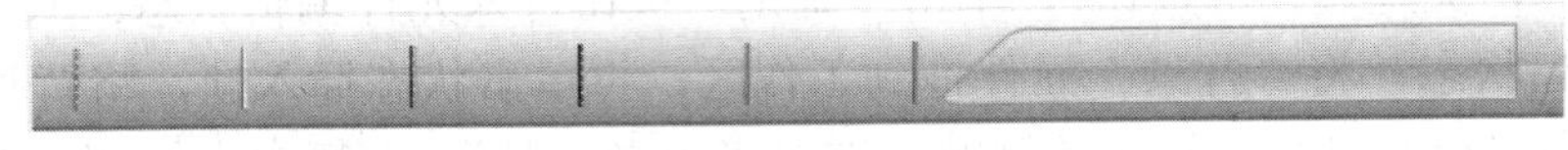

图 7-75　图层 4 效果

5）新建“图层5”，使用绘图工具绘制黑色三角，如图7-76所示。

图 7-76　图层 5 效果

6）新建“图层6”，使用“文字工具”创建文字，如图7-77所示。

图 7-77　图层 6 效果

4．保存文件，测试动画

第 8 讲　引导层动画与遮罩层动画

8.1　创建引导层动画

8.1.1 【魔法】——制作花环

【魔法目标】制作旋转的花环

完成效果，如图 8-1 所示。

【魔法分析】利用图形元件和引导层制作单个花瓣的影片剪辑元件，通过变形复制制作出整个花环。

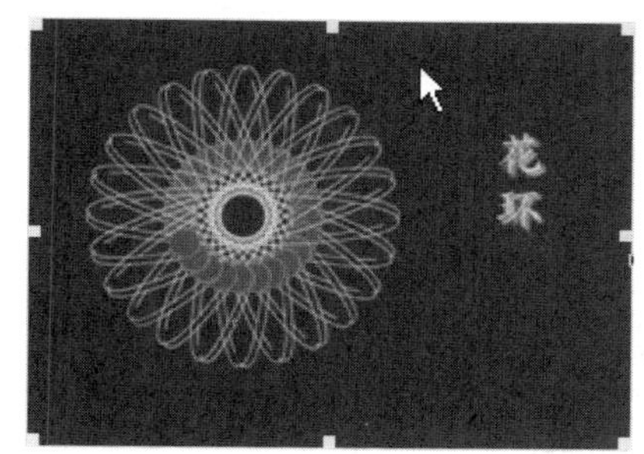

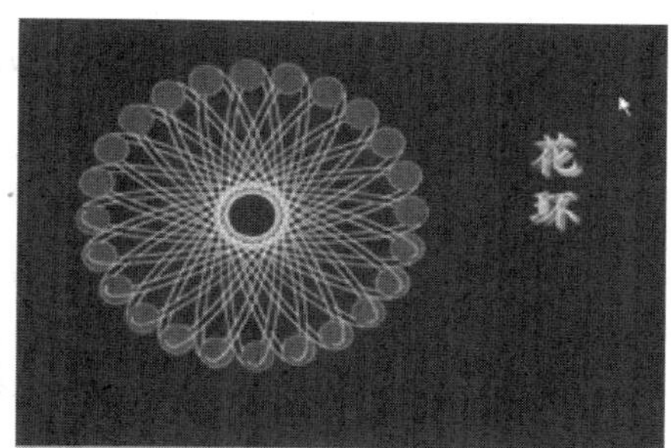

图 8-1　完成效果

【魔法道具】

1）引导层的应用。在 Flash 动画制作过程中，一部分是有规律的运动，但是大部分的运动都是无规律的，这就需要应用引导层。

2）引导层：将该图层设定为辅助绘图用的引导层，用户可以把多个普通图层链接在一个引导层上。

3）被引导层：正常图层，只是指定该图层上的对象会随引导层的轨迹运动，即该图层与引导层建立了链接关系。

4）引导层的图标为，它下面的图层中的对象将被引导。在图层控制区中单击按钮，即可新建一个引导层。引导层中的所有内容只是用于在制作动画时作为参考线，并不出现在作品的最终效果中。

5）引导层的创建。

① 在图层控制区中单击按钮，即可新建一个引导层。

② 在图层上单击鼠标右键，在弹出的快捷菜单中选择“添加引导层”命令，如图 8-2 所示。

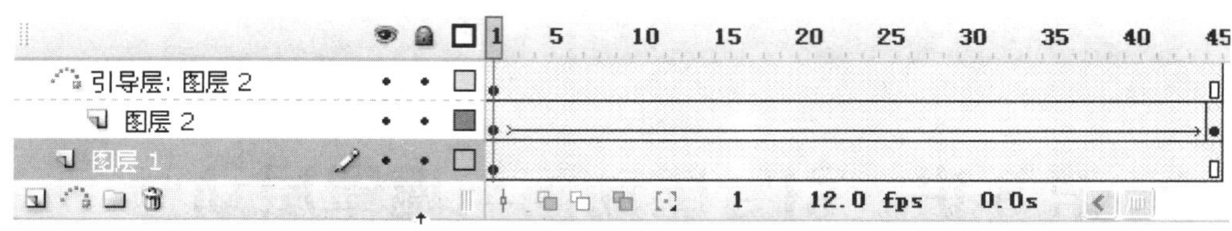

图 8-2 新建引导层

③ 调整被引导的元件的起点和终点位置，使其吸附在引导线上，如图 8-3 所示。

图 8-3 树叶起点和终点的位置

> ❖ 在 Flash 中，除了点到点之间的运动补间动画外，规则与不规则的移动大部分都应用了引导层动画。

【魔法展示】制作花环

1. 新建文件

选择“文件”→“新建”命令，新建一个空白文档。单击“属性”面板中的“大小”按钮，打开“文档属性”对话框，设置文档的“尺寸”为 550×400 像素，“背景”颜色为“#3300CC”。

2. 创建单个花瓣元件

1）选择“插入”→“新建元件”命令，在弹出的“创建新元件”对话框中输入元件名称“元件 1”，“类型”选择“图形”，单击“确定”按钮进入元件编辑状态。

2）选择“椭圆工具”，设置“笔触颜色”“填充颜色”，在舞台上绘制椭圆。

3）选择“插入”→“新建元件”命令，在弹出的“创建新元件”对话框中输入元件名称“花瓣”，“类型”选择“影片剪辑”，单击“确定”按钮进入元件编辑状态。

4）选择“椭圆工具”，设置“笔触颜色”为黄色，“填充颜色”为无色，在舞台上绘制椭圆。在第 45 帧处插入帧。新建“图层 2”，在第 1 帧处，将“元件 1”拖到舞台中，在第 45 帧处插入关键帧，改变“元件 1”的位置，在“图层 2”中第 1 到第 45 帧中的任意位置单击鼠标右键，创建运动补间动画。

5）在“图层 2”上单击鼠标右键，在弹出的快捷菜单中选择“添加引导层”命令，将“图层 1”中的椭圆复制并粘贴到当前位置，使用“橡皮擦工具”将椭圆擦去一个小缺口，将“元件 1”的第 1 帧放在缺口的一端，第 45 帧放在缺口的另一端。效果如图 8-4 和图 8-5 所示，拖动帧，测试效果。

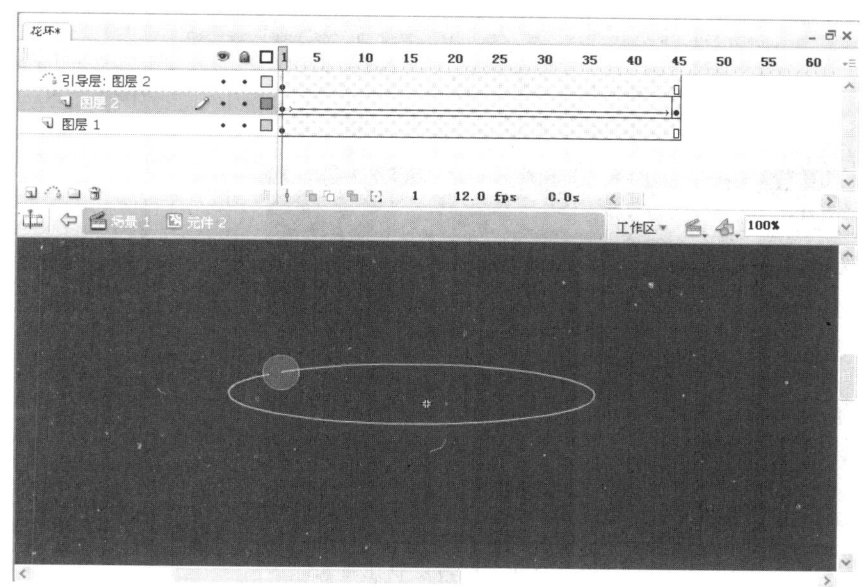

图 8-4　第 1 帧花瓣元件

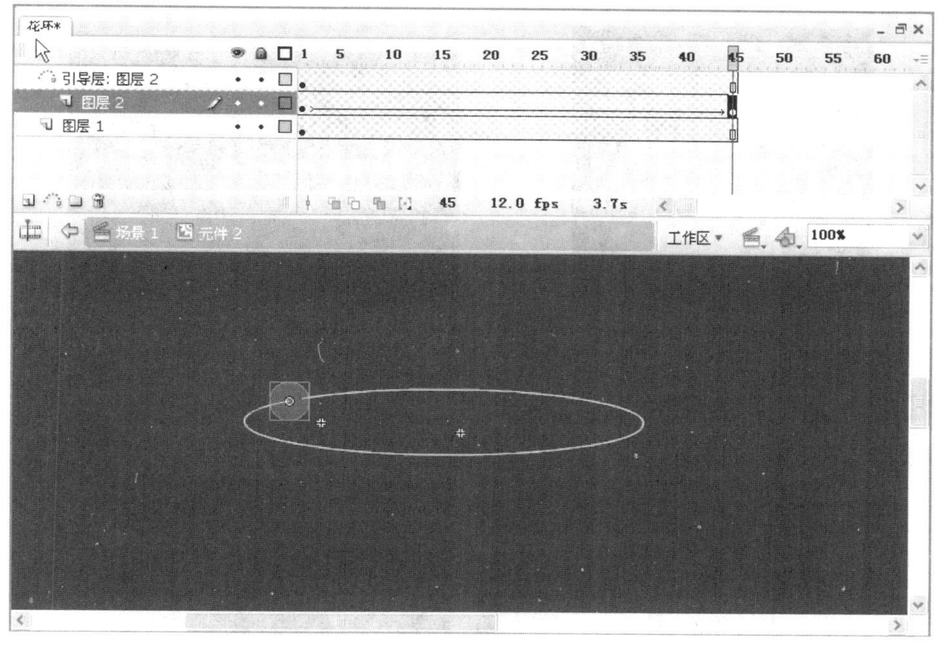

图 8-5　第 45 帧花瓣元件

3．制作花环

1）将花瓣元件拖到“场景 1”中，选择“窗口”→“变形”命令，设置“旋转”为“15°”，单击“复制并应用变形”按钮，效果如图 8-6 所示，重复 25 次围绕旋转中心复制一圈，形成花环，如图 8-7 所示。

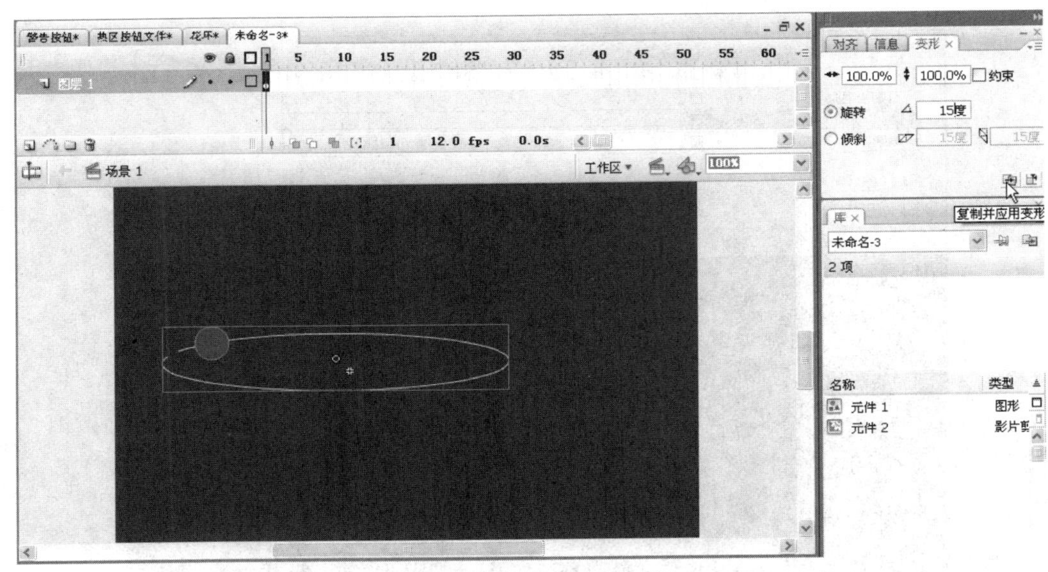

图 8-6　旋转复制花瓣元件

2）创建花环文字，设置样式，如图 8-8 所示。

3）测试动画。

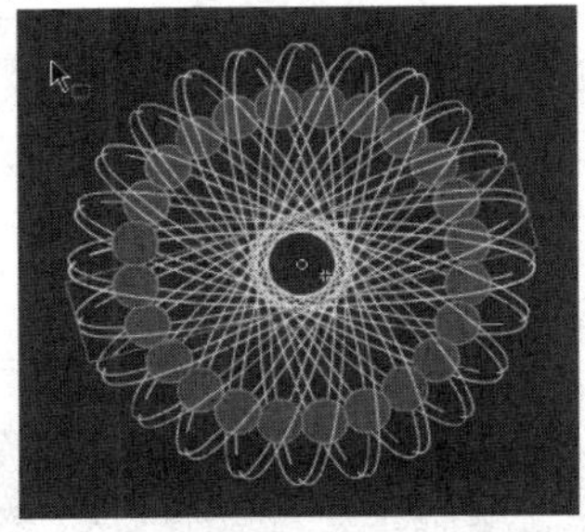

图 8-7　旋转复制花瓣元件

图 8-8　花环样式

8.1.2 【小试身手】两只蝴蝶

完成效果，如图 8-9 所示。

图 8-9　完成效果

1. 打开文件

选择“文件”→“打开”命令，打开文件“素材\魔法培训\第 8 讲\两只蝴蝶文件.fla”。

2．创建会动的蝴蝶

1）选择“插入”→“新建元件”命令，在弹出的“创建新元件”对话框中输入元件名称“元件 1”，“类型”选择“影片剪辑”，单击“确定”按钮进入元件编辑状态。

2）在“库”面板中，将蝴蝶素材拖到舞台中，使用“套索工具”，将蝴蝶抠图。在第 2 帧插入关键帧，调整蝴蝶翅膀的位置，在第 3 帧插入关键帧，调整翅膀的位置，将第 2 帧和第 1 帧复制到第 4 帧和第 5 帧，完成蝴蝶影片剪辑元件，如图 8-10 所示。

a） b） c）

图 8-10 蝴蝶元件

a）第 1 帧和第 5 帧蝴蝶状态 b）第 2 帧和第 4 帧蝴蝶状态 c）第 3 帧蝴蝶状态

3．制作一只蝴蝶飞入停留的动画

1）将背景素材拖到舞台中，居中对齐，在第 100 帧处插入帧，将“图层 1”锁定。

2）新建“图层 2”，将蝴蝶元件拖到舞台中，在第 65 帧处插入关键帧，调整蝴蝶的位置，创建补间动画。在第 100 帧处插入帧。

3）在“图层 2”上单击鼠标右键，在弹出的快捷菜单中选择“添加引导层”命令，使用“铅笔工具”画出蝴蝶飞行的路线。在第 1 帧处选择蝴蝶飞行的飞入点，在第 65 帧处选择蝴蝶停止的位置，选中“调整到路径”复选框。如图 8-11 所示。

图 8-11 一只蝴蝶飞入、停止效果

4）测试动画。

4. 制作一只蝴蝶飞入停留又飞出的动画

1）新建“图层 4”，在第 5 帧处插入空白关键帧，将蝴蝶元件拖到舞台中，在第 48 帧处插入关键帧，移动蝴蝶的位置，创建补间动画，在第 84 帧处插入关键帧，完成蝴蝶飞入停留的动画。

2）在第 100 帧插入关键帧，将蝴蝶移动到舞台外，创建补间动画，完成蝴蝶飞出舞台的动画。

3）在“图层 4”上单击鼠标右键，在弹出的快捷菜单中选择“添加引导层”命令，使用“铅笔工具”画出蝴蝶飞行的路线。在第 5 帧处选择蝴蝶飞行的飞入点，在第 84 帧处选择蝴蝶停止的位置，选中“调整到路径”复选框。在第 100 帧处调整蝴蝶的飞出点到舞台外，如图 8-12 所示。

4）测试影片。

图 8-12　一只蝴蝶飞入、停止、飞出效果

8.1.3 【小试身手】飘落的树叶

完成效果，如图 8-13 所示。

图 8-13　完成效果

1. 打开文件

选择“文件”→“打开”命令，打开文件“素材\魔法培训\第 8 讲\飘落的树叶.fla”。

2. 创建落叶

1）选择“插入”→“新建元件”命令，在弹出的“创建新元件”对话框中输入元件名称“leaf”，“类型”选择“影片剪辑”，单击“确定”按钮进入元件编辑状态。

2）在“库”面板中，将“元件 1”素材拖到工作区中，在第 15 帧处插入关键帧，在第 8 帧处插入关键帧，调整树叶的位置，创建运动补间动画，如图 8-14 所示。

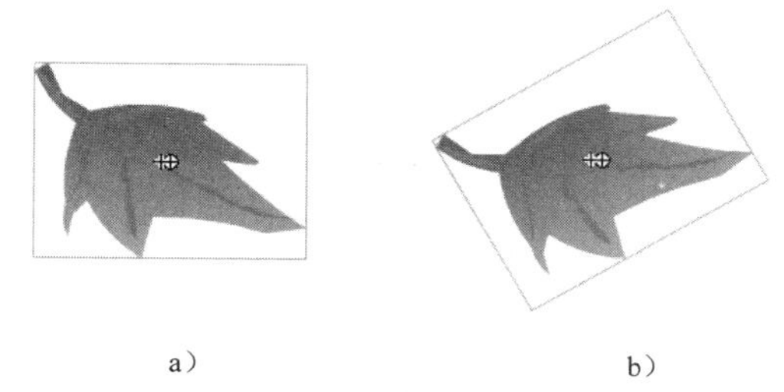

a）　　　　b）

图 8-14　完成效果

a）第 1 帧第 15 帧　b）第 8 帧

3）选择“插入”→“新建元件”命令，在弹出的“创建新元件”对话框中输入元件名称“leaf2”，“类型”选择“影片剪辑”，单击“确定”按钮进入元件编辑状态。

4）在“库”面板中，将“leaf”元件拖到工作区中，在第 40 帧处插入关键帧，在第 50 帧处插入关键帧，调整树叶的位置，创建运动补间动画。在第 50 帧处将“属性”面板中“颜色”选择“Alpha”，值为 0。在“图层 1”上单击鼠标右键，在弹出的快捷菜单中选择“添加引导层”命令，使用“铅笔工具”，画出落叶的路线。在第 1 帧处选择落叶的落入点，在第 40 帧处选择落叶开始消失的位置，在第 50 帧处选择落叶消失的位置，落出点到舞台外，选中“调整到路径”复选框。效果如图 8-15 所示。

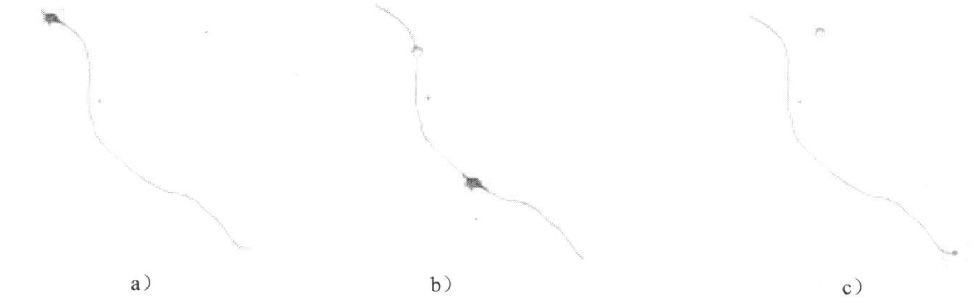

a）　　　　b）　　　　c）

图 8-15　“leaf2”元件效果

a）第 1 帧落叶状态　b）第 40 帧落叶状态　c）第 50 帧落叶状态

5）选择“插入”→“新建元件”命令，在弹出的“创建新元件”对话框中输入元件名称“leaves”，“类型”选择“影片剪辑”，单击“确定”按钮进入元件编辑状态。

6）在“库”面板中，将“leaf2”元件拖到工作区中，在第 100 帧处插入帧，新建图层，将“leaf2”元件拖到工作区中，在第100帧处插入帧，重复操作，如图8-16所示。

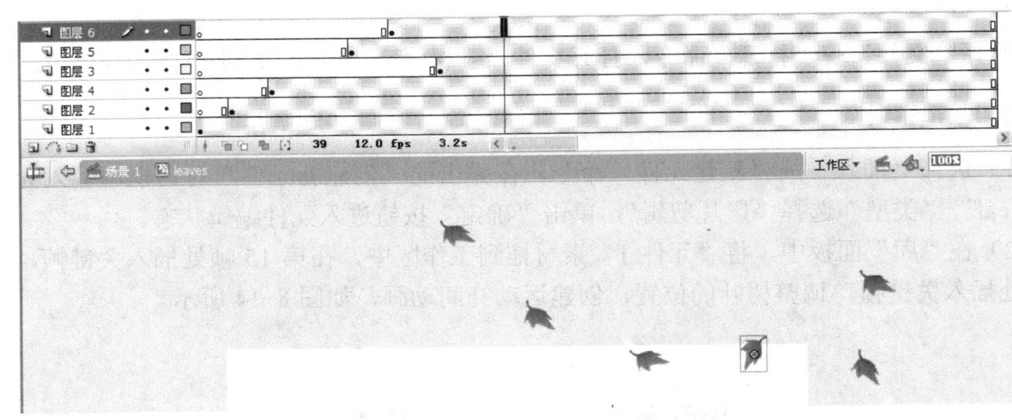

图8-16 “leaves”元件效果

3．制作飘落的树叶

1）将“Snap61”素材拖到舞台中，居中对齐，在第100帧处插入帧，将“图层1”锁定。

2）新建“图层2”，将“leaves”元件拖到舞台中，在第100帧处插入帧，调整树叶的位置，如图8-17所示。

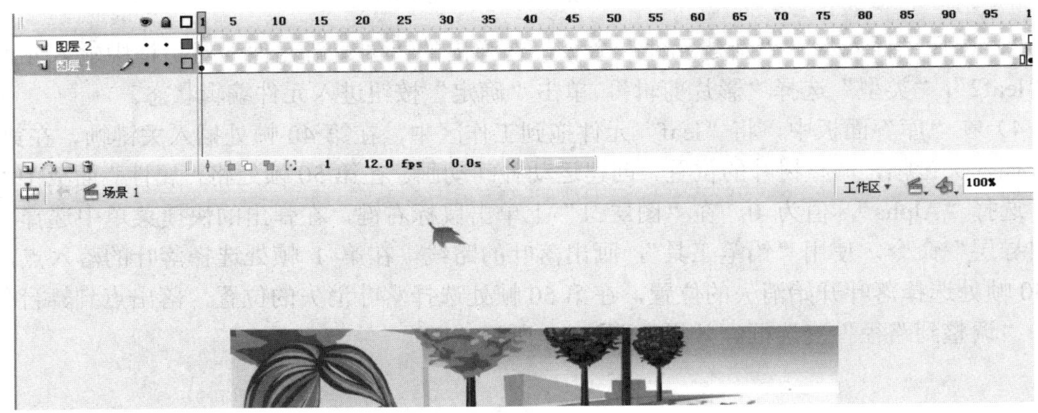

图8-17 “图层2”效果

3）测试动画。

8.2 创建遮罩层动画

8.2.1 【魔法】——制作转动的地球

【魔法目标】制作转动的地球效果

完成效果，如图8-18所示。

图 8-18　完成效果

【魔法分析】使用图形元件制作地图背景，将地图制作成补间动画，使用遮罩层制作圆形地球，完成转动地球的制作。

【魔法道具】

1）遮罩层的图标为，被遮罩层的图标为，如图 8-19 所示的“图层 2”是遮罩层，“图层 1”是被遮罩层，在遮罩层中创建的对象具有透明效果，如果遮罩层中的某一位置有对象，那么被遮罩层中相同位置的内容将显露出来，被遮罩层的其他部分则被遮住。

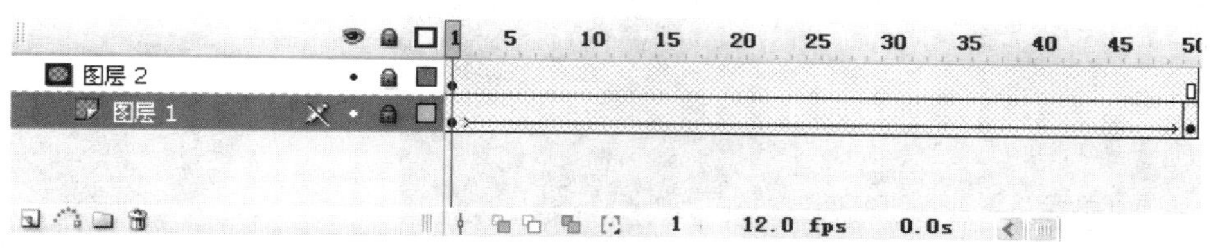

图 8-19　遮罩层

> ❖　在 Flash 中，为了只显示事物的一部分，或者隐藏一部分事物，让它动起来，这时就需要应用遮罩层。

2）遮罩层：将当前图层设置为遮罩层，用户可以将多个正常图层链接到一个遮罩层上。遮罩层前显示图标。

3）被遮罩层：该图层仍是正常图层，只是与遮蔽层存在链接关系并显示图标。

4）遮罩层的创建。在图层上单击鼠标右键，在弹出的快捷菜单中选择“遮罩层”命令。

5）遮罩层的取消。在图层上单击鼠标右键，在弹出的快捷菜单中选择“遮罩层”命令，遮罩就被取消。

【魔法展示】制作转动的地球

1．打开文件

选择“文件”→“打开”命令，打开文件“素材\魔法培训\第 8 讲\地球旋转文件.fla”。

2．创建地球的移动效果

1）选择“插入”→“新建元件”命令，在弹出的“创建新元件”对话框中输入元件名称“元件 1”，“类型”选择“图形”，单击“确定”按钮进入元件编辑状态。

2）在“库”面板中，将素材拖到舞台上，调整位置，如图 8-20 所示。选择“修改”→“组合”命令（或按<Ctrl+G>组合键），将 2 个图片组合在一起。

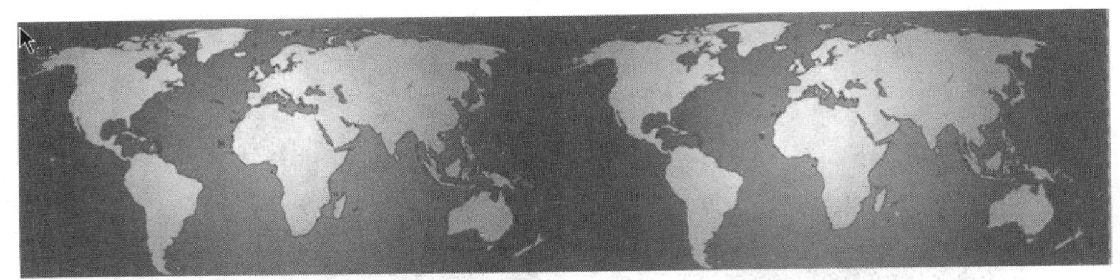

图 8-20 “地图”元件

3）返回“场景 1”，在库中将“元件 1”拖到舞台上，在第 50 帧处插入关键帧，调整“元件 1”的位置，创建运动补间动画，让地图动起来。

3. 制作旋转的地球

1）新建“图层 2”，选择“椭圆工具”，设置“笔触颜色”为无色，填充任意颜色，在舞台上绘制椭圆，如图 8-21 所示。

2）在“图层 2”上单击鼠标右键，在弹出的快捷菜单中选择“遮罩层”，如图 8-22 所示。

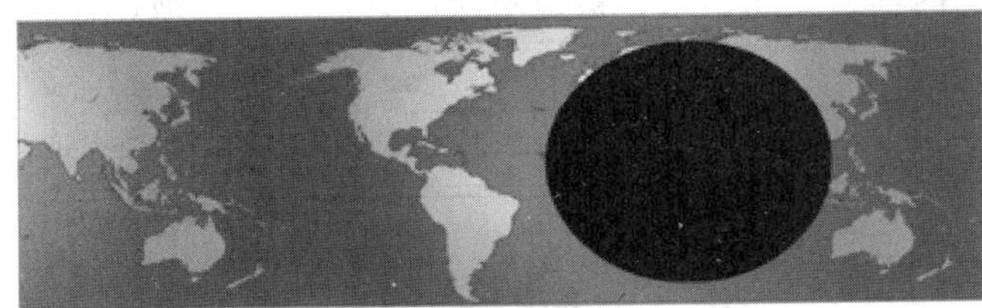

图 8-21 地图和椭圆

图 8-22 遮罩效果

3）测试动画。

8.2.2 【小试身手】幻灯片放映

完成效果，如图 8-23 所示。

图 8-23 完成效果

1. 打开文件

选择“文件”→“打开”命令，打开文件“素材\魔法培训\第 8 讲\幻灯片.fla”。

选择“文本”工具 T，在舞台上输入文字“风景集”，设置“字体大小”为 67，“文本颜色”

为蓝色，“字体”为“华文楷体”，加粗显示，放置在舞台右侧，在第 90 帧处插入帧，并将图层命名为“文字和边框”。

2．创建矩形滑过效果

1）新建“图层 1”，从“库”面板中将“素材图片 1”拖到工作区中，改变其大小为 412×550，在第 30 帧处插入帧，如图 8-24 所示。

图 8-24　背景制作

2）新建“图层 3”，从“库”面板中将“素材图片 2”拖到工作区中，改变其大小为 412×550，在第 60 帧处插入帧，新建“图层 4”，选择“矩形工具”，“笔触颜色”为无色，“填充颜色”为“#66FFFF”，在图片的一角绘制矩形，在第 30 帧处插入关键帧，选择“任意变形工具”，调整矩形的大小。选择中间的任意一帧，制作形状补间动画。效果如图 8-25 和图 8-26 所示。

3）在“图层 4”上单击鼠标右键，在弹出的快捷菜单中选择“遮罩层”命令，如图 8-27 所示。

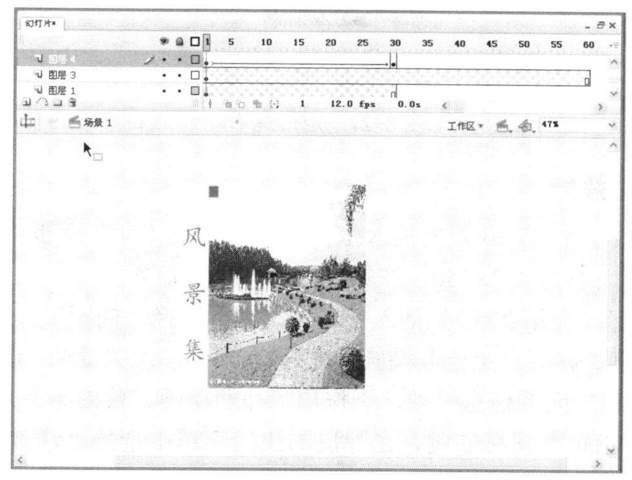

图 8-25　矩形形状补间第 1 帧效果

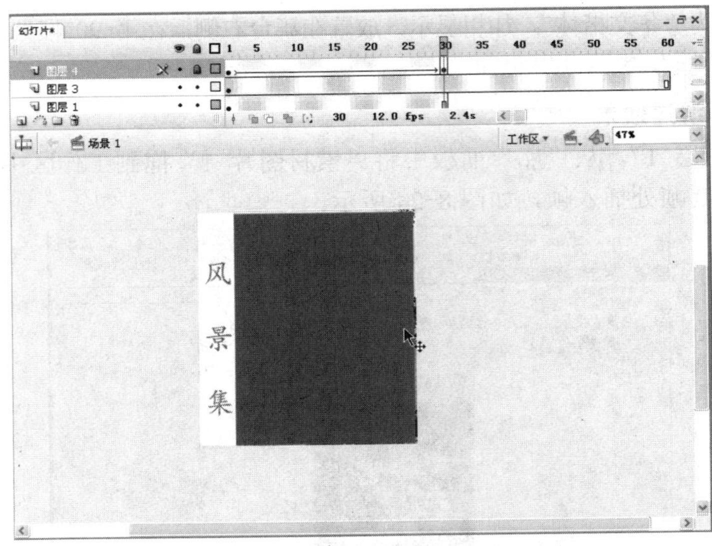

图 8-26　矩形形状补间第 30 帧效果

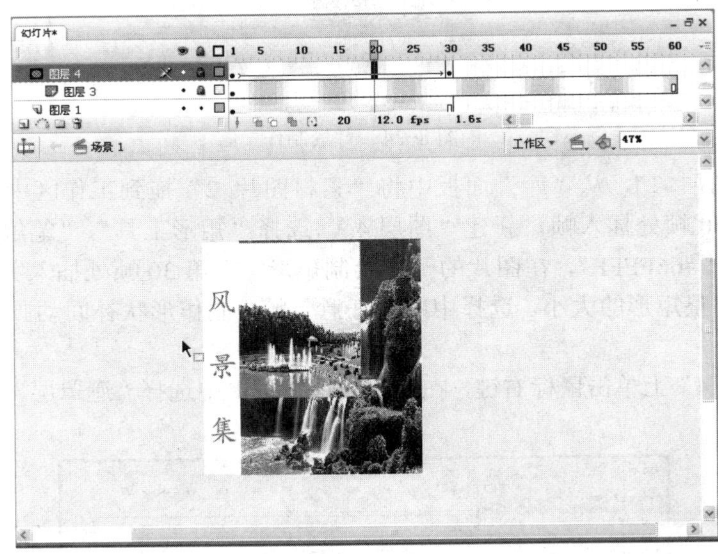

图 8-27　矩形遮罩层

3．创建椭圆滑过效果

1）新建“图层 5”，在第 30 帧处插入空白关键帧，从“库”面板中将“素材图片 3”拖到工作区中，改变其大小为 412×550，在第 90 帧处插入帧。

2）新建“图层 6”，在第 30 帧处插入空白关键帧，选择“椭圆工具”，设置“笔触颜色”为无色，填充任意颜色，在舞台上绘制椭圆。在第 60 帧处插入关键帧，选择“任意变形工具”，调整椭圆的大小。选择中间的任意一帧，制作形状补间动画。效果如图 8-28 和图 8-29 所示。

3）在“图层 6”上单击鼠标右键，在弹出的快捷菜单中选择“遮罩层”命令，如图 8-30 所示。

4）保存文件，测试动画。

图 8-28　椭圆形状补间第 30 帧效果

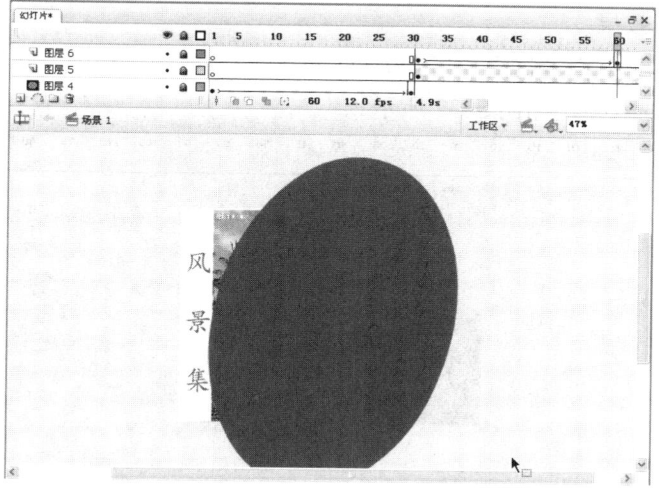

图 8-29　椭圆形状补间第 60 帧效果

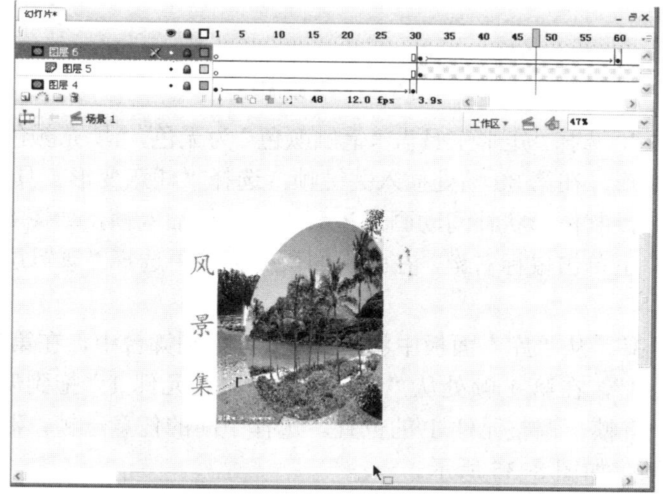

图 8-30　椭圆遮罩层

8.2.3 【小试身手】展开的画卷

完成效果，如图 8-31 所示。

图 8-31　完成效果

1. 打开文件

选择“文件”→“打开”命令，打开文件“素材\魔法培训\第 8 讲\卷轴画.fla”。

2. 创建卷轴画效果

1）从“库”面板中将素材图片“20046159435833”拖到舞台中，在第 80 帧处插入关键帧，在第 100 帧处插入帧，如图 8-32 所示。

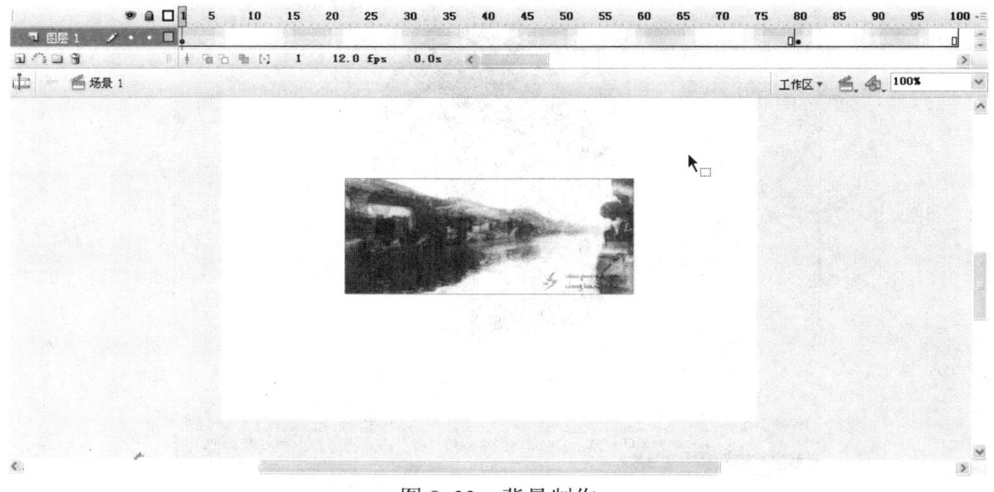

图 8-32　背景制作

2）新建“图层 2”，选择“矩形工具”，“笔触颜色”为无色，“填充颜色”为“#CCCCCC”，在图片的一角绘制矩形，在第 80 帧处插入关键帧，选择“任意变形工具”调整矩形的大小。选择中间的任意一帧，制作形状补间动画。在第 100 帧处插入帧，如图 8-33 所示。

3）在“图层 2”上单击鼠标右键，在弹出的快捷菜单中选择“遮罩层”命令，如图 8-34 所示。

4）新建“图层 3”，从“库”面板中将“元件 1”拖到舞台中，在第 100 帧处插入帧。

5）新建“图层 4”，在第 1 帧处从“库”面板中将“元件 1”拖到舞台中，调整位置，在第 80 帧处插入关键帧，调整元件 1 的位置。选择中间的任意一帧，制作动作补间动画。在第 100 帧处插入帧，如图 8-35 所示。

6）保存文件，测试动画。

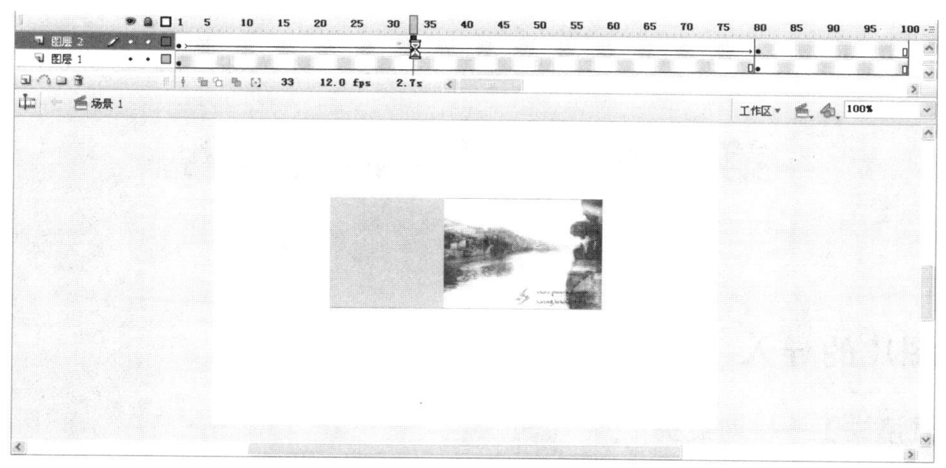

图 8-33　矩形形状补间效果

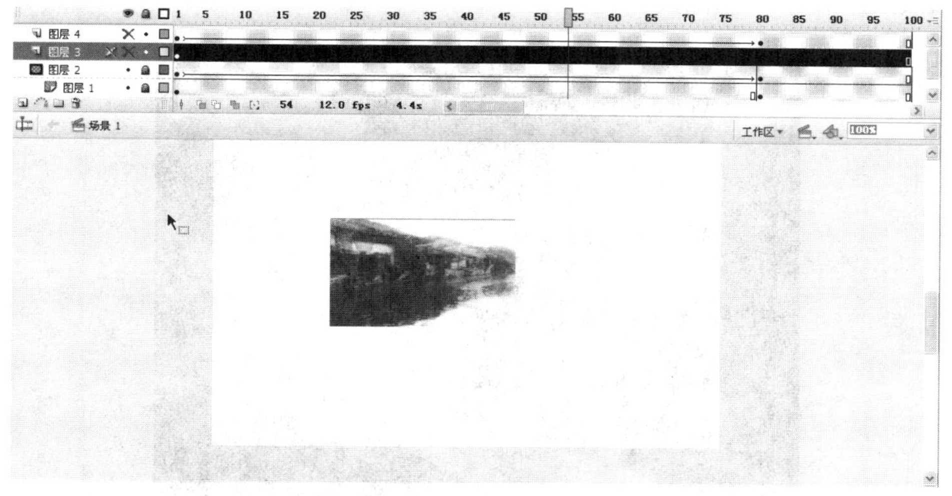

图 8-34　遮罩层

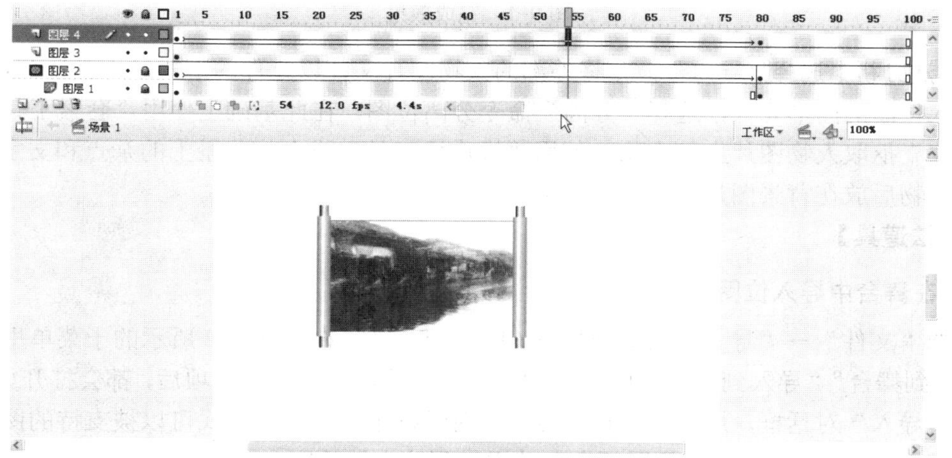

图 8-35　“图层 4”效果

第 9 讲　外部素材的导入

9.1　图片的导入

9.1.1 【魔法】——时装秀

【魔法目标】制作时装秀画面

完成效果，如图 9-1 所示。

图 9-1　完成效果

【魔法分析】选择“导入”命令将外部的人物图片文件以元件的形式导入到舞台窗口中，并对导入位图的图形元件，选择“分离”命令分离位图，在此基础上使用“套索工具”中的“魔术棒”抠取人物图片上的人物，使用“橡皮擦工具”将人物背景上的杂点和文字擦掉，抠取出人物后放在背景图片的相应位置上。

【魔法道具】

1．在舞台中导入位图

选择“文件”→“导入”命令或按<Ctrl+R>组合键，在如图 9-2 所示的子菜单里可以选择“导入到舞台”“导入到库”“打开外部库”命令。选择其中任意一项后，都会打开如图 9-3 所示的“导入”对话框，用户可以在“导入”对话框中选择一张格式可以被支持的图片（所有直接导入到 Flash 文档中的位图都会自动添加到该文档的库中）。

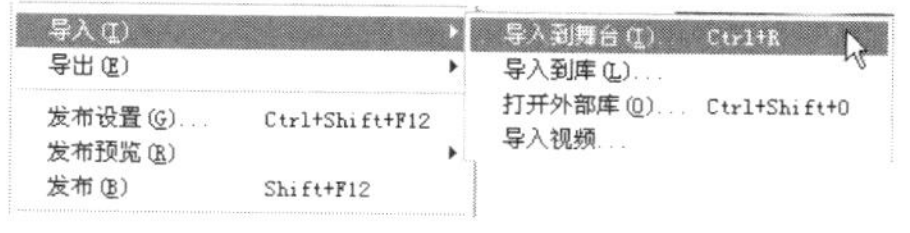

图 9-2 “导入”选项

图 9-3 “导入”对话框

2．处理导入的位图

将位图导入到 Flash CS3 时，可以修改位图，并且可以用各种方式在 Flash 文档中使用它。

（1）使用“属性”面板处理位图

当在舞台上选择了位图后，“属性”面板会显示该位图的元件名称、像素尺寸和在舞台上的位置，如图 9-4 所示。在“属性”面板，可以对该位图的元件名称、像素尺寸和在舞台上的位置进行设置，单击“属性”面板中的“交换”按钮，弹出如图 9-5 所示的对话框，选择替换当前元件的图片，即用当前文档中的其他位图的实例替换该实例。

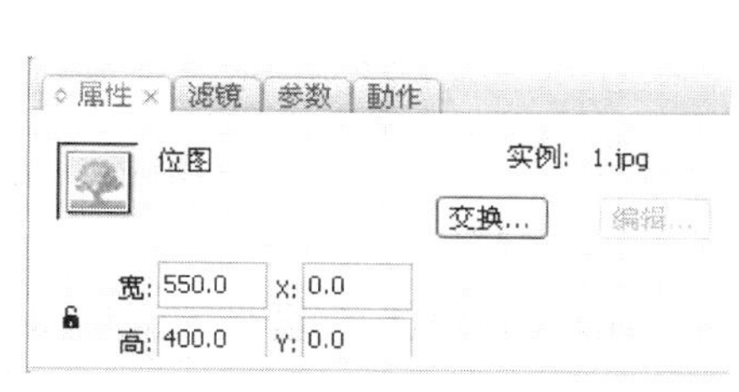

图 9-4 “属性”面板

图 9-5 “交换位图”对话框

（2）设置位图的属性

可以对导入的位图应用消除锯齿功能，从而平滑图像的边缘，也可以对其压缩以减小位图文件的大小，还可以格式化文件以便在 Web 上显示。要选择位图属性，可以使用“位图属性”对话框。具体操作如下。

1）在“库”面板中选择一幅位图。

2）执行以下其中一项操作。

① 单击“库”面板底部的“属性”按钮。

② 用鼠标右键单击该位图的图标，然后从弹出的快捷菜单中选择“属性”命令。

③ 在“库”面板右上角的选项菜单中选择“属性”命令。

3）在弹出的如图 9-6 所示的“位图属性”对话框中，选中“允许平滑”复选框，以使用消除锯齿功能平滑位图的边缘。

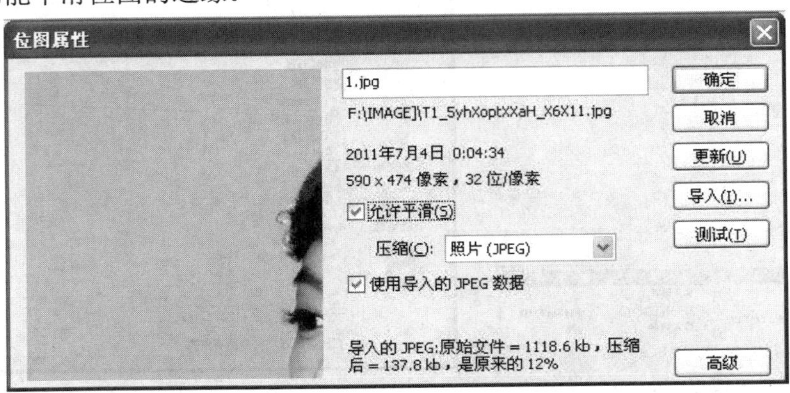

图 9-6 “位图属性”对话框

4）对于压缩设置，选中以下选项之一。

① 照片（JPEG）：将以 JPEG 格式压缩图像。要使用为导入图像指定的默认压缩品质，请选中“使用导入的 JPEG 数据”复选框；要指定新的品质压缩设置，请取消选中“使用导入的 JPEG 数据复选框”，然后在“品质”文本框中输入 1～100 之间的一个值（设置的值越高，保留的图像完整性越大，但是产生的文件大小也越大）。

② 无损（PNG/GIF）：将使用无损压缩格式压缩图像，这样不会丢失图像中的数据。

❖ 对于具有复杂颜色或色调变化的图像，例如，具有渐变填充的照片或图像，请使用“照片”压缩格式。对于具有简单形状和相对颜色较少的图像，请使用“无损”压缩格式。

5）单击“测试”按钮可以确定文件压缩的结果。将原来的文件大小与压缩的文件大小进行比较，从而确定选定的压缩设置是否可以接受。

6）单击“确定”按钮即可。

（3）把导入的位图转化为矢量图

“转换位图为矢量图”菜单命令会将位图转换为具有可编辑的离散颜色区域的矢量图形。此命令使用户可以对矢量图形进行处理。将位图转换为矢量图形后，矢量图形不再链接到库面板中的位图元件。

1）选择当前场景中的位图。

2）选择“修改”→“位图”→“转换位图为矢量图”命令，打开如图 9-7 所示的对话框。

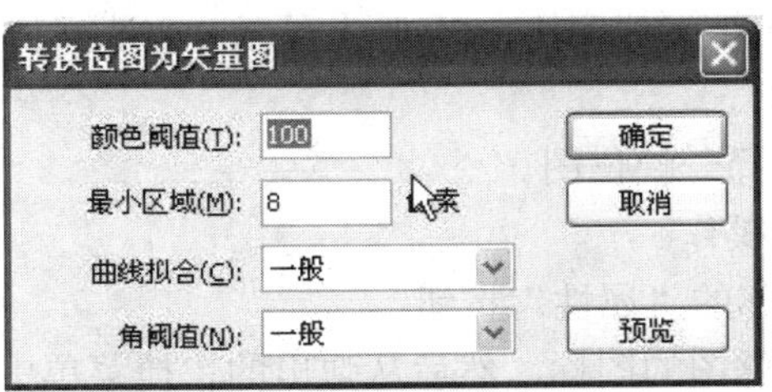

图 9-7 “转换位图为矢量图”对话框

3）在“颜色阈值”文本框中输入一个1～500之间的值。当2个像素进行比较后，如果它们在RGB颜色值上的差异低于该颜色阈值，则2个像素被认为是相同的颜色。如果增大了该阈值，则意味着降低了颜色的数量。

4）在“最小区域”文本框中输入一个1～1000之间的值，用于设置在指定像素颜色时要考虑的周围像素的数量。

5）单击“曲线拟合”下拉列表框，从下拉列表中选择一个选项，以确定绘制的轮廓的平滑程度。

6）单击“角阈值”下拉列表框，从下拉列表中选一个选项，以确定对角部是保留锐边还是进行平滑处理。

要创建最接近原始位图的矢量图形，请输入以下的值。越接近原始图像，转换的速度越慢。

- ❖ “颜色阈值”：10
- ❖ “最小区域”：1像素
- ❖ “曲线拟合”：像素
- ❖ “角阈值”：较多转角

（4）分离位图

分离也就是在Flash中所说的打散，分离位图会将图像中的像素分散到离散的区域中，可以分别选中这些区域并进行修改。在舞台中选择导入位图，按住<Ctrl+B>组合键或选择“修改”→“分离”命令。在分离位图时，通过使用“套索工具”中的“魔术棒”，可以选中已经分离的位图区域，如图9-8所示。

图9-8　分离后的位图

可以对分离的位图进行涂色，方法是使用“滴管工具”选择该位图，然后用“颜料桶工具”或其他绘图工具对该位图进行填充。

【魔法展示】时装秀

1．新建文件

选择“文件”→“新建”命令，在弹出的“新建文档”对话框中单击“Flash文件（ActionScript 2.0）”选项，新建一个空白文档。单击“属性”面板中的“大小”按钮，打开“文档属性”对话框，设置文档的“尺寸”为550×400像素，“背景颜色”为“#000000”。

2．导入位图，处理位图

1）打开“库”面板，在“库”面板下方单击“新建元件”按钮，新建一个图形元件“女郎”，舞台窗口也随之转换为图像元件的舞台窗口。

2）选择“导入”→“导入到舞台”命令，打开“导入”对话框，选择“素材\魔法培训\第 9 讲\9-1\女郎.jpg”文件，单击“打开”按钮关闭对话框。这时文件被导入到图像元件舞台窗口中。

3）将“图层 1”重新命名为“女郎”。将“库”面板中的图形元件“女郎”拖到舞台窗口中，这时，看到“女郎”图形元件的尺寸比舞台尺寸大，将舞台完全遮住了，需要调整“女郎”图形元件尺寸的大小。

4）选择“修改”→“变形”→“缩放和旋转”命令打开“缩放和旋转”对话框，根据舞台与位图的大小，设置缩放比例为 40%，如图 9-9 所示。单击“确定”按钮后，位图缩小。选择位图，按<Ctrl+B>组合键选择“分离”命令，如图 9-10 所示。

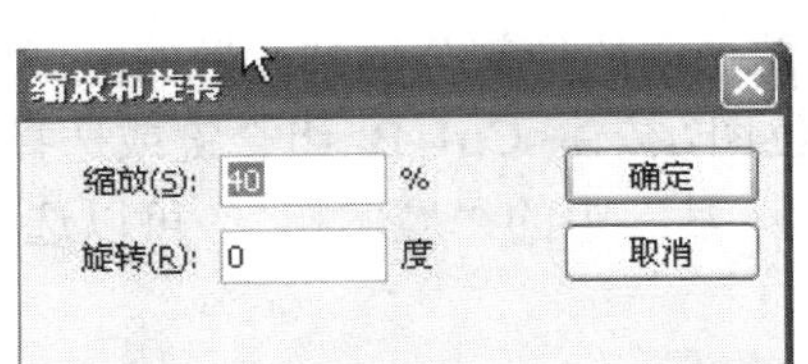

图 9-9 “旋转和缩放”对话框

图 9-10 分离位图

5）选择“套索工具”，单击“魔术棒设置”按钮，打开“魔术棒设置”对话框，将“阈值”设为 5，如图 9-11 所示。将“魔术棒”移到图片上，可以看到魔术棒，如图 9-12 所示。

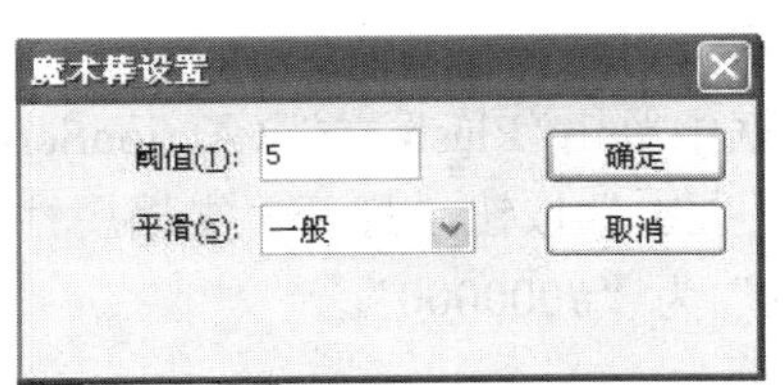

图 9-11 “魔术棒设置”对话框

图 9-12 移进图片的“魔术棒”

6）在图片的背景区域单击，然后按键盘上的<Delete>键，得到如图 9-13 所示的效果，大部分背景区域被删去了，但是人物边缘参差不齐。

7）选择“橡皮擦工具”，将背景上的杂点和文字擦出掉，如图 9-14 所示。

8）再次调整“魔术棒”的“阈值”，可以调整为 10 或 12，放大显示比例到 400%，选择并删除图像多余的毛边，尽量精确一些，得到如图 9-15 所示的效果。

9）打开“库”面板，在“库”面板下方单“新建元件”按钮，新建一个图形元件“背景”，舞台窗口也随之转换为图像元件的舞台窗口。选择“导入”→“导入到舞台”命令，打开“导入到库”对话框，如图 9-16 所示，选择“素材\魔法培训\第 9 讲\9-1\背景.jpg”文件，单击“打开”按钮关闭对话框。这时文件被导入到图像元件的舞台窗口中。

图 9-13　使用“魔术棒”后的效果

图 9-14　擦除文字和杂点

图 9-15　再次使用“魔术棒”后的效果

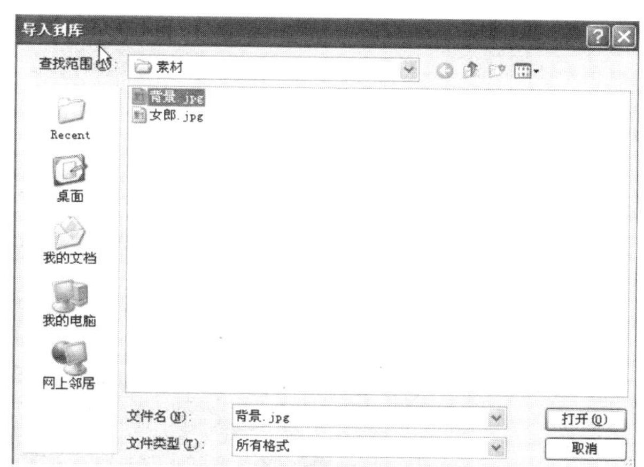

图 9-16　导入背景图片对话框

10）单击“图层”面板中的“插入图层”按钮，创建新图层并将其命名为“背景”，如图 9-17 所示。选中背景图层，将“库”面板中的图形元件“背景”拖到舞台窗口中，在图形“属性”面板中将“宽”“高”选项分别设为 550、400，“X”“Y”选项均设为 0，如图 9-18

所示，将元件设置在舞台窗口的中心位置。

11）调整好后，将“背景”图层拖到“女郎”图层下方，如图 9-19 所示。按<Ctrl+Enter>组合键即可查看效果。按<Ctrl+S>组合键保存当前的 Flash 文件。

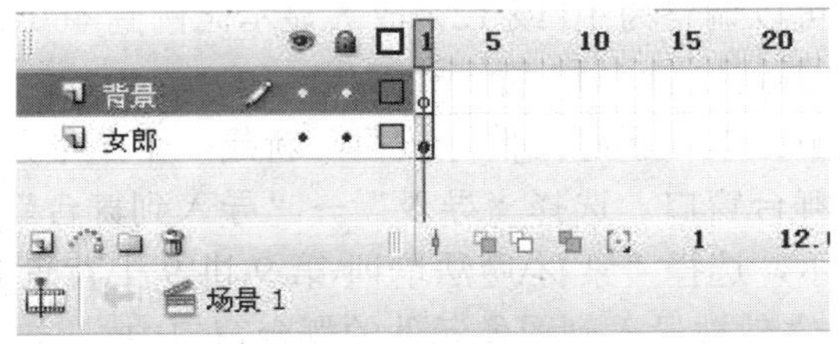

图 9-17 “背景”图层

图 9-18 背景“属性”面板

图 9-19 最终位置

9.1.2 【小试身手】城市宣传动画

完成效果，如图 9-20 所示。

图 9-20 完成效果

1. 新建文件

选择"文件"→"新建"命令，在弹出的"新建文档"对话框中单击"Flash 文件(ActionScript 2.0)"选项，新建一个空白文档。单击"属性"面板中的"大小"按钮，打开"文档属性"对话框，设置文档的"尺寸"为 550×400 像素，"背景颜色"为"#000000"。

2. 导入位图，将位图转换为矢量图形

1）打开"库"面板，在"库"面板下方单击"新建元件"按钮，新建一个图形元件"颐和园"，舞台窗口也随之转换为图像元件的舞台窗口。

2）选择"文件"→"导入"→"导入到舞台"命令，在弹出的"导入"对话框中选择"素材\魔法培训\第 9 讲\9-1\颐和园.jpg"文件，单击"打开"按钮，文件被导入到舞台窗口中，效果如图 9-21 所示。

图 9-21 导入"颐和园"位图

3）选中位图图片，选择"修改"→"位图"→"转换位图为矢量图"命令，弹出"转换位图为矢量图"对话框，将"颜色阈值"选项设为 100，"最小区域"选项设为 100，其他选项为默认值，如图 9-22 所示，单击"确定"按钮，将位图转换为矢量图，如图 9-23 所示。

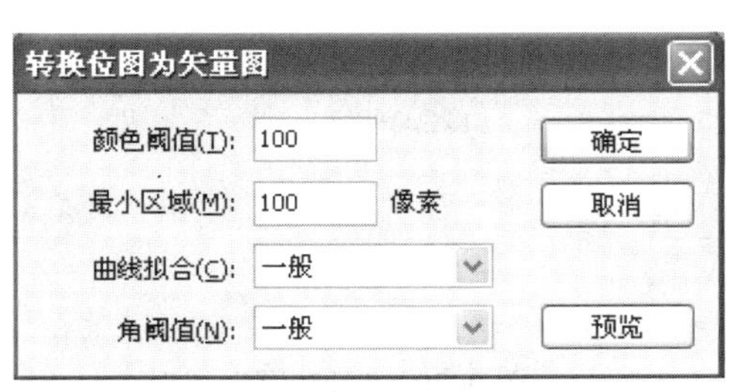

图 9-22 "转换位图为矢量图"对话框

图 9-23 "颐和园"矢量图

4）将"图层 1"重新命名为"颐和园"。将"库"面板中的图形元件"颐和园"拖到舞台窗口中，在图形"属性"面板中将"X""Y"选项均设为 0，如图 9-24 所示，将元件设置在舞台窗口的中心位置。单击"图层"面板中的"插入图层"按钮，创建新图层并将其命名为"黑幕"。

5）选择"矩形工具"，设置"笔触颜色"为无色，"填充颜色"为"#000000"，在舞台窗口中绘制一个矩形，使用"选择工具"选中矩形，在形状"属性"面板中，将"宽"选项

设为 550，“高”选项设为 50，如图 9-25 所示。按<Ctrl+G>组合键，将矩形进行组合。

图 9-24 “颐和园”图形“属性”设置

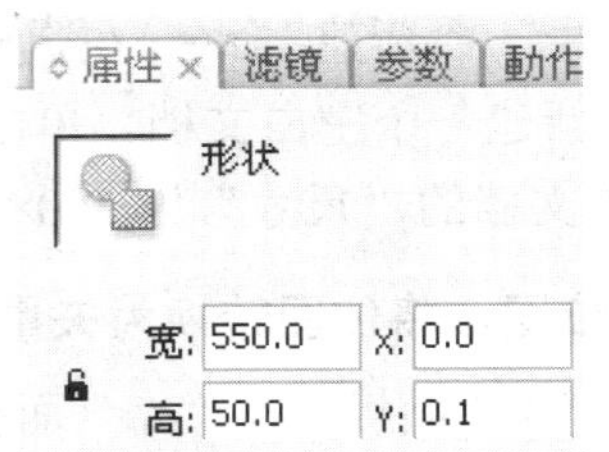

图 9-25 “黑幕”的“属性”设置

6）将黑色矩形放置在“颐和园”图形上方，遮挡住图形的上半部，如图 9-26 所示。用鼠标选中黑色矩形不放，按住<Alt>键的同时，用鼠标向旁边拖动黑色矩形，将其进行复制。将新复制出的黑色矩形放置在“颐和园”图形的下方，遮住图形的下半部，如图 9-27 所示。

图 9-26 “黑幕”效果图

图 9-27 复制“黑幕”效果图

7）选中“黑幕”图层的第 28 帧，按<F5>键，在该帧上插入普通帧。选中“颐和园”图层的第 28 帧，按<F5>键，在该帧上插入普通帧。选中“颐和园”图层的第 9 帧，按<F6>键，在该帧上插入关键帧，如图 9-28 所示。选中“颐和园”图层的第 1 帧，在舞台窗口中选中“颐和园”图形，选择图形“属性”面板，在“颜色”选项的下拉列表中选择“Alpha”，并将其值设为 0，如图 9-29 所示。

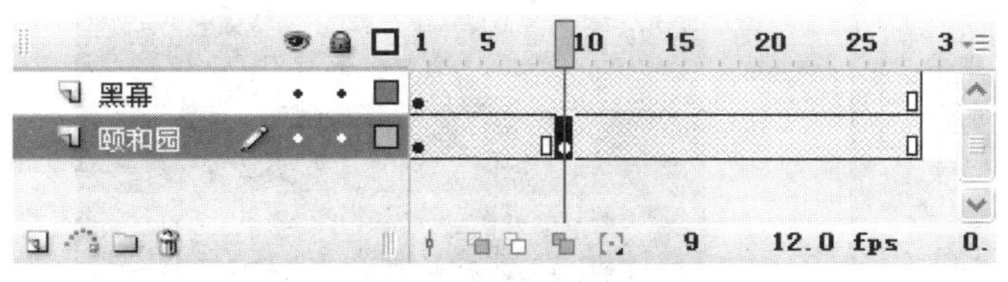

图 9-28 时间轴

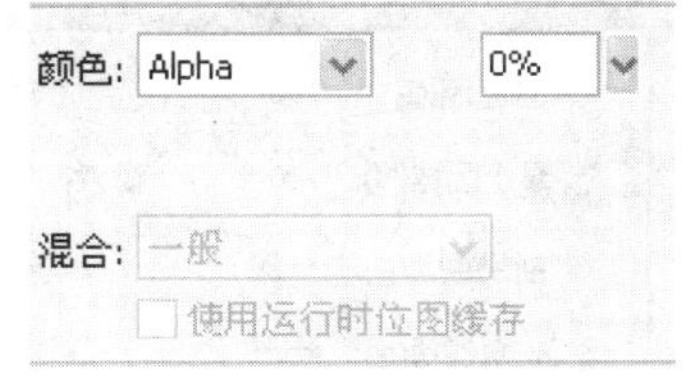

图 9-29 “颐和园”图形“Alpha”值

8）在“颐和园”图层的第 1 帧单击鼠标右键，在弹出的菜单中选择“创建补间动画”命令，在第 1 帧 到第 9 帧之间创建补间动画，如图 9-30 所示。在“库”面板下方单击“新建元件”按钮，弹出“创建新元件”对话框，在“名称”选项的文本框中输入“十七孔桥”，选中“图形”选项，单击“确定”按钮，新建一个图形元件“十七孔桥”，舞台窗口也随之转换为图形元件的舞台窗口。

9）选择“文件”→“导入”→“导入到舞台”命令，在弹出的“导入”对话框中选择

"素材\魔法培训\第 9 讲\9-1\十七孔桥.jpg"文件，单击"打开"按钮，文件被导入到舞台窗口中，如图 9-31 所示。在"库"面板中创建一个新的图形元件"颐和园文字"，如图 9-32 所示，舞台窗口也随之转换为图形元件的舞台窗口。

10）选择"文本工具"，在文字"属性"面板中进行设置，在舞台窗口中输入文字，"字体大小"为 43，"字体"为"方正舒体"，"文本颜色"为白色，内容为"颐和园"，并设置倾斜效果。单击"图层"面板中的"插入图层"按钮，在"颐和园"图层的上方创建新图层并将其命名为"十七孔桥"，选中图层的第 9 帧，按<F6>键，在该帧上插入关键帧，如图 9-33 所示。

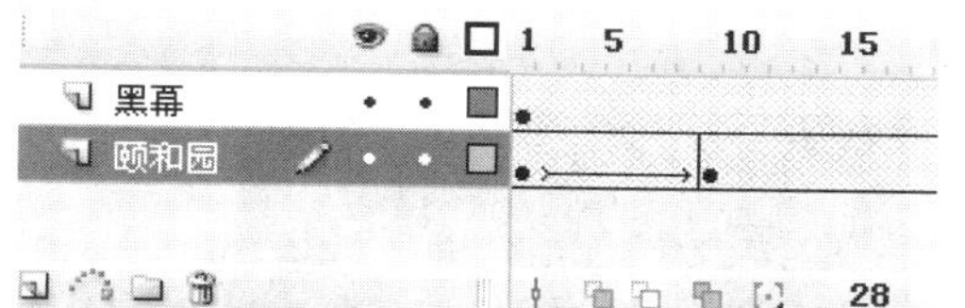

图 9-30 创建补间动画

图 9-31 十七孔桥

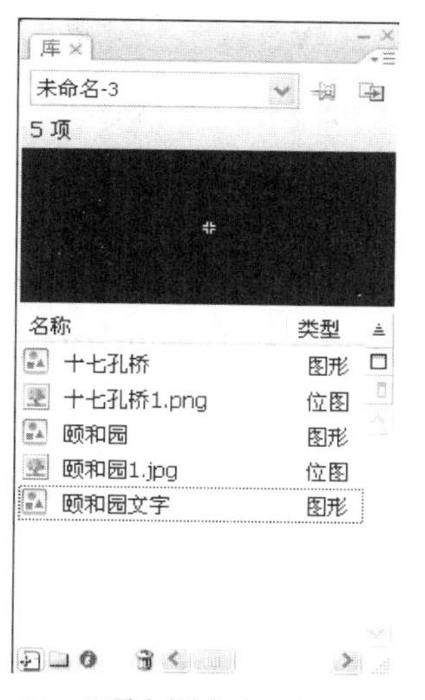

图 9-32 "颐和园文字"图形元件

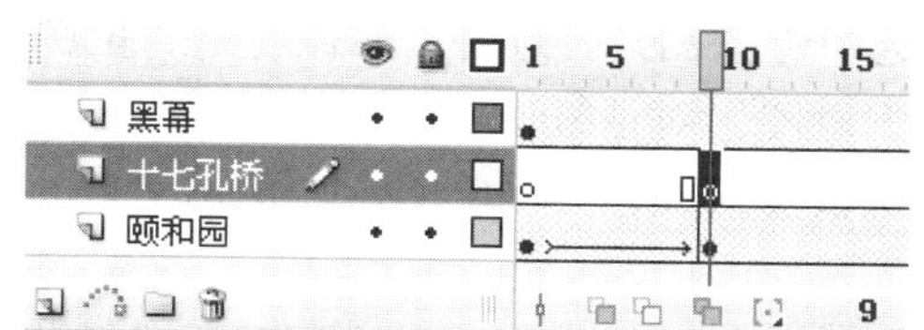

图 9-33 "十七孔桥"时间轴设置

11）选中"十七孔桥"图层的第 9 帧，将"库"面板中的元件"十七孔桥"拖到舞台窗口中，放置在舞台窗口的左侧，如图 9-34 所示。选中"十七孔桥"图层的第 15 帧，按<F6>键，在该帧上插入关键帧。选中"十七孔桥"图层的第 9 帧，将舞台窗口中的"十七孔桥"图形向左移动，放置在"颐和园"图形的左侧，如图 9-35 所示。用鼠标右键单击"十七孔桥"图层的第 9 帧，在弹出的菜单中选择"创建补间动画"命令，在第 9 帧到第 15 帧之间创建补间动画，如图 9-36 所示。

12）单击"图层"面板中的"插入图层"按钮，创建新图层并将其命名为"颐和园文字"。选中"颐和园文字"图层的第 9 帧，按<F6>键，在该帧上插入关键帧，选中第 9 帧，将"库"面板中的元件"颐和园文字"拖到舞台窗口中，放置在舞台窗口的左上方，如图 9-37 所示。选中"颐和园文字"图层的第 15 帧，按<F6>键，在该帧上插入关键帧。选中第 9 帧，在舞台窗口中将文字向上移动，放置在“颐和园”图形的上方，效果如图 9-38 所示。

图 9-34 第 15 帧

图 9-35 第 9 帧

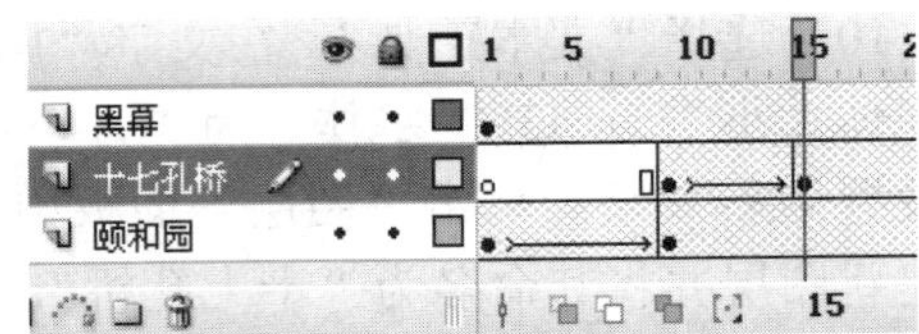

图 9-36 创建补间动画

图 9-37 “颐和园文字”第 15 帧效果

图 9-38 “颐和园文字”第 9 帧效果

13）在“颐和园文字”图层的第 9 帧单击鼠标右键，在弹出的菜单中选择“创建补间动画”命令，在第 9 帧到第 15 帧之间创建补间动画，如图 9-39 所示。在“库”面板中新建一个图形元件“故宫”，舞台也随之转换为图形元件的舞台窗口。选择“文件”→“导入”→“导入到舞台”命令，在弹出的“导入”对话框中选择“素材\魔法培训\第 9 讲\9-1\故宫.jpg”文件，单击“打开”按纽，文件被导入到舞台窗口中。

14）选中位图图片，选择“修改“→“位图”→“转换位图为矢量图”命令，弹出“转换位图为矢量图”对话框，将“颜色阈值”选项设为 100，“最小区域”选项设为 100，其他选项为默认值，如图 9-40 所示，单击“确定”按钮，将位图转换为矢量图，如图 9-41 所示。

15）在“库”面板中新建一个图形元件“狮子”，舞台窗口也随之转换为图形元件的舞台窗口。选择“文件”→“导入”→“导入到舞台”命令，在弹出的“导入”对话框中选择“素材\魔法培训\第 9 讲\9-1\狮子.jpg”文件，单击“打开”按钮，文件被导入到舞台窗口中，如图 9-42 所示。在“库”面板中新建一个图形元件“故宫文字”，舞台窗口也随之转换为图形元件的舞台窗口。

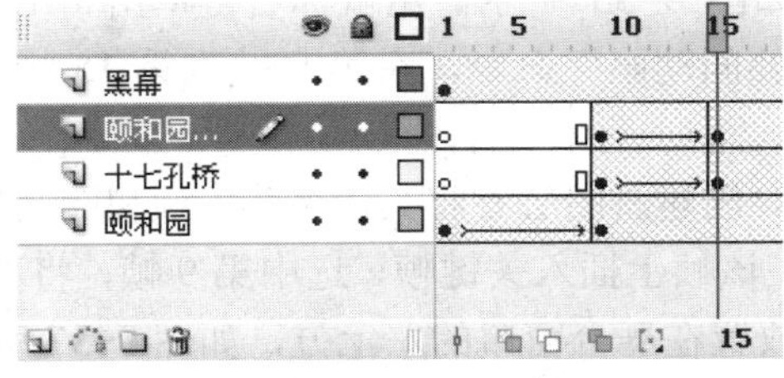

图 9-39 创建补间动画

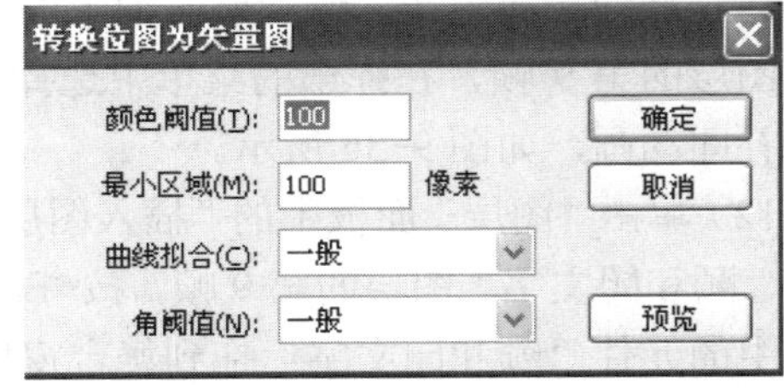

图 9-40 “转换位图为矢量图”对话框

图 9-41 “故宫”图形元件转换为矢量图

图 9-42 “狮子”图形元件

16）选择“文本工具”，在文字“属性”面板中进行设置，在舞台窗口中输入文字，“字体大小”为 43，“字体”为“方正舒体”，“文本颜色”为白色，内容为“故宫”，并设置为斜体，如图 9-43 所示。

17）选中“黑幕”图层的第 45 帧，按<F5>键，在该帧上插入普通帧。单击“图层”面板中的“插入图层”按钮，在“颐和园文字”图层上方创建新图层并将其命名为“故宫”。选中“故宫”图层的第 20 帧，按<F6>键，在该帧上插入关键帧，如图 9-44 所示。

图 9-43 “故宫”文字

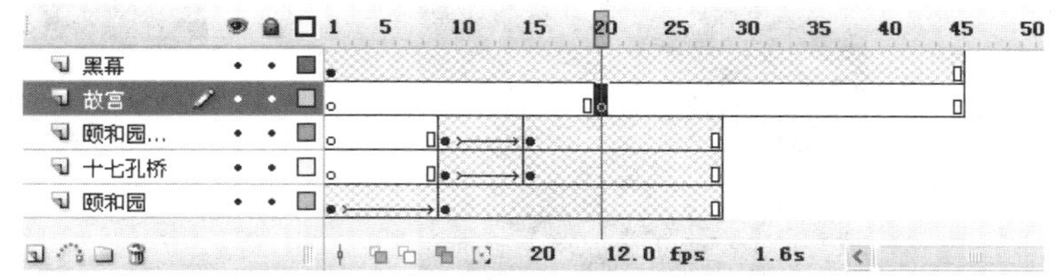

图 9-44 “故宫”时间轴

18）选中第 20 帧，将“库”面板中的元件“故宫”拖到舞台窗口中。在图形“属性”面板中将故宫实例的“X”“Y”选项均设为 0，如图 9-45 所示，将“故宫”实例放置在舞台窗口的中心。选中“故宫”图层的第 29 帧，按<F6>键，在该帧上插入关键帧。

19）选中“故宫”图层的第 20 帧，在舞台窗口中选中“故宫”图形，选择图形“属性”面板，在“颜色”选项的下拉列表中选择“Alpha”，将其值设为 0，如图 9-46 所示，将故宫图形的不透明度设为 0。在“故宫”图层的第 20 帧单击鼠标右键，在弹出的菜单中选择“创建补间动画”命令，在第 20 帧到第 29 帧之间创建补间动画，如图 9-47 所示。

图 9-45 “故宫”图形“属性”面板

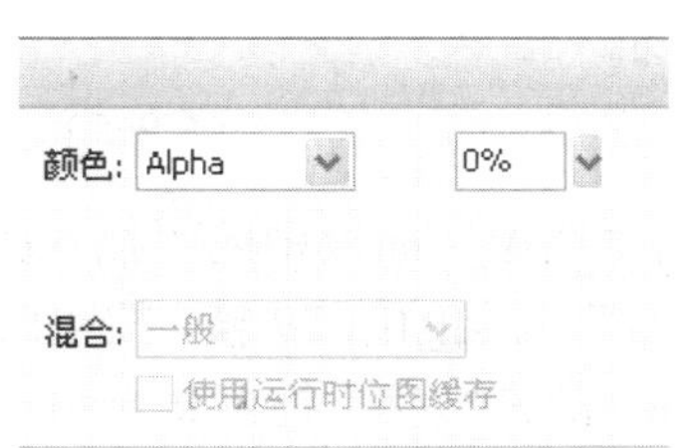

图 9-46 “故宫”设置透明度

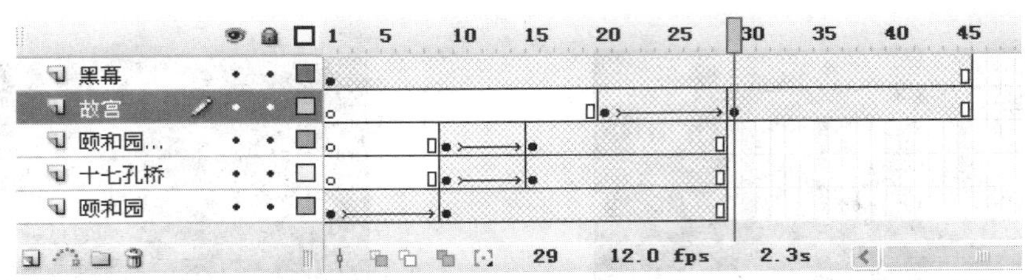

图 9-47 “故宫”补间动画

20）单击“图层”面板中的“插入图层”按钮，创建新图层并将其命名为“狮子”，选中“狮子”图层的第 29 帧，按<F6>键，在该帧上插入关键帧。选中第 29 帧，将“库”面板中的元件“狮子”拖到舞台窗口中，将其放置在故宫图形的右下方，如图 9-48 所示。

21）选中“狮子”图层的第 35 帧，按<F6>键，在该帧上插入关键帧。选中“狮子”图层的第 29 帧，将舞台窗口中的“狮子”图像向下移动，放置在“故宫”图形的下方，如图 9-49 所示。

图 9-48 “狮子”图形第 35 帧效果

图 9-49 “狮子”图形第 29 帧效果

22）在“狮子”图层的第 29 帧单击鼠标右键，在弹出的菜单中选择“创建补间动画”命令，在第 29 帧到第 35 帧之间创建补间动画，如图 9-50 所示。

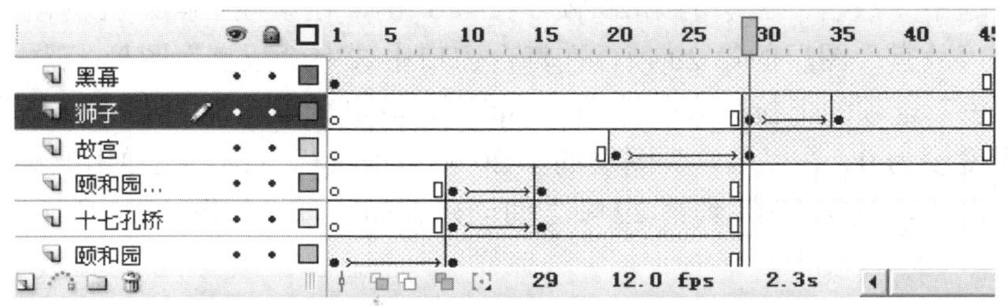

图 9-50 “狮子”图层时间轴设置

23）单击“图层”面板中的“插入图层”按钮，创建新图层并将其命名为“故宫文字”。选中“故宫文字”图层的第 29 帧，按＜F6＞键，在该帧上插入关键帧。选中第 29 帧，将“库”面板中的元件“故宫文字”拖到舞台窗口中，将其放置在“故宫”图形的左上方，如图 9-51 所示。选中“故宫文字”图层的第 35 帧，按＜F6＞键，在该帧上插入关键帧。选中第 29 帧，在舞台窗口中将文字向左移动，放置在“故宫”图形的左侧，如图 9-52 所示。

图 9-51 “故宫文字”第 35 帧效果

图 9-52 “故宫文字”第 29 帧效果

24）在“故宫文字”图层的第 29 帧单击鼠标右键，在弹出的菜单中选择“创建补间动画”命令，在第 29 帧到第 35 帧之间创建补间动画，如图 9-53 所示，城市宣传动画制作完成，按<Ctrl+Enter>组合键即可查看效果。按<Ctrl+S>组合键保存当前的 Flash 文件。

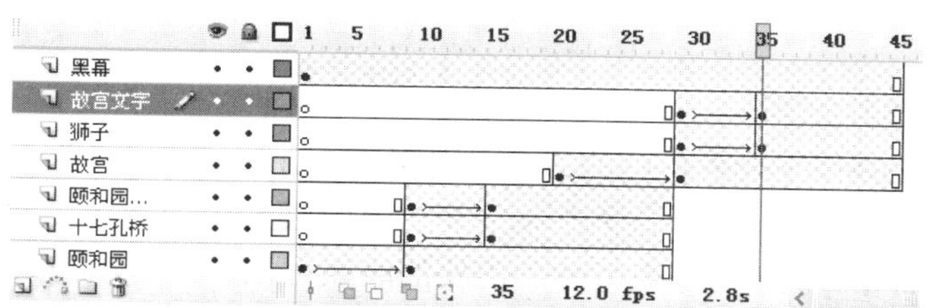

图 9-53 “故宫文字”图层时间轴设置

9.2 音频的导入

9.2.1 【魔法】——心灵驿站

【魔法目标】制作心灵驿站

完成效果，如图 9-54 所示。

图 9-54 完成效果

【魔法分析】使用“导入”命令将外部的声音文件导入到舞台窗口中，并对导入的声音文件进行声音属性设置，使得音乐和动画保持一致，在此基础上进行声音的声道选择、调整音量等音效的设置，使得动画更加完整和生动。

【魔法道具】

1．认识 Flash 中的声音

Flash 最突出的特点之一就是可以为动画添加声音。Flash 提供了几种使用声音的方法。可以使声音独立于时间轴连续播放，或使声音和动画保持同步播放。为按钮添加声音可以使按钮具有更强的互动性，通过声音的淡入、淡出还可以使音乐更加优美。

在 Flash 中有两种类型的声音：事件声音和音频流。事件声音必须完全下载后才能开始播放，除非明确停止，它将一直连续播放。音频流在前几帧下载了足够的数据后就开始播放；音频流可以和时间轴同步，以便在 Web 站点上播放。

一般常用的声音类型为 MP3 格式的，它比其他类型的声音文件占用的空间要小，另外还可以导入 WAV、MOV、AU、AIFF 等格式，其他类型的文件可以通过音频软件转换成 Flash 支持的声音格式，然后再导入到 Flash 中。

2．导入声音

（1）向主时间轴添加声音

导入声音的方法类似于导入位图的方法，选择“文件”→“导入”→“导入到舞台”命令或按住<Ctrl+R>组合键，弹出“导入”对话框，选择要导入的声音文件即可。导入的声音不会自动出现在舞台中，而是存放在库中，需要的时候可以从“库”面板中拖到舞台来使用。导入声音的步骤如下：

1）选择“文件”→“导入”→“导入到舞台”命令，打开“导入”对话框，如图 9-55 所示。

2）选择要导入的声音文件，单击“打开”按钮，会出现声音文件的导入进度条，进度完成之后，声音文件就会被导入 Flash 文档中并存放在库中，如图 9-56 所示。

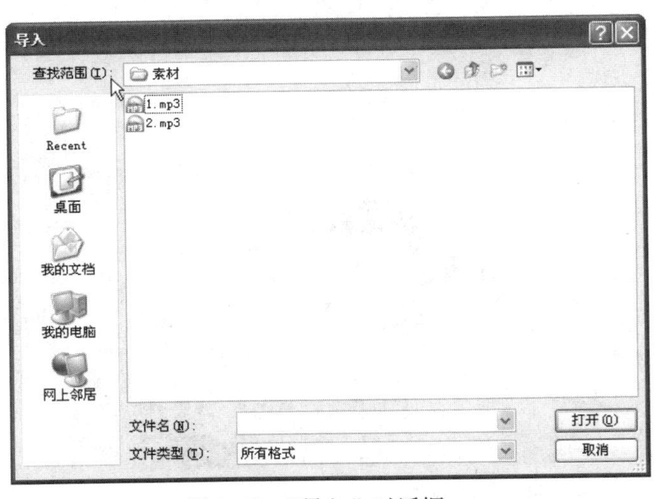

图 9-55 “导入”对话框

图 9-56 “库”面板

（2）为按钮添加声音

按钮是元件的一种，可以根据 4 种不同的状态显示不同的图像，还可以为按钮添加音效，在操作时具有更强的互动性。为按钮添加声音的操作很简单，只要在4个状态中对要发出声音的帧添加声音即可。

为按钮添加声音的操作步骤如下：

1）选择“文件”→“打开”命令，在弹出的“打开”对话框中单击“动物世界.fla”文件选中。单击“打开”按钮，打开“素材\魔法培训\第9讲\9-2\动物世界.fla”文件，在场景中双击“狮子”按钮元件进入按钮元件的编辑区，如图9-57所示。

2）选择“文件”→“导入”→“导入到库”命令，在弹出的“导入到库”对话框中选择要导入的声音文件“素材\魔法培训\第9讲\9-2\狮子1.wav”和“素材\魔法培训\第9讲\9-2\狮子2.wav”，单击“打开”按钮将声音导入库中，如图9-58所示。

图9-57 “狮子”按钮元件

图9-58 “库”面板

3）选中“指针经过”帧，将库中的“狮子 1.wav”声音文件拖到舞台中；选中“按下”帧，将库中的“狮子2.wav”声音文件拖到舞台中。添加声音后的按钮元件的帧的状态如图9-59所示。

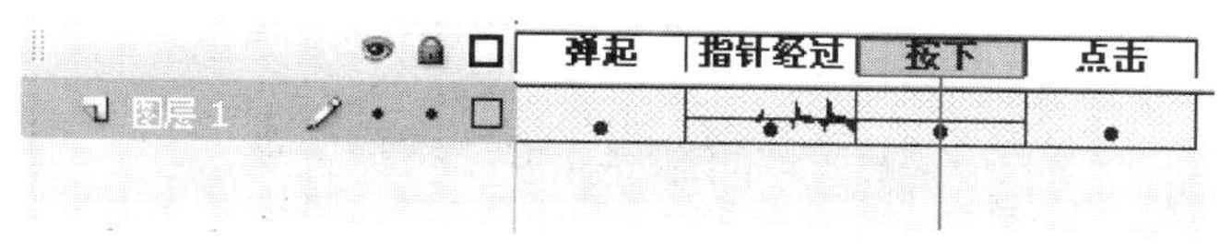

图9-59 帧状态

4）按<Ctrl+Enter>组合键测试动画，当鼠标经过和按下“狮子”按钮时会发出不同的声音。

3. 声音后期处理

声音文件导入后存放在库中，将其从“库”面板拖到舞台中就可以进行编辑了。编辑声音的步骤如下。

1）单击“图层”面板中的“插入图层”按钮，为声音创建一个层。如图9-60所示。选定新建的声音层后，按<Ctrl+L>组合键或选择“窗口”→“库”命令，从“库”面板中将声音拖到舞台中，声音就会出现在时间轴中，如图 9-61 所示。

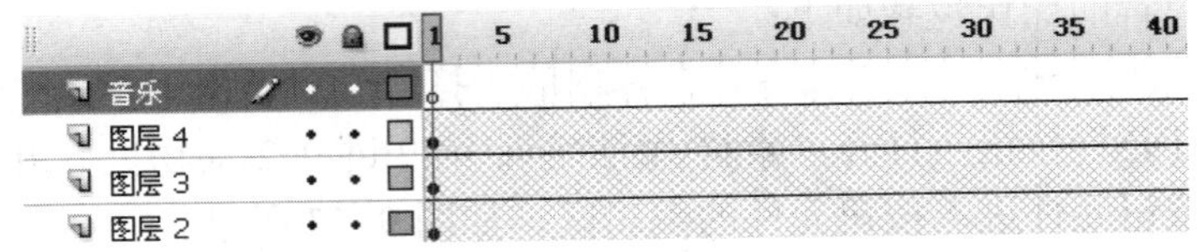

图 9-60 新建“音乐”层

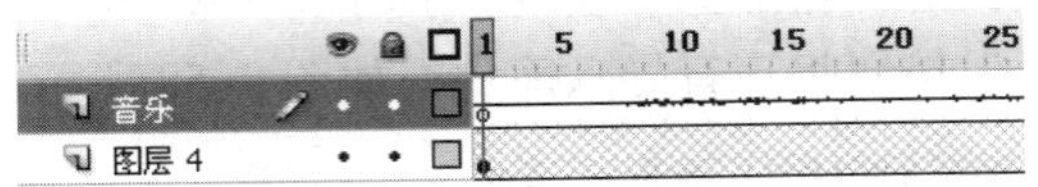

图 9-61 为图层添加音乐

2）在声音图层中，延长帧数使声音的波形在时间轴显示完整。

将声音加入时间轴以后，选择包含声音图层的第一个帧，可以看到相应声音的“属性”面板，如图 9-62 所示。在声音的“属性”面板中的右侧显示声音的属性，可以进行声音选择、音效设置、同步模式选择和重复次数设定。还可以在“编辑封套”对话框中对声音进行编辑，如图 9-63 所示。

图 9-62 声音“属性”面板

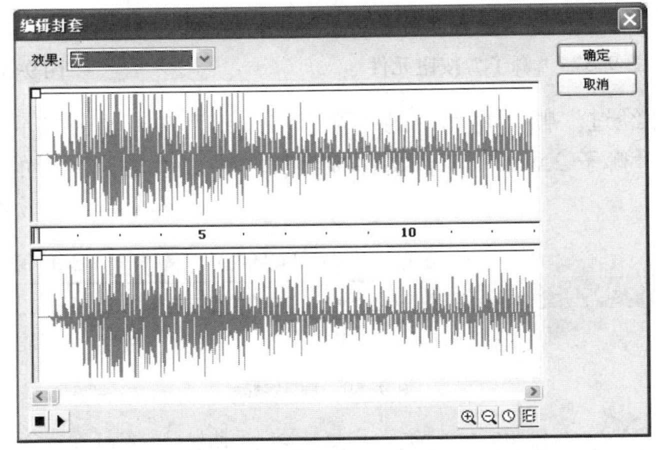

图 9-63 “编辑封套”对话框

（1）设置事件同步

在当前编辑环境中添加的声音最终要体现在生成的动画作品中，声音和动画采用什么样的形式协调播放关系到整个作品的总体效果和播放质量，这就要用到 Flash 软件在属性面板中提供的同步模式选择功能。单击“属性”面板中的“同步”下拉列表框右侧的按钮，下拉列表框中有 4 个选项，如图 9-64 所示。

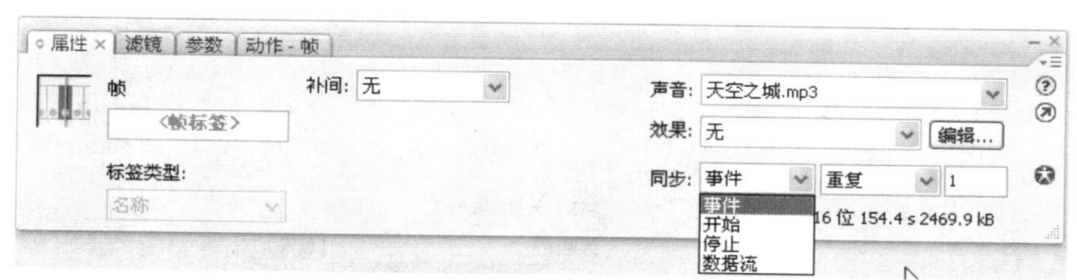

图 9-64 “同步”下拉列表框

1）“事件”模式：该模式是默认的声音同步模式。在选择了该模式之后，事先在编辑环境中选择的声音就会与事件同步。不论在何种情况下，只要动画播放到插入声音的开始帧，就开始播放选择的声音，而且不受时间轴的限制，直至声音播放完毕为止。

❖ 一般是在定义按钮元件的声效时使用“事件”模式。

2）“开始”模式：在同一个动画中使用了多个声音并且在时间上有重合时，如果使用“事件”模式，每个声音不论有没有其他声音正在播放，只要到时间就会播放直至放完。这样就会造成声音的重叠，音效杂乱。可以将声音设为“开始”模式，到了声音开始播放的帧时，如果有其他声音正在播放，也会自动取消将要进行的声音播放；如果此时没有其他声音在播放，选择的声音才会开始播放。

3）“停止”模式：该模式用于停止声音。如果将某个声音设为此模式，当动画播放到所选声音的起始帧时，声音不会开始播放。如果当时有其他声音正在播放，则所有正在播放的声音也都会在该时刻停止。

4）“数据流”模式：该模式通常用在网络传输中。在这种模式下，动画的播放被强制与声音的播放保持同步，如果动画帧的传输速度比声音的传输速度慢，则会跳过这些帧进行播放。当动画播放完毕时，如果声音还没播完，也会与动画同时停止，这一点与“事件”模式不同。使用“数据流”模式可以在下载的同时播放声音，而使用“事件”模式必须等到声音下载完毕后才可以播放。

（2）音效设置

需要对声音进行编辑，如实现声道选择、音量变化等特殊效果，可以用声音属性中的音效功能。单击“属性”面板“效果”下拉列表框右侧的按钮，在弹出的下拉列表框中有 8 个选项，如图 9-65 所示。

1）“无”：不对声音文件应用效果。选择此选项将删除以前应用的效果。

2）“左声道”：只在左声道中播放声音。

3）“右声道”：只在右声道中播放声音。

4）“从左到右淡出”：声音从左声道传到右声道，并逐渐减小其音量。

5）“从右到左淡出”：声音从右声道传到左声道，并逐渐减小其音量。

6）“淡入”：在声音的持续时间内逐渐增加音量。

7）“淡出”：在声音的持续时间内逐渐减少音量。

8）“自定义”：允许使用“编辑封套”创建自定义的声音淡入和淡出点。

选择需要的音效，在当前编辑环境下被选择的声音就会具备相应的声音特效了。可以使用“控制器”面板中的“播放”按钮▶试听改变后的效果，如图 9-66 所示。

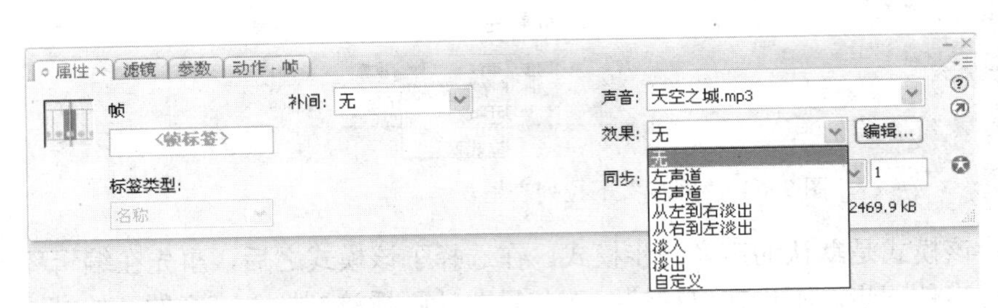

图 9-65 “效果”下拉列表框

图 9-66 “控制器”面板

除了自带的音效外，Flash CS3 还提供了自定义编辑音效的功能。单击“效果”下拉列表框中的“自定义”选项或单击“效果”下拉列表框右侧的“编辑”按钮，弹出“编辑封套”对话框，如图 9-67 所示。该对话框可进行如下操作。

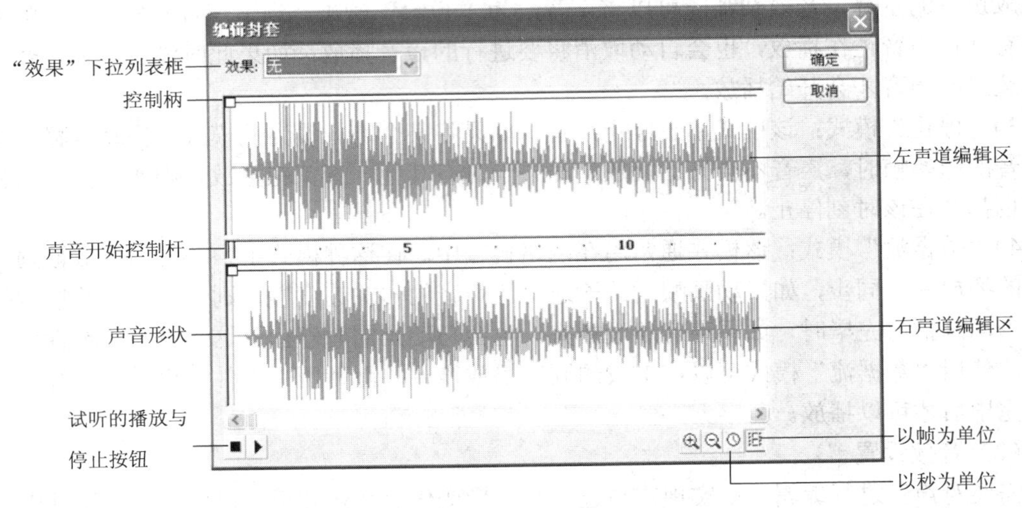

图 9-67 “编辑封套”对话框

1）从对话框上部的“效果”下拉列表框中可以选择某种声音效果。

2）通过拖动编辑区左上角的正方形控制柄，可以调整音量的大小。将控制柄移至最上面，声音最大；移至最下面，声音消失，如图 9-68 所示。

3）单击按钮后，声音波形显示窗口内的声音波形在水平方向放大，这样可以更细致地查看声音的波形，对声音进行进一步的调整。图 9-68 中的波形放大后的效果如图 9-69 所示。

4）单击按钮后，声音波形显示窗口内的声音波形在水平方向缩小，这样可以更方便地查看波形很长的声音文件。图 9-68 中的波形缩小后的效果如图 9-70 所示。

5）单击按钮，声音波形显示窗口内的水平轴按时间方式显示，刻度以 s 为单位。这是 Flash 的默认显示状态。

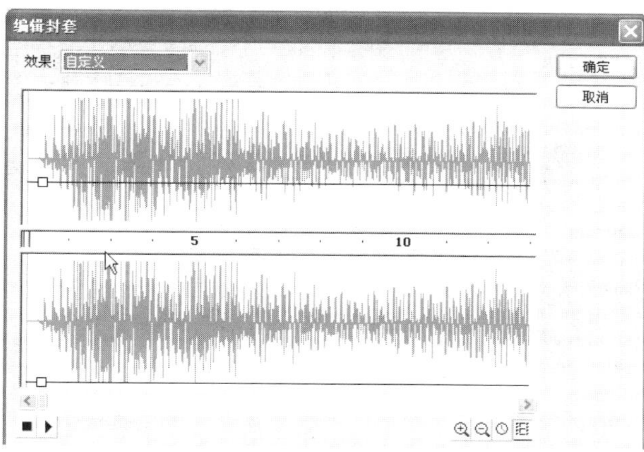

图 9-68　音量调整

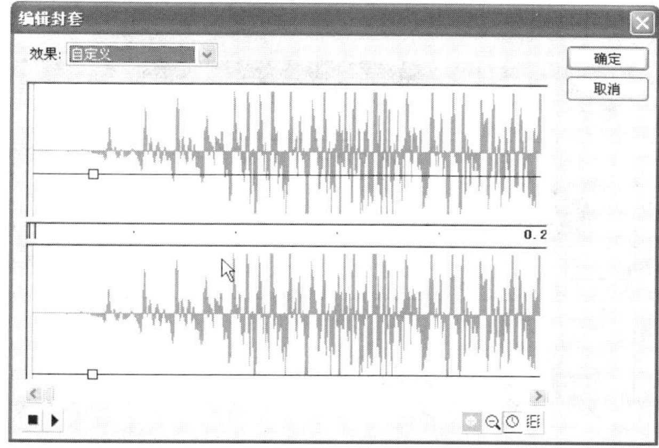

图 9-69　放大波形

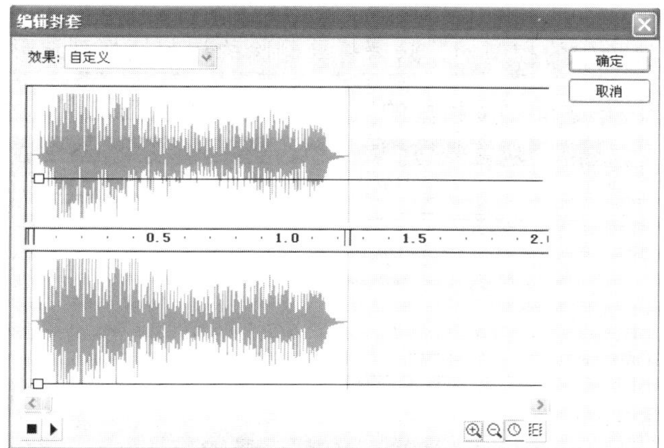

图 9-70　缩小波形

6）单击按钮，声音波形显示窗口内的水平轴以帧数显示，刻度以帧为单位，如图 9-71 所示。

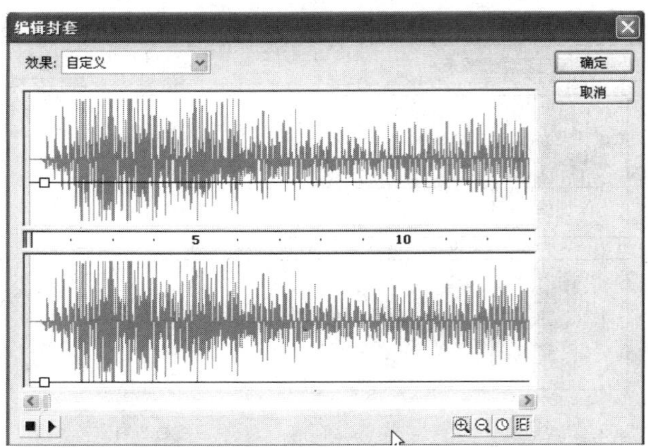

图 9-71　水平轴以帧为单位

7）在声音波形编辑窗口内单击一次，可以增加一个方形控制柄，最多可以添加 8 个控制柄，如图 9-72 所示。

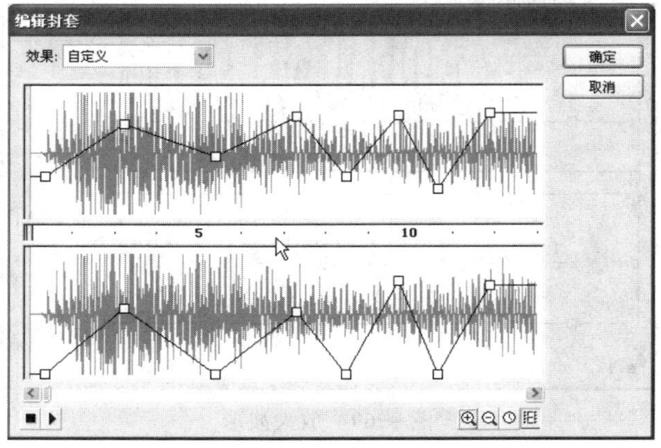

图 9-72　添加控制柄

❖　如果要删除波形中的控制柄，只需将要删除的控制柄拖到波形窗口外即可。

8）拖动上下声音波形之间刻度栏里的灰色控制条，可以截取声音片段，如图 9-73 所示。

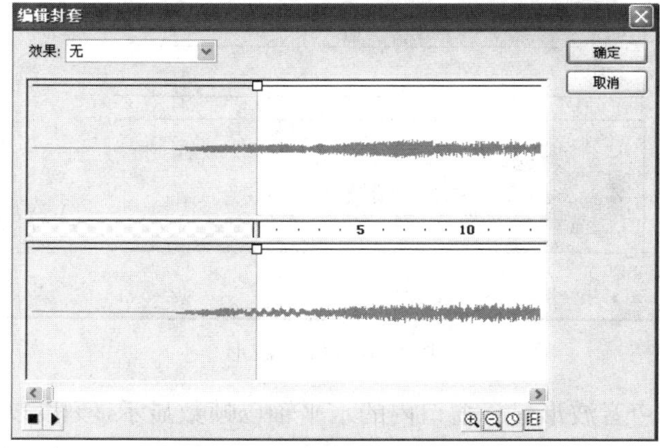

图 9-73　截取声音片段

（3）设置声音重复次数

如果在一个动画中引用多个体积较大的声音文件，就会造成文件过大。让一个声音文件在动画中重复播放，就会减少文件的体积。向动画中添加一个声音文件，如图 9-74 所示。

假如要将这个声音重复播放 4 次，首先单击选定声音帧，然后在“属性”面板中设定重复的“次数”为 4，如图 9-75 所示。

图 9-74　添加声音文件

图 9-75　在“属性”面板设置重复的“次数”

再次单击时间轴上的声音帧或按<Enter>键，时间轴上已经复制出 4 个波形，如图 9-76 所示。

图 9-76　复制的 4 个波形

【魔法展示】心灵驿站

1．新建文件

选择“文件”→“新建”命令，在弹出的“新建文档”对话框中单击“Flash 文件（ActionScript 2.0）”选项，新建一个空白文档。单击“属性”面板中的“大小”按钮，打开“文档属性”对话框，设置文档的“尺寸”为 622×235 像素，“背景颜色”为“#FFFFFF”。

2．背景图片导入，添加背景动画

1）打开“库”面板，在“库”面板下方单击“新建元件”按钮，新建一个影片剪辑元件“背景”，舞台窗口也随之转换为图像元件的舞台窗口。

2）选择“文件”→“导入”→“导入到舞台”命令，在弹出的“导入”对话框中选择“素材\魔法培训\第 9 讲\9-2\背景 2.jpg”文件，单击“打开”按钮，文件被导入舞台窗口中。

3）将“图层 1”重新命名为“背景”。将“库”面板中的影片剪辑元件“背景”拖到舞台窗口中，在图形“属性”面板中将“X”“Y”选项均设为 0，如图 9-77 所示，将元件设置在舞台窗口的中心位置。

4）选中“背景”图层的第 8 帧，按<F6>键，在该帧上插入关键帧。选中“背景”图层的第 80 帧，按<F5>键，在该帧插入普通帧。如图 9-78 所示。选中“背景”图层的第 1 帧，在舞台窗口中选中“背景”元件，选择影片剪辑“属性”面板，在“滤镜”选项卡中单击“添加滤镜”按钮，为元件添加“模糊”滤镜，设置第1帧“模糊”滤镜的“模糊X”和“模糊Y”均为8，如图9-79所示。

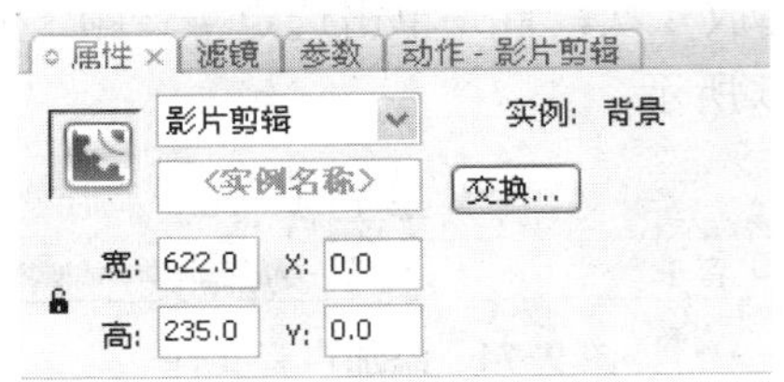

图9-77 “背景”图片属性

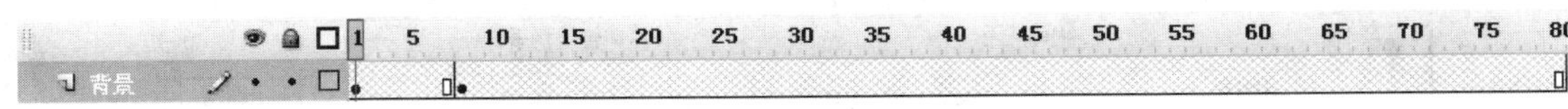

图9-78 “背景”图层添加帧

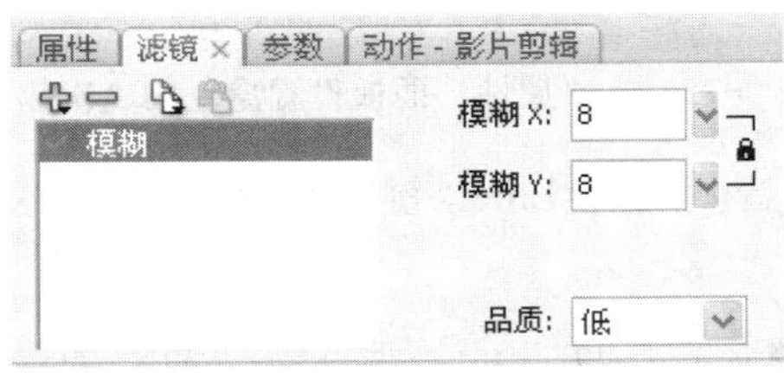

图9-79 “模糊”属性

5）在“背景”图层的第1帧单击鼠标右键，在弹出的菜单中选择“创建补间动画”命令，在第1帧到第8帧之间创建补间动画，如图9-80所示。

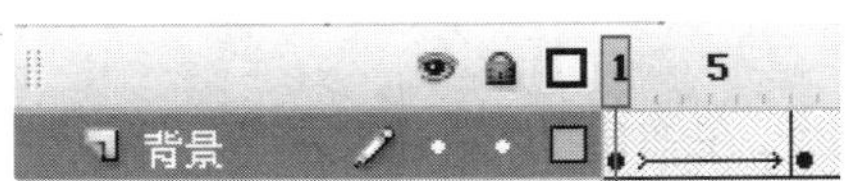

图9-80 创建补间动画

6）单击“图层”面板中的“插入图层”按钮，创建新图层并将其命名为“人物”。如图9-81所示。打开“库”面板，在“库”面板下方单击“新建元件”按钮，新建一个影片剪辑元件“人物”。

7）选择“文件”→“导入”→“导入到舞台”命令，在弹出的“导入”对话框中选择“素材\魔法培训\第9讲\9-2\人物.png”文件，单击“打开”按钮，文件被导入舞台窗口中。

8）选中“人物”图层的第10帧，按<F6>键，在该帧上插入关键帧。将“库”面板中的元件“人物”拖到舞台窗口中，放置在如图9-82所示的位置。选中“人物”图层的第18帧，按<F6>键，在该帧上插入关键帧，如图9-83所示。

9）选中“人物”图层的第10帧，在舞台窗口中选中“人物”元件，选择影片剪辑“属性”面板，在“滤镜”选项卡中单击“添加滤镜”按钮，为元件添加“模糊”滤镜，设置第1帧“模糊”滤镜的“模糊X”和“模糊Y”均为8，如图9-84所示。

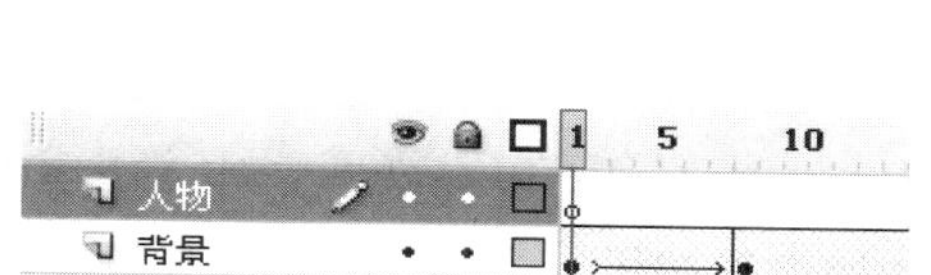

图 9-81 “人物”图层

图 9-82 “人物”元件位置

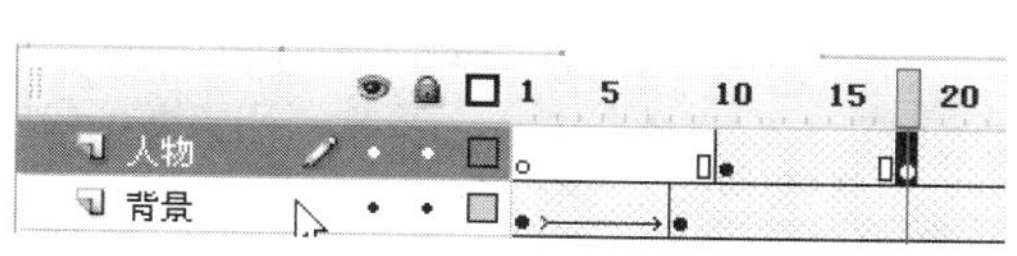

图 9-83 “人物”图层时间轴

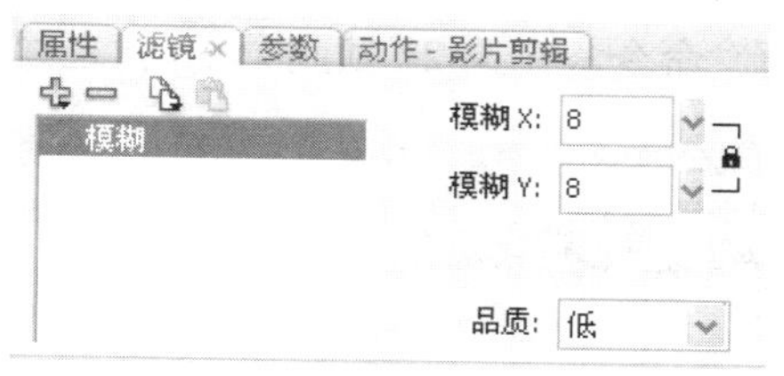

图 9-84 添加“模糊”效果

10）在“人物”图层的第 10 帧单击鼠标右键，在弹出的菜单中选择“创建补间动画”命令，在第 10 帧到第 18 帧之间创建补间动画，如图 9-85 所示。

11）单击“图层”面板中的“插入图层”按钮，创建新图层并将其命名为“心灵驿站”，如图 9-86 所示。打开“库”面板，在“库”面板下方单击“新建元件”按钮，新建一个影片剪辑元件“心灵驿站”。

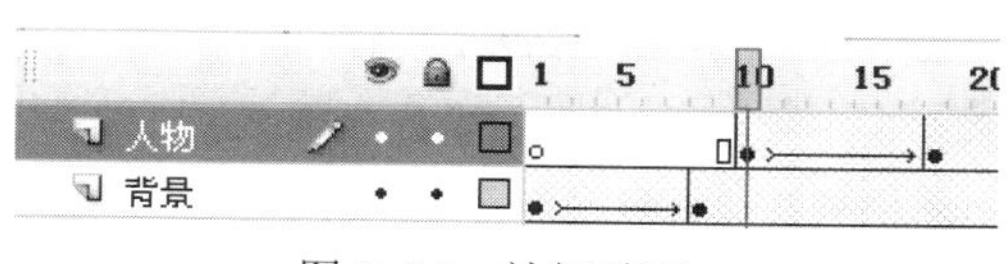

图 9-85 补间动画

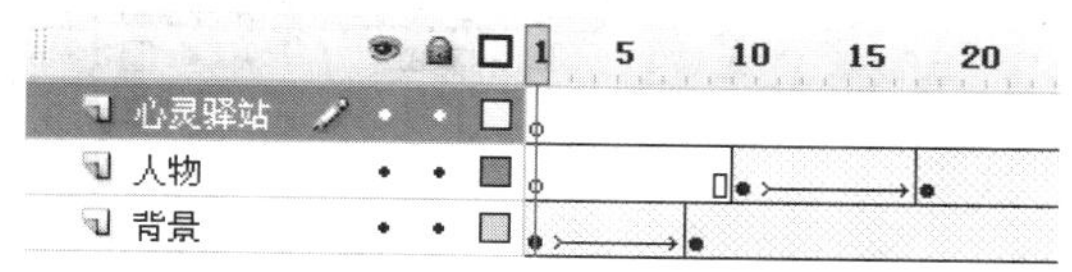

图 9-86 “心灵驿站”图层

12）选择“文件”→“导入”→“导入到舞台”命令，在弹出的“导入”对话框中选择“素材\魔法培训\第 9 讲\9-2\心灵驿站.png”文件，单击“打开”按钮，文件被导入到舞台窗口中。

13）选中“心灵驿站”图层的第 22 帧，按<F6>键，在该帧上插入关键帧。将“库”面板中的元件“心灵驿站”拖到舞台窗口中，放置在如图 9-87 所示的位置。选中“心灵驿站”图层的第 30 帧，按<F6>键，在该帧上插入关键帧，如图 9-88 所示。

图 9-87 “心灵驿站”图片位置

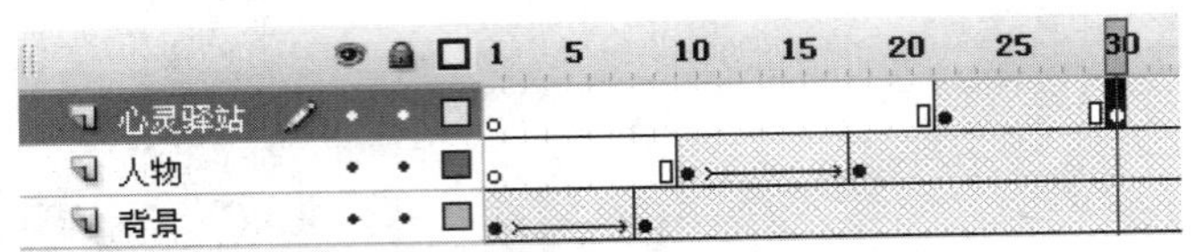

图 9-88 “心灵驿站”时间轴

14）选中“心灵驿站”图层的第 22 帧，在舞台窗口中选中“心灵驿站”元件，选择影片剪辑“属性”面板，在“滤镜”选项卡中单击“添加滤镜”按钮，为元件添加“模糊”滤镜，设置第 1 帧“模糊”滤镜的“模糊 X”和“模糊 Y”均为 8，如图 9-89 所示。

15）在“心灵驿站”图层的第 22 帧单击鼠标右键，在弹出的菜单中选择“创建补间动画”命令，在第 22 帧到第 30 帧之间创建补间动画，如图 9-90 所示。

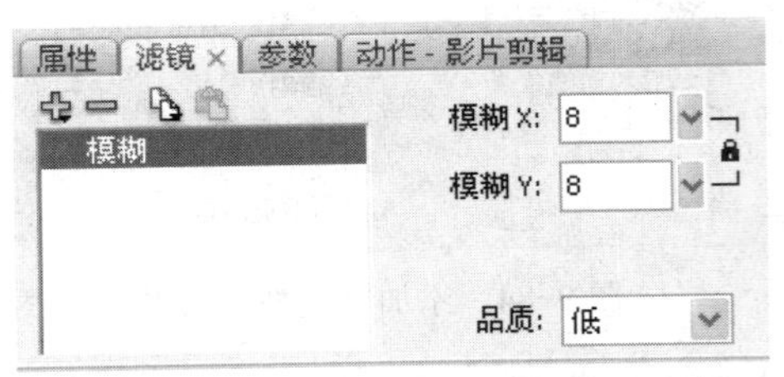

图 9-89 添加“模糊”效果

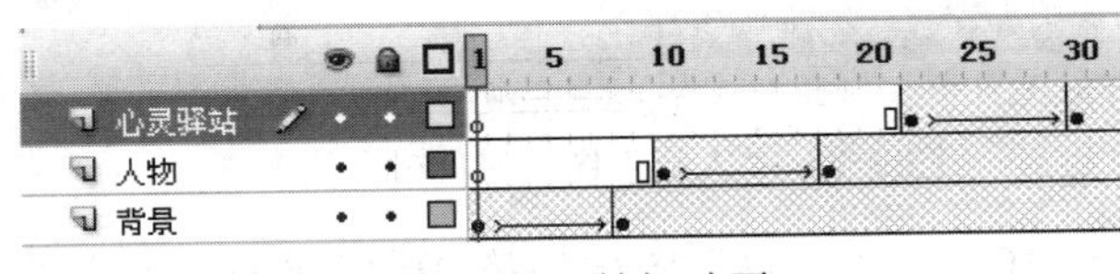

图 9-90 补间动画

16）单击“图层”面板中的“插入图层”按钮，创建新图层并将其命名为“声音”，如图 9-91 所示。

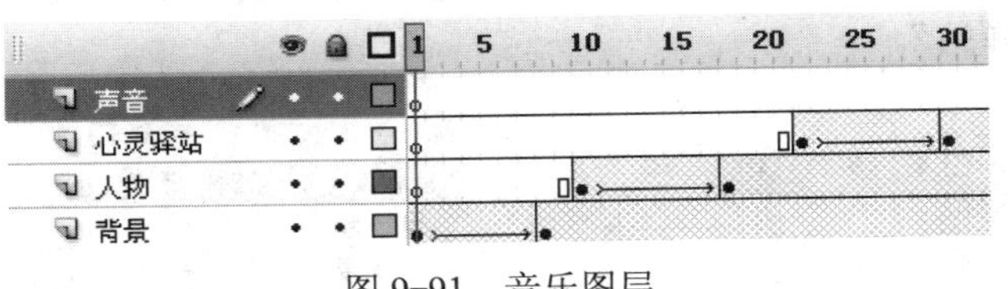

图 9-91 音乐图层

3．导入声音

1）选择文件”→“导入”→“导入到库”命令，在弹出的“导入到库”对话框中选择要导入的声音文件“素材\魔法培训\第 9 讲\9-2\心灵.mp3”，单击“打开”按钮将声音导入库中。

2）单击“声音”图层的第 1 帧，将库中的声音元件“心灵.mp3”直接拖到舞台中，如图 9-92 所示。

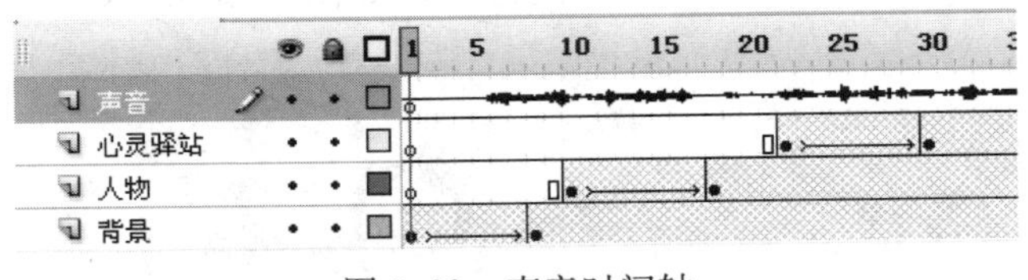

图 9-92 声音时间轴

3）单击“属性”面板中“效果”选项的“编辑”按钮，弹出“编辑封套”对话框，如图 9-93 所示。

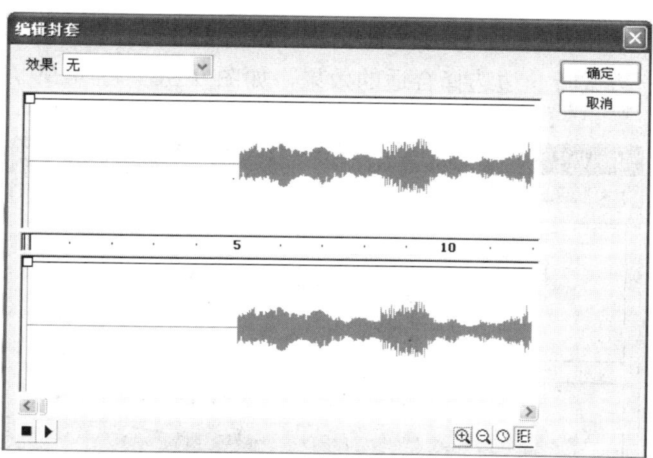

图 9-93 “编辑封套”对话框

4）由于声音前有一段空白，先拖动中间部分隔线左侧声音的“开始时间”滑块，去掉空白部分，如图 9-94 所示。可以使用右侧声音的“停止时间”滑块编辑声音的停止时间，如图 9-95 所示。

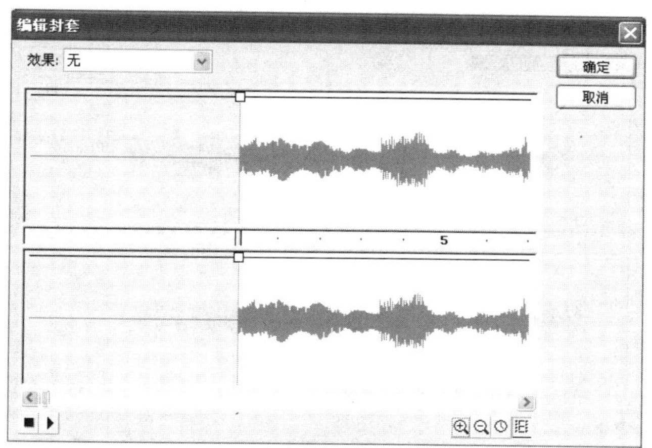

图 9-94 前截取声音片段

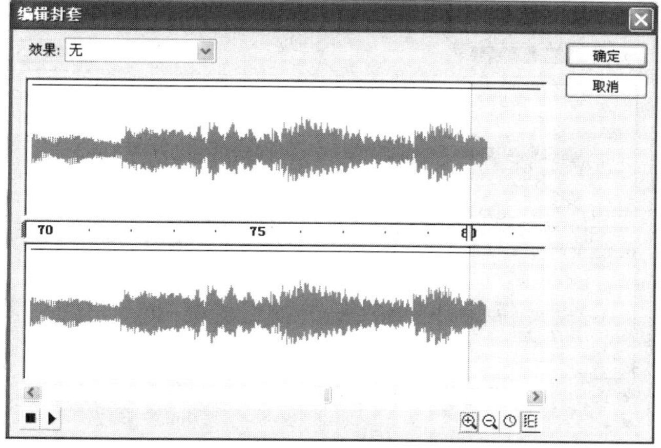

图 9-95 后截取声音片段

5）在“编辑封套”对话框上方的“效果”下拉列表中选择各种声音效果，用户可以单击“播放”按钮，一边试听一边选择合适的效果，如图 9-96～图 9-99 所示，显示了各种效果的声音幅度线。

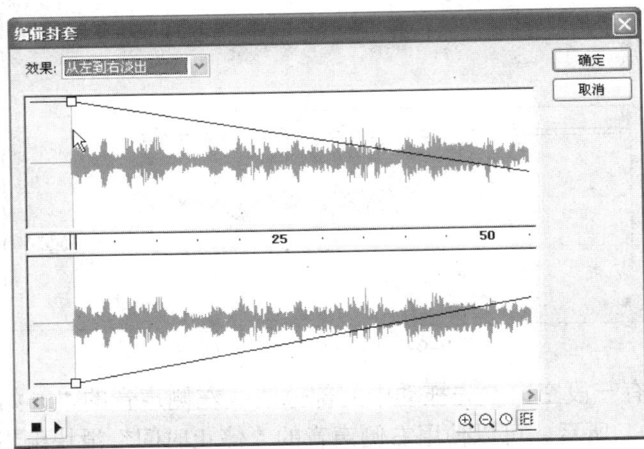

图 9-96 “从左到右淡出”效果

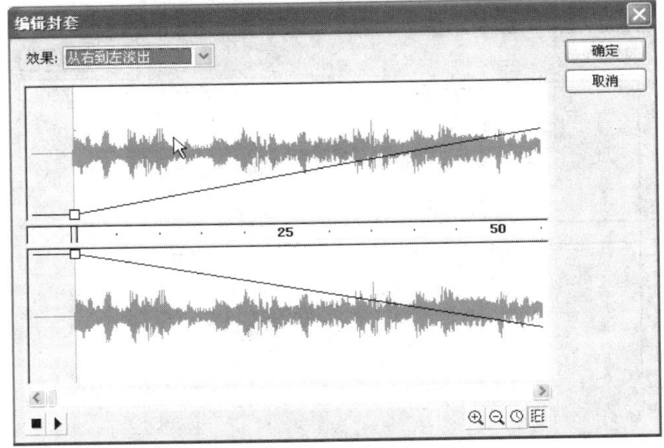

图 9-97 “从右到左淡出”效果

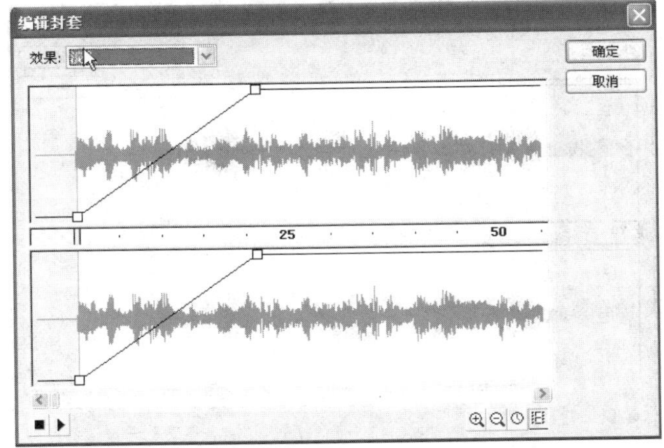

图 9-98 “淡入”效果

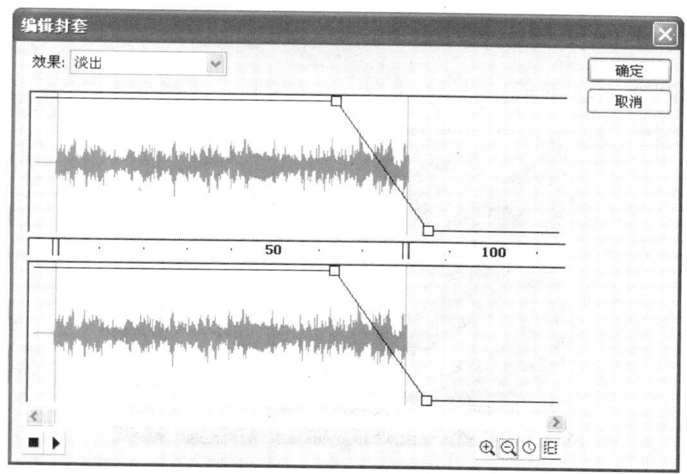

图 9-99 “淡出”效果

6）经过试听，选择“自定义”效果，单击幅度线添加调节点，如图 9-100 所示的声音幅度。

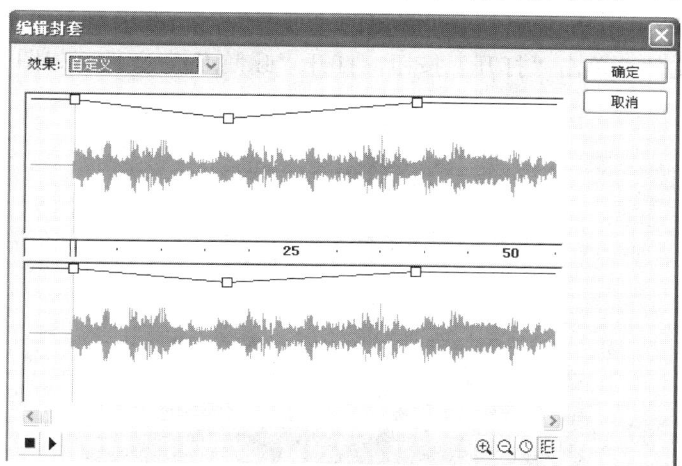

图 9-100 “自定义”效果

7）单击“确定”按钮关闭对话框，声音编辑完成。

8）单击“声音”图层的第 80 帧，按<F6>键，在该帧上插入关键帧。在“属性”面板中“同步”下拉列表中选择“停止”选项，此时“属性”面板如图 9-101 所示，这样声音会在动画的最后一帧停止，不会出现声音不一致的情况。“心灵驿站”动画制作完成，按<Ctrl+Enter>组合键即可查看效果。按<Ctrl+S>组合键保存当前的 Flash 文件。

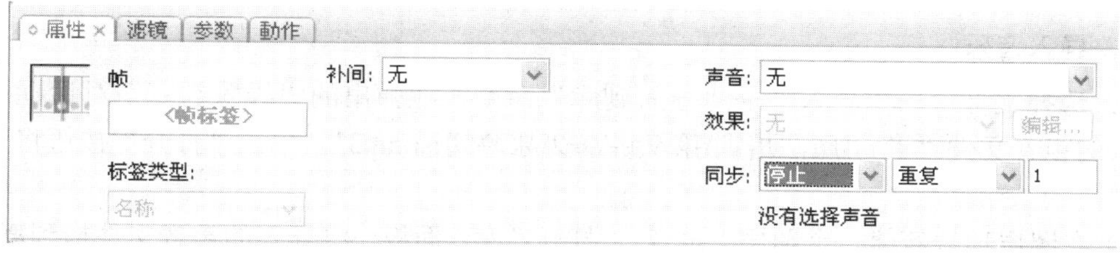

图 9-101 设置“同步”选项

9.2.2 【小试身手】咏鹅诗朗诵

完成效果，如图 9-102 所示。

图 9-102　完成效果

1. 打开素材文件

选择“文件”→“打开”命令，在弹出的“打开”对话框中单击“素材\魔法培训\第 9 讲\9-2\咏鹅.fla”文件。单击“打开”按钮，打开“咏鹅.fla”文件，如图 9-103 所示。

图 9-103　“咏鹅.fla”文件

2. 导入音乐

1）选择文件”→“导入”→“导入到库”命令，在弹出的“导入到库”对话框中选择要导入的声音文件“素材\魔法培训\第 9 讲\9-2\咏鹅朗诵.mp3”，单击“打开”按钮将声音导入库中。

2）在图层顶端新建一个图层“声音”，打开“库”面板，将导入的声音文件拖到舞台中，如图 9-104 所示。

图 9-104 “声音”图层

3）在声音的“属性”面板中，设置声音的同步为“数据流”，单击“编辑封套”按钮，打开“编辑封套”对话框。拖动“结束时间”控件至第 325 帧处，这样当声音播放到第 325 帧时结束，如图 9-105 所示，单击“确定”按钮。

4）声音完成之后，在声音图层的第 325 帧处插入帧，使声音显示完整，在其他图层的第 325 帧处插入帧，使所有图层的帧数相同，如图 9-106 所示。

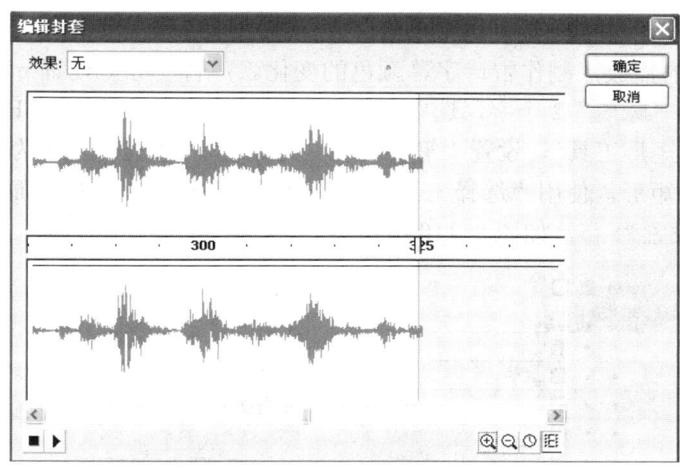

图 9-105 截取声音片段图

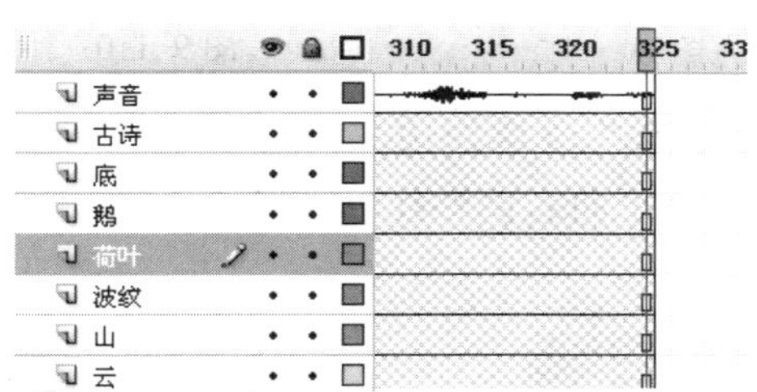

图 9-106 时间轴

3. **制作诗朗诵动画**

1）使用遮罩动画丰富动画，使文字随着朗读的声音而变化。首先将“古诗”图层中的文字选中，选择“修改”→“分离”命令或按<Ctrl+B>组合键，将“古诗”图层的文字打散为图形，如图 9-107 所示。

2）单击“图层”面板中的“插入图层”按钮，创建新图层并将其命名为“遮罩”，选择“古诗”图层，选中打散的文字，选择“编辑”→“复制”命令，再选中“遮罩”图层的第1帧，选择“编辑”→“粘贴到当前位置”命令或按<Ctrl+Shift+V>组合键，将打散的文字复制在当前位置，如图9-108所示。

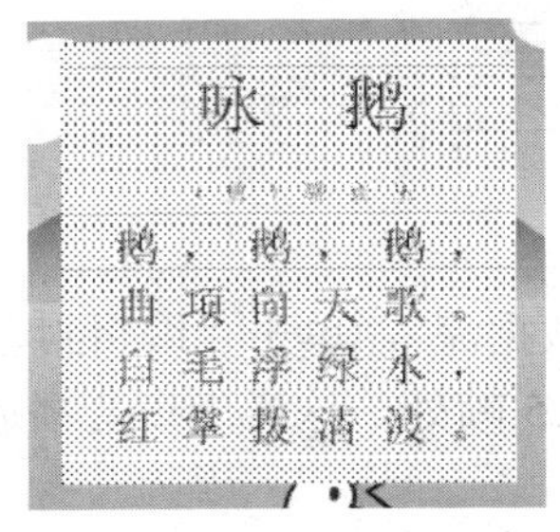

图9-107　分离文字

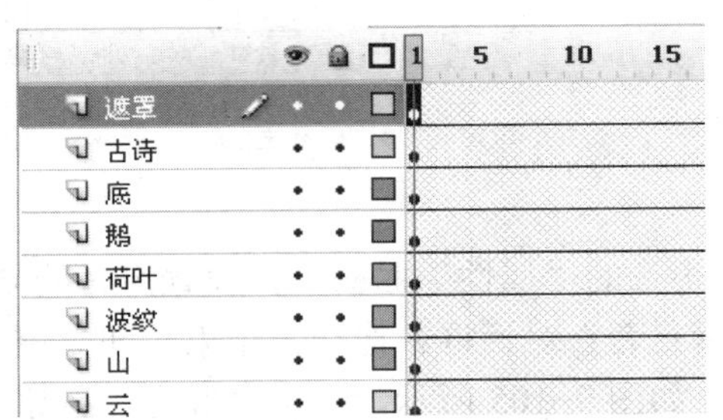

图9-108　“遮罩”图层

3）单击“图层”面板中的“插入图层”按钮，创建新图层并将其命名为“颜色”，将新图层“颜色”单击选中，按住鼠标左键拖到“遮罩”图层下面，如图9-109所示。

4）根据声音的播放，制作古诗字幕颜色的变化。声音“咏鹅朗诵.mp3”播放到第124帧处开始朗读标题“咏鹅”2个字，选中“颜色”图层的第124帧，按<F5>键，在该帧上插入普通帧。选择“矩形工具”，设置“笔触颜色”为无色，“填充颜色”为“#FF0000”，在舞台窗口中绘制一个矩形，使用“选择工具”选中矩形，在形状“属性”面板中，将“宽”设置为205，“高”设置为45，如图9-110所示。

图9-109　“颜色”图层

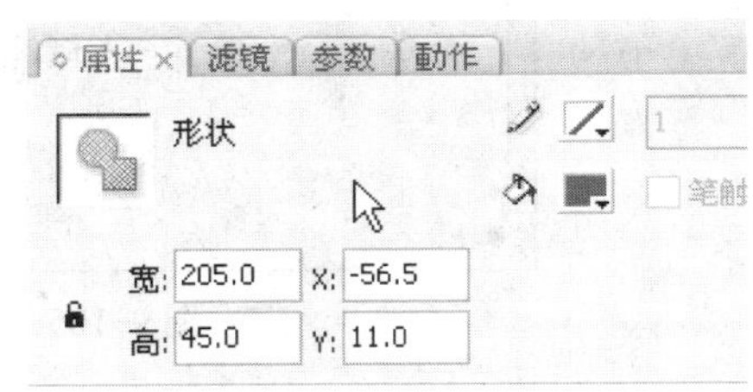

图9-110　矩形“属性”面板

5）将红色矩形放置在“咏鹅”文字左边，如图9-111所示。在“颜色”图层的第140帧，按<F6>键，插入关键帧，水平向右调整红色矩形的位置，使红色矩形完全覆盖住“咏鹅”2个字，如图9-112所示。

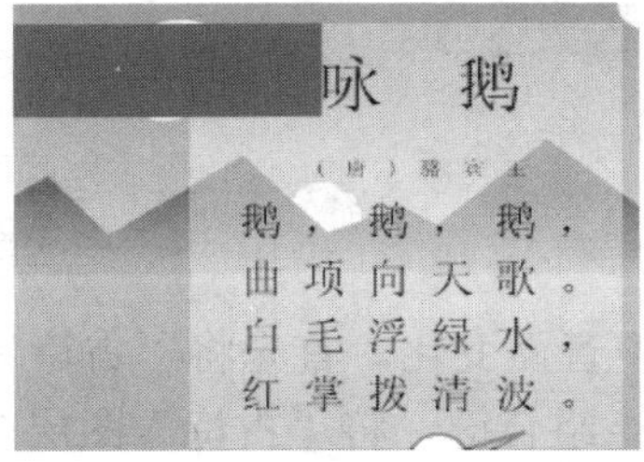

图9-111　矩形位置1

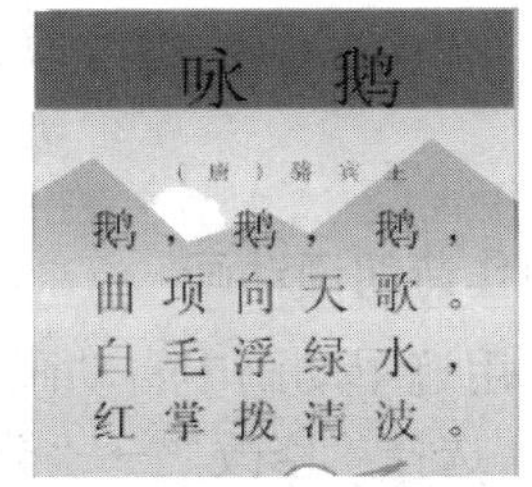

图9-112　矩形位置2

6）在“颜色”图层的第 124 帧单击鼠标右键，在弹出的菜单中选择“创建形状补间动画”命令，在第 124 帧到第 140 帧之间创建形状补间动画，如图 9–113 所示。

7）用鼠标右键单击“遮罩”图层的名称，在弹出的菜单中选择“遮罩层”命令，将“遮罩”图层转换为遮罩层，“颜色”图层转换为被遮罩层，如图 9–114 所示。

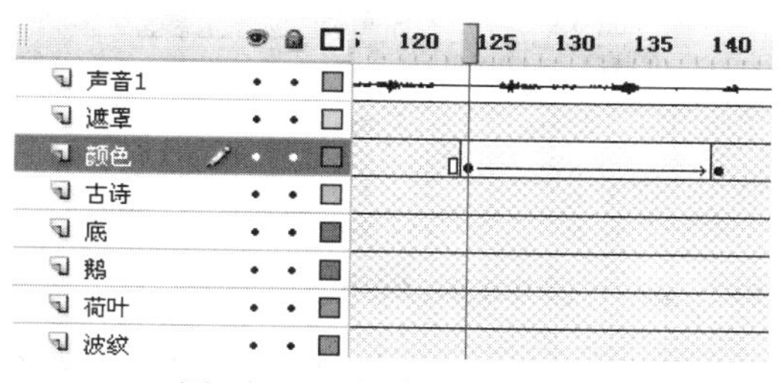

图 9–113 创建补间动画 1

图 9–114 遮罩层

8）选择“颜色”图层，单击“图层”面板中的“插入图层”按钮，创建新图层并将其命名为“颜色 1”，如图 9–115 所示。声音“咏鹅朗诵.mp3”播放到第 143 帧处开始朗读作者“（唐）骆宾王”，选中“颜色 1”图层的第 143 帧，按<F5>键，在该帧上插入普通帧。

9）选择“矩形工具”，设置“笔触颜色”为无色，“填充颜色”为“#FF0000”，在舞台窗口中绘制一个矩形，使用“选择工具”选中矩形，在形状“属性”面板中，将“宽”设置为 205，“高”设置为 40，如图 9–116 所示。

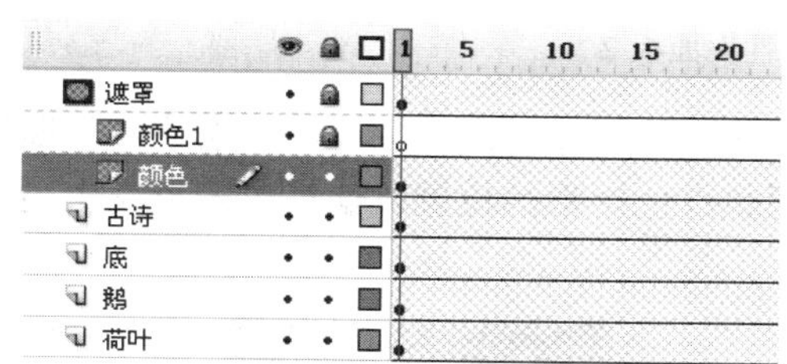

图 9–115 “颜色 1” 图层

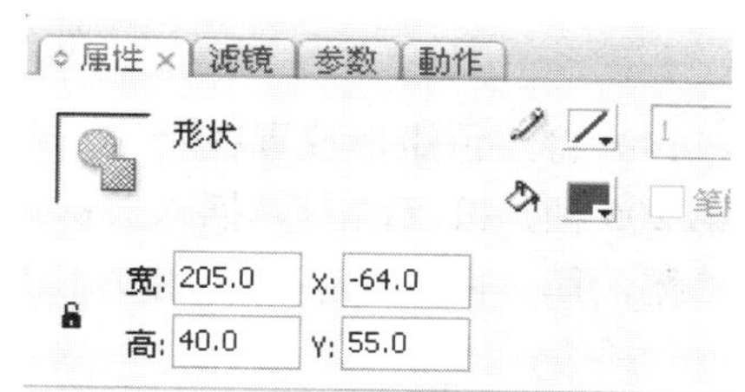

图 9–116 矩形“属性”面板 1

10）将红色矩形放置在“（唐）骆宾王”文字的左边，如图 9–117 所示。在“颜色 1”图层的第 169 帧，按<F6>键，插入关键帧，水平向右调整红色矩形的位置，使红色矩形完全覆盖住“（唐）骆宾王”文字，如图 9–118 所示。

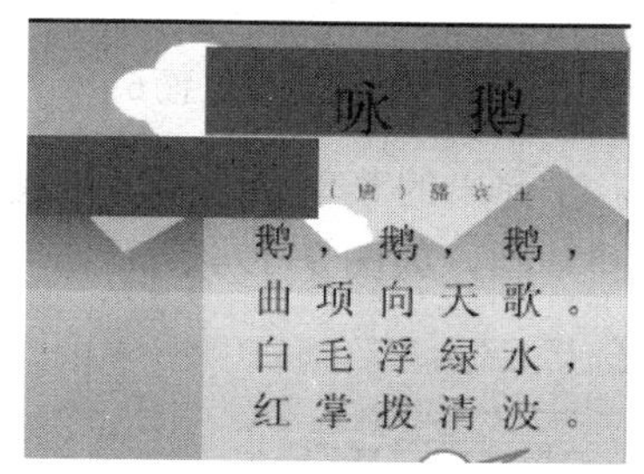

图 9–117 矩形位置 3

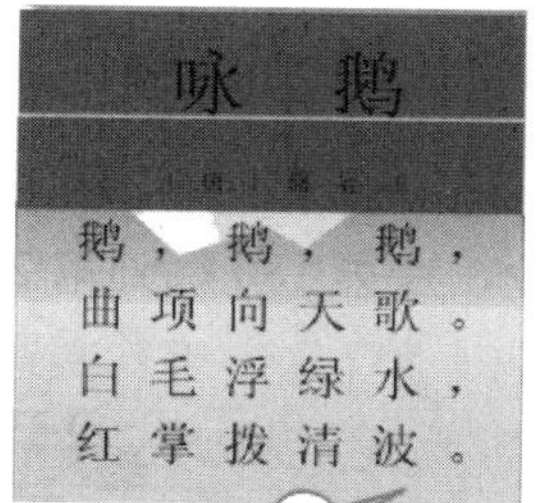

图 9–118 矩形位置 4

11）在“颜色 1”图层的第 143 帧单击鼠标右键，在弹出的菜单中选择“创建形状补间动画”命令，在第 143 帧到第 169 帧之间创建形状补间动画，如图 9–119 所示。

12）选择“颜色 1”图层，单击“图层”面板中的“插入图层”按钮，创建新图层并将其命名为“颜色 2”，如图 9-120 所示。声音“咏鹅朗诵.mp3”播放到第 180 帧处开始朗读“鹅，鹅，鹅”，选中“颜色 2”图层的第 180 帧，按<F5>键，在该帧上插入普通帧。

图 9-119　创建补间动画 2

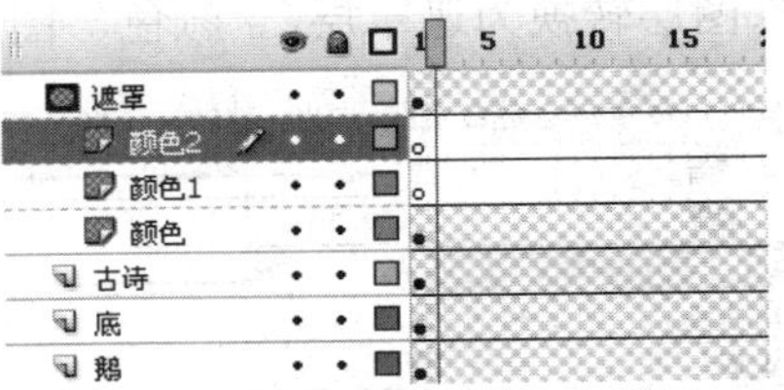

图 9-120　“颜色 2”图层

13）选择“矩形工具”，设置“笔触颜色”为无色，“填充颜色”为“#FF0000”，在舞台窗口中绘制一个矩形，使用“选择工具”选中矩形，在形状“属性”面板中，将“宽”设置为 204，“高”设置为 40，如图 9-121 所示。

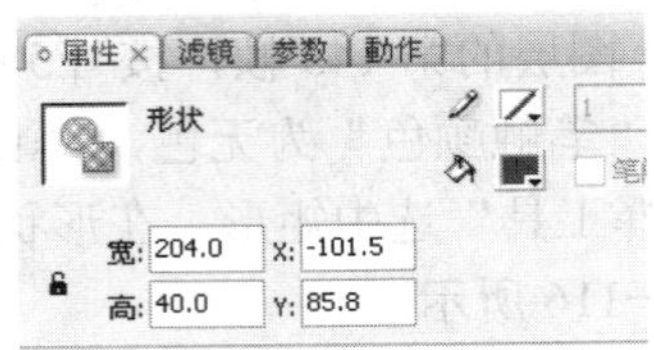

图 9-121　矩形“属性”面板 2

14）将红色矩形放置在“鹅，鹅，鹅”文字左边，如图 9-122 所示。在“颜色 2”图层的第 205 帧，按<F6>键，插入关键帧，水平向右调整红色矩形的位置，使红色矩形完全覆盖住“鹅，鹅，鹅”文字，如图 9-123 所示。

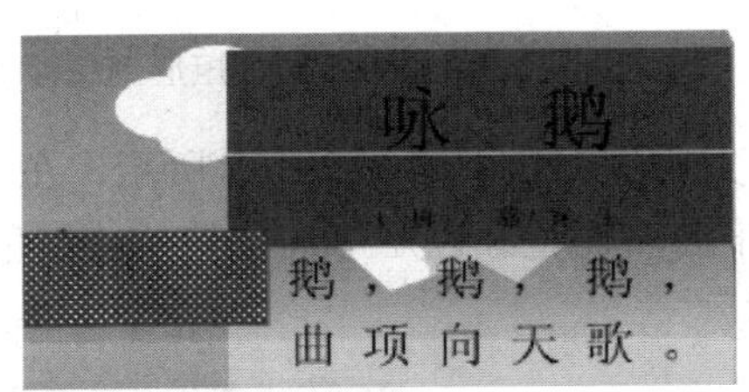

图 9-122　矩形位置 5

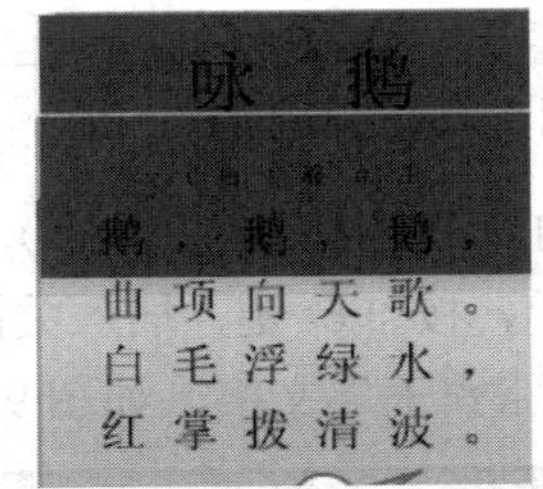

图 9-123　矩形位置 6

15）在“颜色 2”图层的第 180 帧单击鼠标右键，在弹出的菜单中选择“创建形状补间动画”命令，在第 180 帧到第 205 帧之间创建形状补间动画，如图 9-124 所示。

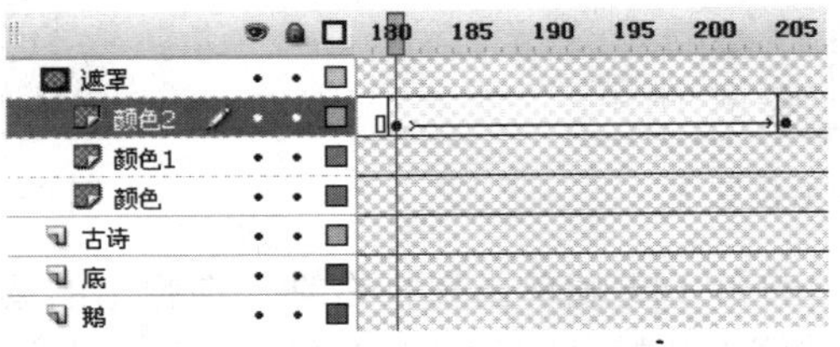

图 9-124　创建补间动画 3

16）选择“颜色 2”图层，单击“图层”面板中的“插入图层”按钮，创建新图层并将其命名为“颜色 3”，如图 9-125 所示。声音“咏鹅朗诵.mp3”播放到第 210 帧处开始朗读“曲项向天歌”，选中“颜色 3”图层的第 210 帧，按<F5>键，在该帧上插入普通帧。选择“矩形工具”，设置“笔触颜色”为无色，“填充颜色”为“#FF0000”，在舞台窗口中绘制一个矩形，使用“选择工具”选中矩形，在形状“属性”面板中，将“宽”设置为 204，“高”设置为 40，如图 9-126 所示。

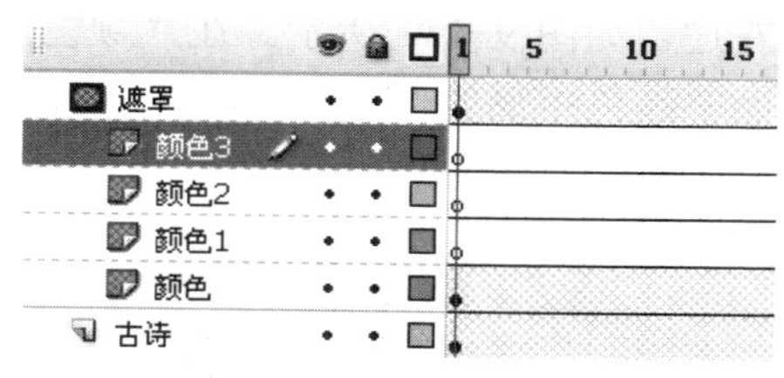

图 9-125 “颜色 3”图层

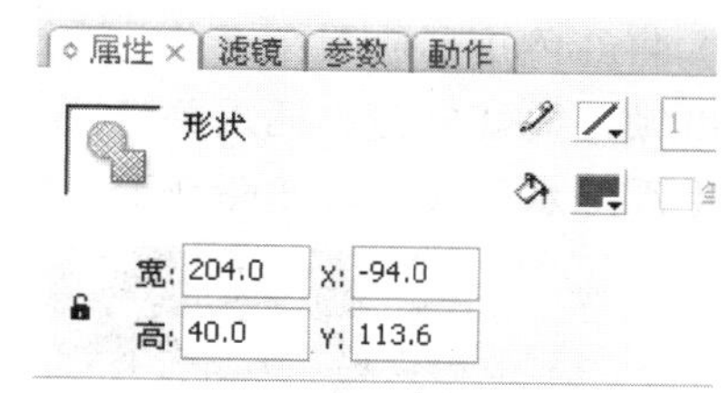

图 9-126 矩形“属性”面板 3

17）将红色矩形放置在“曲项向天歌”文字左边，效果如图 9-127 所示。在“颜色 3”图层的第 241 帧，按<F6>键，插入关键帧，水平向右调整红色矩形的位置，使红色矩形完全覆盖住“曲项向天歌”文字，如图 9-128 所示。

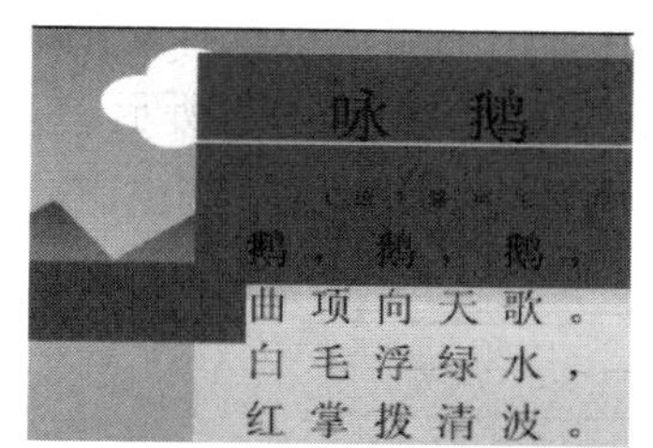

图 9-127 矩形位置 7

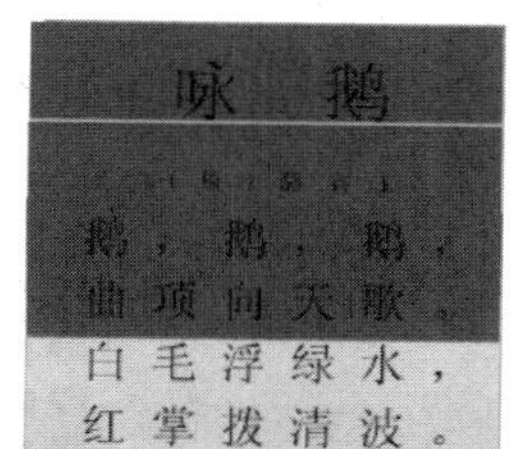

图 9-128 矩形位置 8

18）在“颜色 3”图层的第 210 帧单击鼠标右键，在弹出的菜单中选择“创建形状补间动画”命令，在第 210 帧到第 241 帧之间创建形状补间动画，如图 9-129 所示。

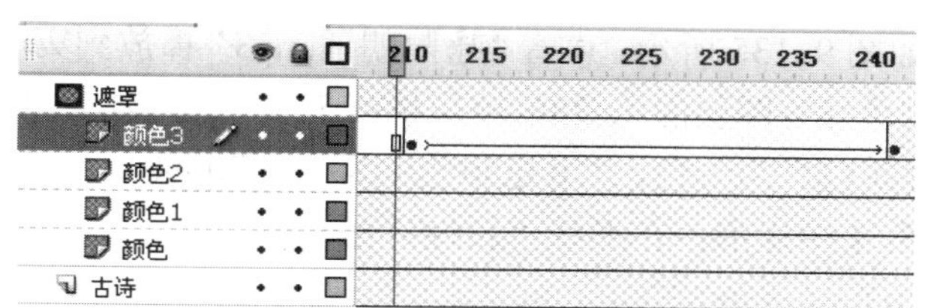

图 9-129 创建补间动画 4

19）选择“颜色 3”图层，单击“图层”面板中的“插入图层”按钮，创建新图层并将其命名为“颜色 4”，如图 9-130 所示。声音“咏鹅朗诵.mp3”播放到第 250 帧处开始朗读“白毛浮绿水”，选中“颜色 4”图层的第 250 帧，按<F5>键，在该帧上插入普通帧。选择“矩形工具”，设置“笔触颜色”为无色，“填充颜色”为“#FF0000”，在舞台窗口中绘制一个矩形，使用“选择工具”选中矩形，在形状“属性”面板中，将“宽”设置为 204，“高”设置为 40，如图 9-131 所示。

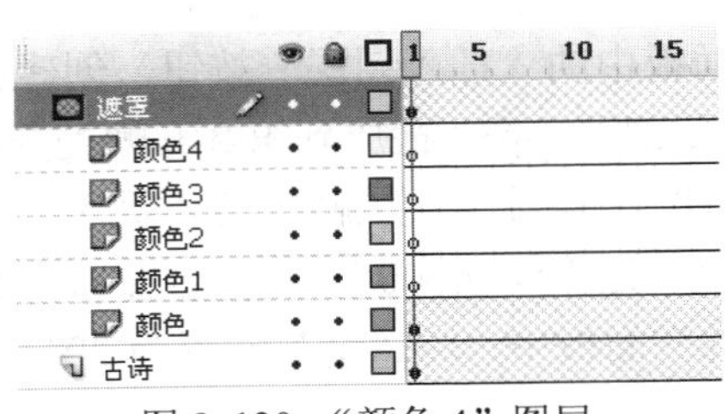

图 9-130 “颜色 4”图层

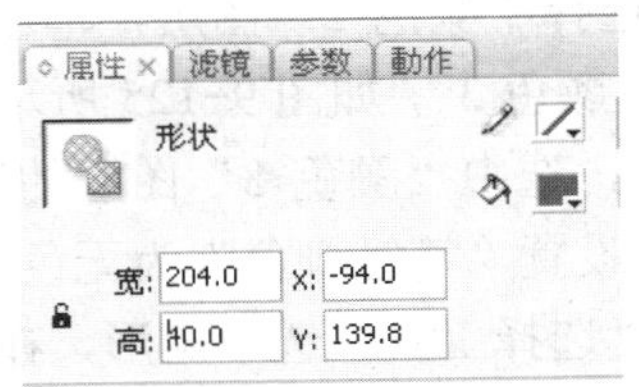

图 9-131 矩形“属性”面板 4

20）将红色矩形放置在“白毛浮绿水”文字左边，如图 9-132 所示。在“颜色 4”图层的第 280 帧，按<F6>键，插入关键帧，水平向右调整红色矩形的位置，使红色矩形完全覆盖住“白毛浮绿水”文字，如图 9-133 所示。

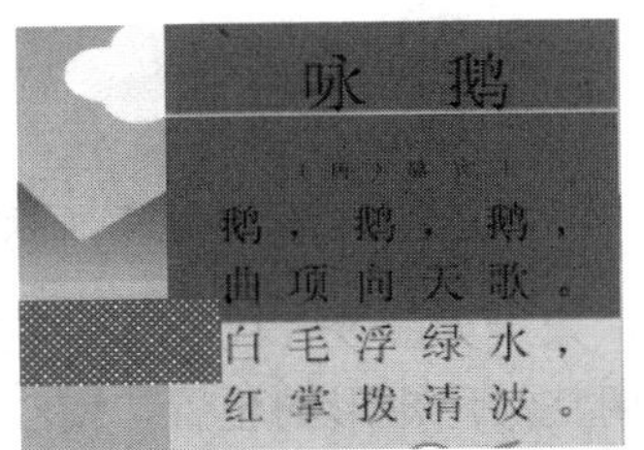

图 9-132 矩形位置 9

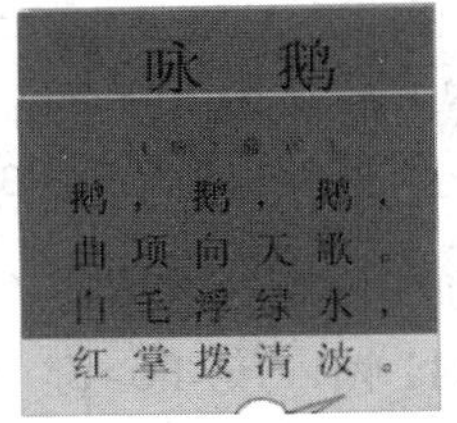

图 9-133 矩形位置 10

21）在“颜色 4”图层的第 250 帧单击鼠标右键，在弹出的菜单中选择“创建形状补间动画”命令，在第 250 帧到第 280 帧之间创建形状补间动画，如图 9-134 所示。

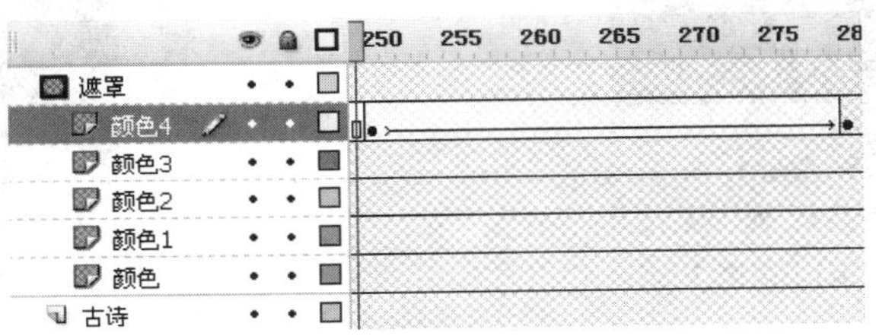

图 9-134 创建补间动画 5

22）选择“颜色 4”图层，单击“图层”面板中的“插入图层”按钮，创建新图层并将其命名为“颜色 5”，如图 9-135 所示。声音“咏鹅朗诵.mp3”播放到第 286 帧处开始朗读“红掌拨清波”，选中“颜色 5”图层的第 286 帧，按<F5>键，在该帧上插入普通帧。选择“矩形工具”，设置“笔触颜色”为无色，“填充颜色”为“#FF0000”，在舞台窗口中绘制一个矩形，使用“选择工具”选中矩形，在形状“属性”面板中，将“宽”设置为 204，“高”设置为 40，如图 9-136 所示。

图 9-135 “颜色 5”图层

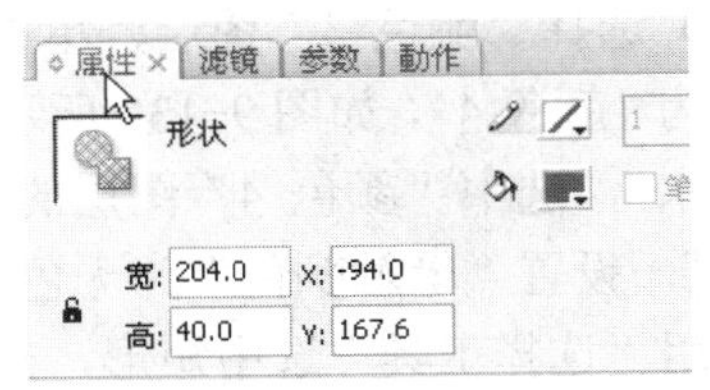

图 9-136 矩形“属性”面板 5

23）将红色矩形放置在“红掌拨清波”文字左边，如图 9-137 所示。在“颜色 5”图层的第 319 帧，按<F6>键，插入关键帧，水平向右调整红色矩形的位置，使红色矩形完全覆盖住“红掌拨清波”文字，如图 9-138 所示。

24）在“颜色 5”图层的第 286 帧单击鼠标右键，在弹出的菜单中选择“创建形状补间动画”命令，在第 286 帧到第 319 帧之间创建形状补间动画，如图 9-139 所示。文字遮罩效果完成，按<Ctrl+Enter>组合键即可查看效果。按<Ctrl+S>组合键保存当前的 Flash 文件。

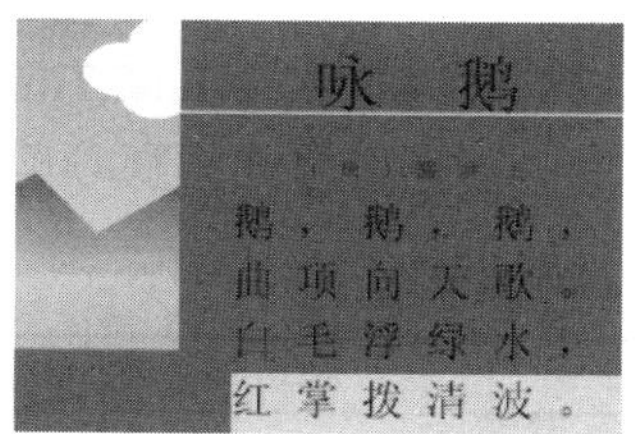

图 9-137　矩形位置 11

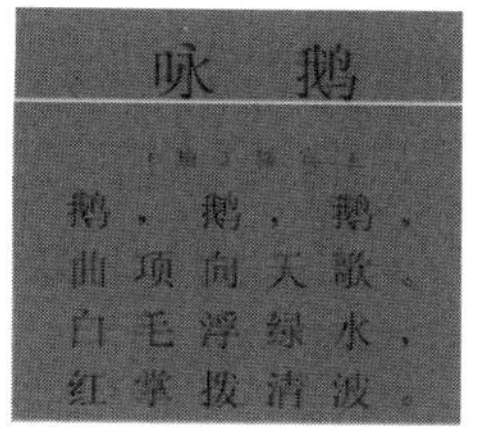

图 9-138　矩形位置 12

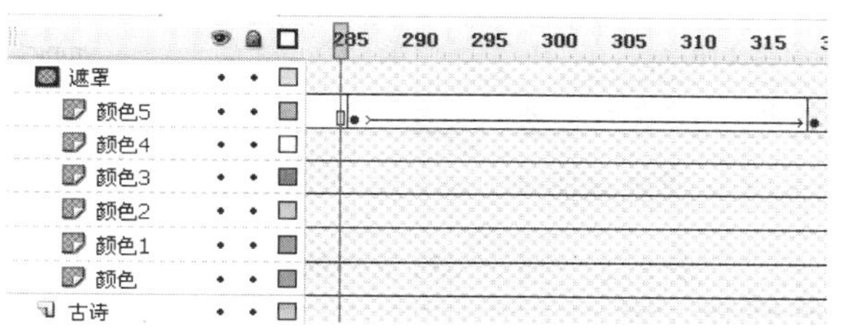

图 9-139　创建补间动画 6

9.3　视频的导入

9.3.1　【魔法】——酶的催化原理

【魔法目标】制作酶的催化原理演示

完成效果，如图 9-140 所示。

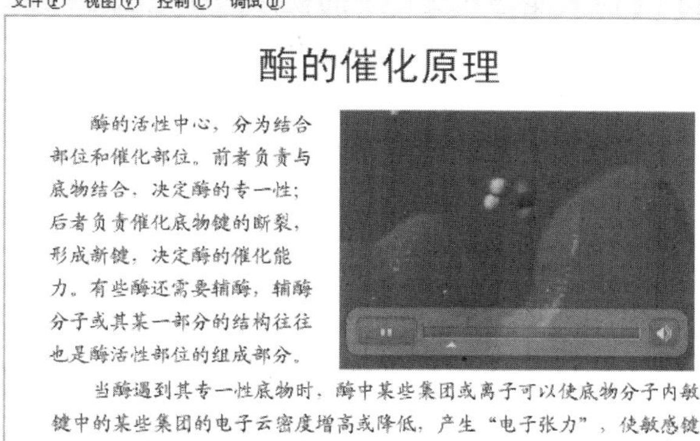

图 9-140　完成效果

【魔法分析】选择“导入”命令将外部的视频文件导入舞台窗口中，选择从“Web 服务器渐进式下载”命令导入视频，并设置导入的视频的外观，使用视频的编码配置对视频进行裁剪、调整大小等操作，使视频融入到 Flash 动画中。

【魔法道具】

1. Flash 支持的视频格式

Flash 支持的视频类型会因电脑安装软件的不同而不同，比如，如果电脑上已经安装了 QuickTime 7 及其以上版本，则在导入嵌入视频时支持包括 MOV（QuickTime 影片）、AVI（音频视频交叉文件）和 MPG/MPEG（运动图像专家组文件）等格式的视频剪辑，见表 9-1。

表 9-1 Flash CS3 支持的视频格式 1

文 件 类 型	扩 展 名
音频视频交叉文件	.avi
数字视频文件	.dv
运动图像专家组文件	.mpg、.mpeg
QuickTime 影片	.mov

如果系统安装了 DirectX 9 或更高版本，则在导入嵌入视频时支持的视频文件格式见表 9-2。

表 9-2 Flash CS3 支持的视频格式 2

文 件 类 型	扩 展 名
音频视频交叉文件	.avi
运动图像专家组文件	.mpg、.mpeg
Windows Media 文件	.wmv、.Asf

在默认情况下，Flash 使用 On2 VP6 编解码器导入和导出视频。编解码器是一种压缩/解压缩算法，用于控制多媒体文件在编码期间的压缩方式和回放期间的解压缩方式。

如果导入的视频文件是系统不支持的文件格式，那么 Flash 会显示一条警告消息，表示无法完成该操作。

在有些情况下，Flash 可能只能导入文件中的视频，而无法导入音频，此时，也会显示警告消息，表示无法导入该文件的音频部分。但是仍然可以导入没有声音的视频。

Flash CS3 支持外部 FLV 文件（Flash 专用视频格式），可以直接播放本地硬盘或者 Web 服务器上的 FLV 文件。这样可以用有限的内存播放很长的视频文件而不需要从服务器下载完整的文件。

2. 在舞台中导入视频

1）新建一个 Flash CS3 影片文档。

2）选择“文件”→“导入”→“导入到视频”命令，弹出“视频导入向导”对话框，在“文件路径”后面的文本框中输入要导入的视频文件的本地路径和文件名。或者单击后面的“浏览”按钮，弹出“打开”对话框，在其中选择要导入的视频文件。如图 9-141 所示。单击“打开”按钮，这样“文件路径”后面的文本框中会自动出现要导入的视频文件的路径。

图 9-141 “打开”对话框

3）单击“下一个”按钮，出现如图 9-142 所示的“部署”向导窗口，选中“在 SWF 中嵌入视频并在时间轴上播放”单选按钮，在插入视频之后影片会自动添加到时间轴上，如图 9-143 所示。

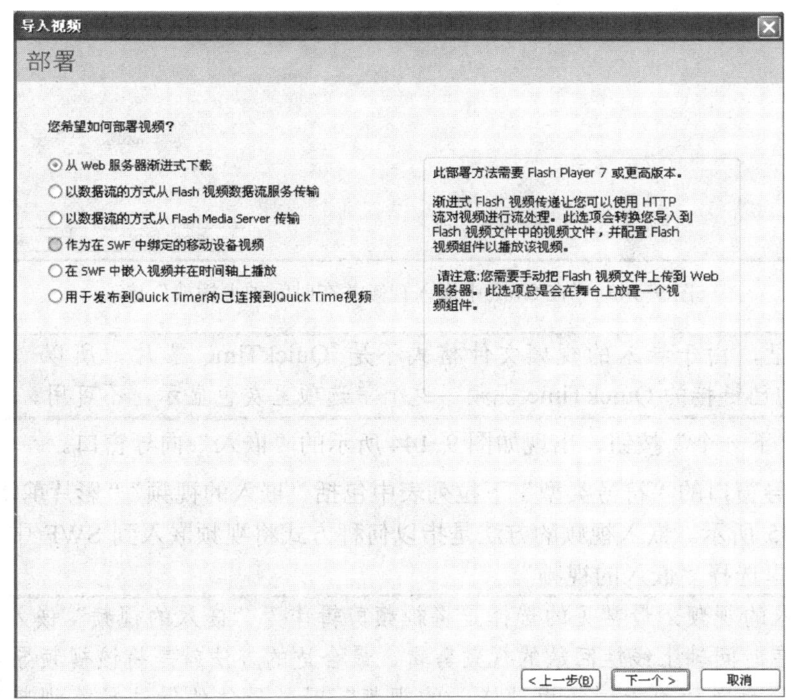

图 9-142 “部署”向导窗口

在这个窗口中有一个“您希望如何部署视频？”选项，其中有 5 个单选项。

① 从 Web 服务器渐进式下载。

② 以数据流的方式从 Flash 视频数据流服务传输。

③ 以数据流的方式从 Flash Media Server 传输。

④ 作为在 SWF 中绑定的移动设备视频。

⑤ 在 SWF 中嵌入视频并在时间轴上播放。

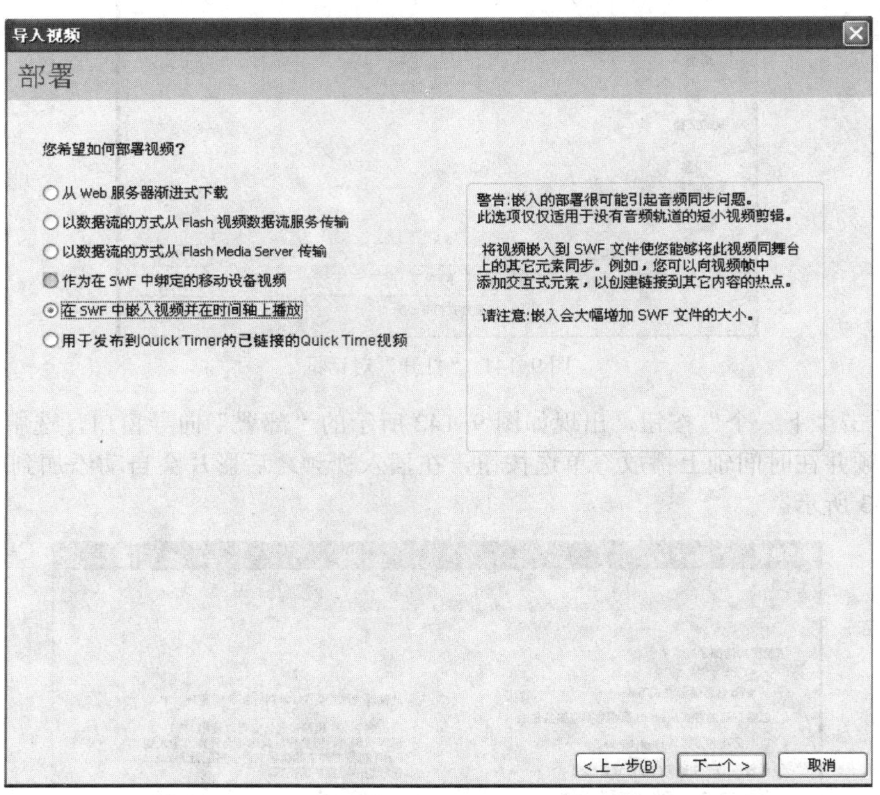

图 9-143 “在 SWF 中嵌入视频并在时间轴上播放”选项

❖ 这里，由于导入的视频文件格式不是 QuickTime 影片，所以“用于发布到 QuickTime 的已链接的 QuickTime 视频”这个单选项呈灰色显示，不可用。

4）单击“下一个”按钮，出现如图 9-144 所示的“嵌入”向导窗口。

在这个向导窗口的“符号类型”下拉列表中包括“嵌入的视频”“影片剪辑”“图形”选项。如图 9-145 所示。嵌入视频的方法是指以何种方式将视频嵌入到 SWF 中，以及如何与其交互。在这里选择“嵌入的视频”。

❖ 嵌入的视频：最常见的选择是将视频剪辑作为“嵌入的视频”嵌入到时间轴。如果要使用在时间轴上线性回放的视频剪辑，最合适的方法就是将该视频导入时间轴。

❖ 嵌入为影片剪辑：使用“嵌入的视频”时，最佳的做法是将视频放置在影片剪辑实例内，这样可以更好地控制视频的内容。视频的时间轴独立于主时间轴进行播放，就不必为容纳该视频而将主时间轴扩展很多帧，但这样做会使得 FLA 文件在使用时比较困难。

❖ 嵌入为图形元件：将视频剪辑嵌入为图形元件意味着将无法使用 ActionScript 与

该视频进行交互。通常，图形元件用于静态图像以及用于创建一些绑定到主时间轴的可重用的动画片段。一般很少将视频嵌入为图形元件使用。

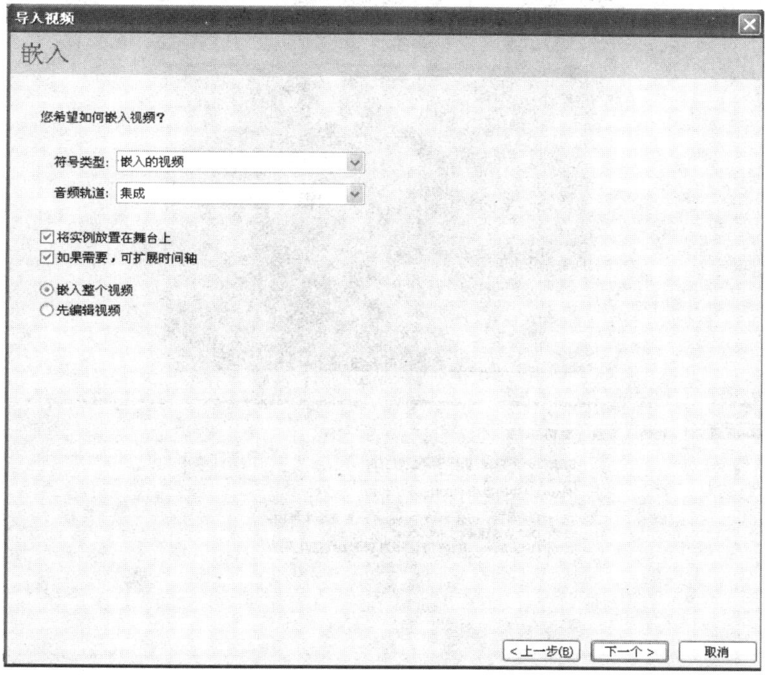

图 9-144 “嵌入“向导窗口

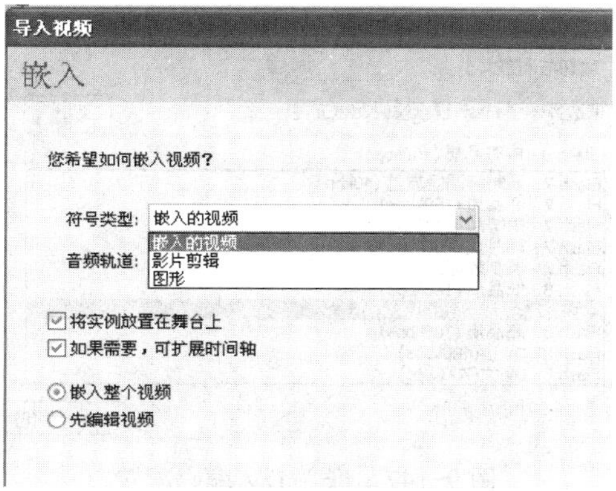

图 9-145 “符号类型”下拉列表框

另外，在“嵌入”向导窗口中，还可以选择是否“将实例放置在舞台上”，如果不选中，视频将被存放在库中。选中“如果需要，可扩展时间轴”复选框以后，可以自动扩展时间轴以满足视频长度的要求。这里保持默认设置，不做任何改动。

5）单击“下一个”按钮，出现“编码”向导窗口，如图 9-146 所示。

在这个窗口中，共有 4 个选项卡，可以在其中详细设置“编码”的相关参数。下面主要介绍 Flash CS3 增加和改进的功能。

在视频编码配置文件中增加了DV编码配置，丰富了Flash在视频方面的功能，如图9-147所示。

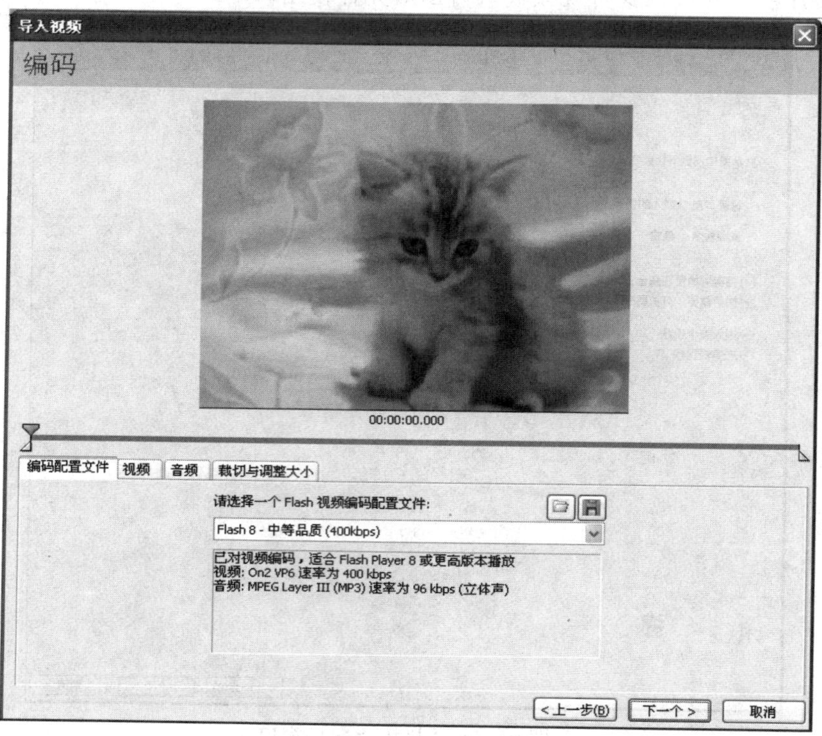

图 9-146　编码

编码配置文件　视频　音频　裁切与调整大小

请选择一个 Flash 视频编码配置文件:

Flash 8 - 中等品质 (400kbps)

Flash 7 - 调制解调器质量 (40kbps)
Flash 7 - 低品质 (150kbps)
Flash 7 - 中等品质 (400kbps)
Flash 7 - 高品质 (700kbps)
Flash 8 - 调制解调器质量(40kbps)
Flash 8 - 低品质 (150kbps)
Flash 8 - 中等品质 (400kbps)
Flash 8 - 高品质 (700kbps)
Flash 8 - DV 小(400kbps)
Flash 8 - DV 大(700kbps)

< 上一步(B)　下一个 >　取消

图 9-147　嵌入 DV 编码配置

增加了导入导出编码配置文件的功能，可以将自定义的配置以 XML 文件的形式导出，下次使用时导入即可。在图 9-147 中，右上角的“打开”按钮用来读取保存过的编码配置文件，“保存”按钮用来将编码配置文件保存在硬盘上。单击“保存”按钮即弹出如图 9-148 所示的对话框。

另外，“调整视频大小”复选框在“裁剪和调整大小”选项卡中。这里保持默认设置，不作任何改动。

6）单击“下一个”按钮，出现如图 9-149 所示的“完成视频导入”向导窗口。

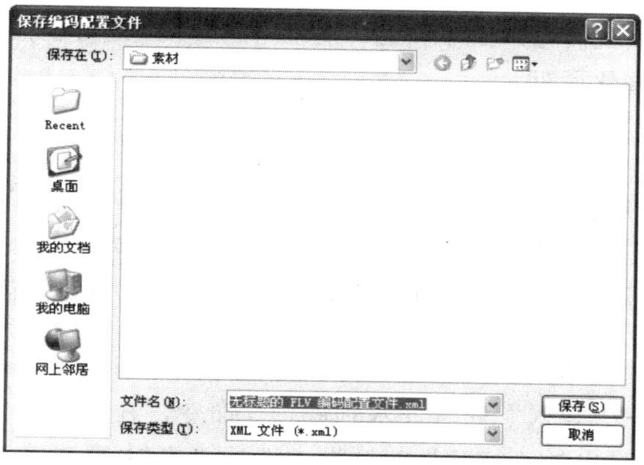

图 9-148　导出 XML 文件

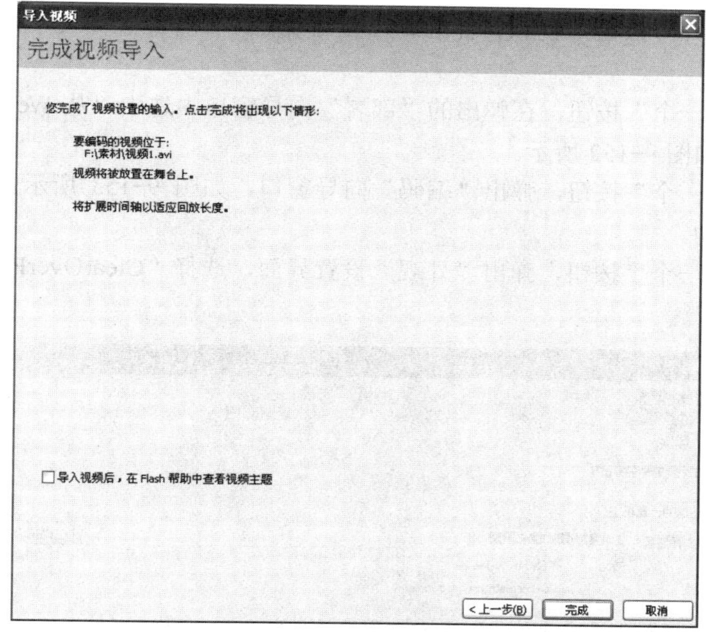

图 9-149　“完成视频导入”向导窗口

这里会显示一些提示信息。单击“完成”按钮，将会出现如图 9-150 所示的“Flash 视频编码进度”对话框。

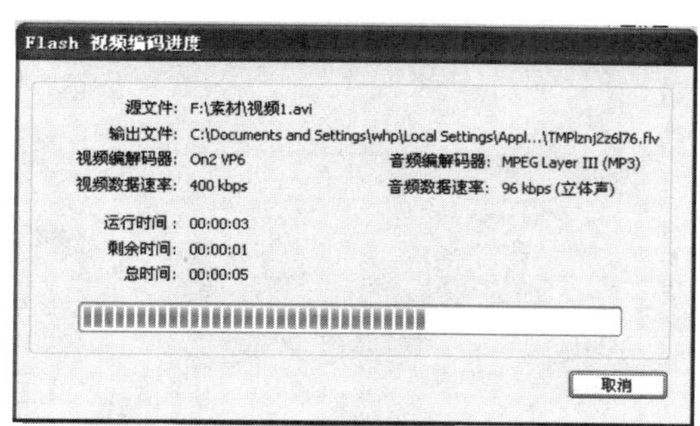

图 9-150　“Flash 视频编码进度”对话框

7）完成以后，视频就被导入到了舞台中。按下<Enter>键可以播放视频效果。

【魔法展示】酶的催化原理

1．新建文件

选择“文件”→“新建”命令，在弹出的“新建文档”对话框中单击“Flash 文件（ActionScript 2.0）”选项，新建一个空白文档。单击“属性”面板中的“大小”按钮，打开“文档属性”对话框，设置文档的“尺寸”为 550×400 像素，“背景颜色”为“#FFFFFF”。

2．导入视频

1）选择“文件”→“导入”→“导入到视频”命令，在弹出的“导入视频”对话框中，单击“浏览”按钮，在弹出的“打开”对话框中选择“素材\魔法培训\第 9 讲\9-3\酶的催化原理.avi”文件。

2）单击“打开”按钮，视频文件的路径会出现在“文件路径”文本框中，如图 9-151 所示。

3）单击“下一个”按钮，在弹出的“部署”向导窗口中选中“从 Web 服务器渐进式下载”单选按钮，如图 9-152 所示。

4）单击“下一个”按钮，弹出“编码”向导窗口，如图 9-153 所示。这里保持默认设置，不作任何改动。

5）单击“下一个”按钮，弹出“外观”设置界面，选择“ClearOverPlaySeeMute.swf”，如图 9-154 所示。

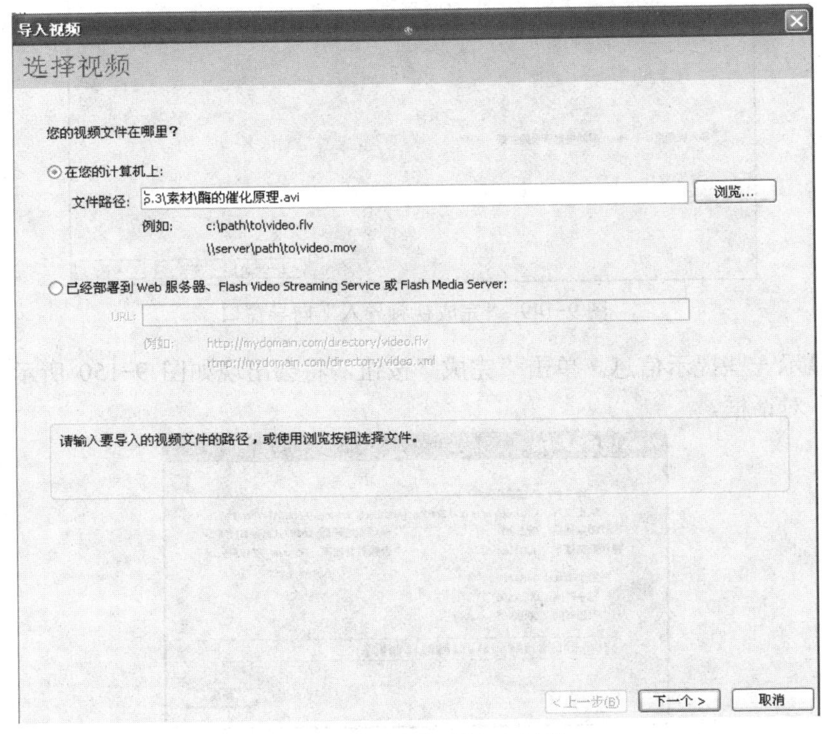

图 9-151 “选择视频”向导窗口

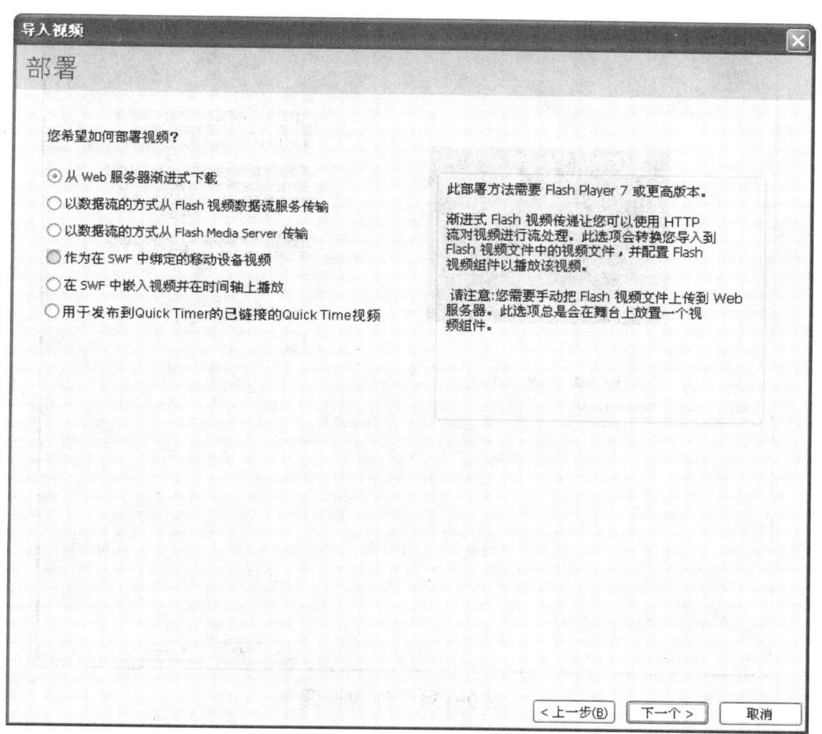

图 9-152 “部署”向导窗口

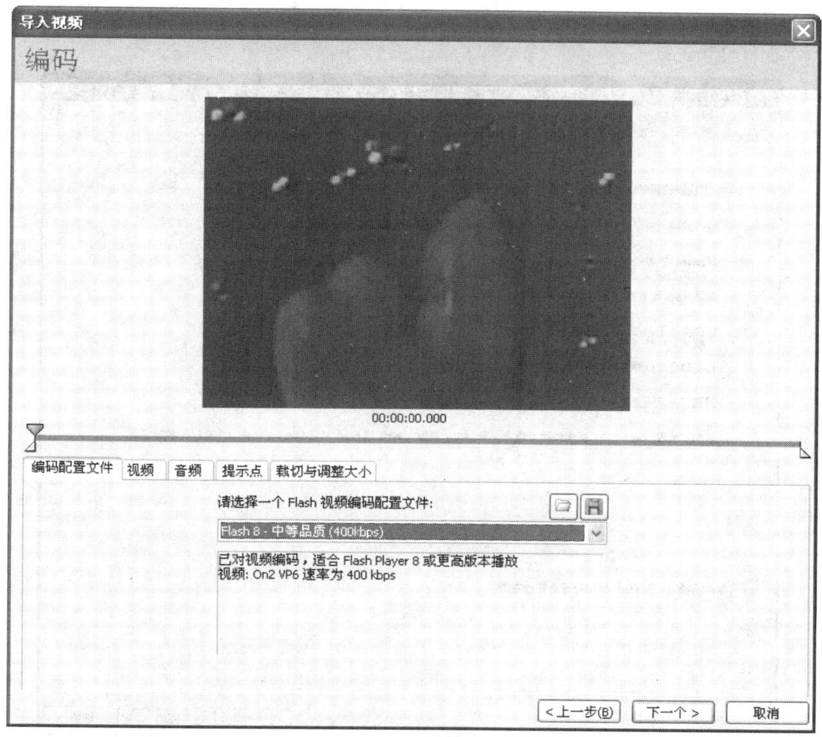

图 9-153 编码设置

图 9-154 外观设置

6）单击“下一个”按钮，弹出“完成视频导入”向导窗口，如图 9-155 所示。

7）单击“完成”按钮，弹出“另存为”对话框，选择要保存的位置，单击“保存”按钮，如图 9-156 所示。

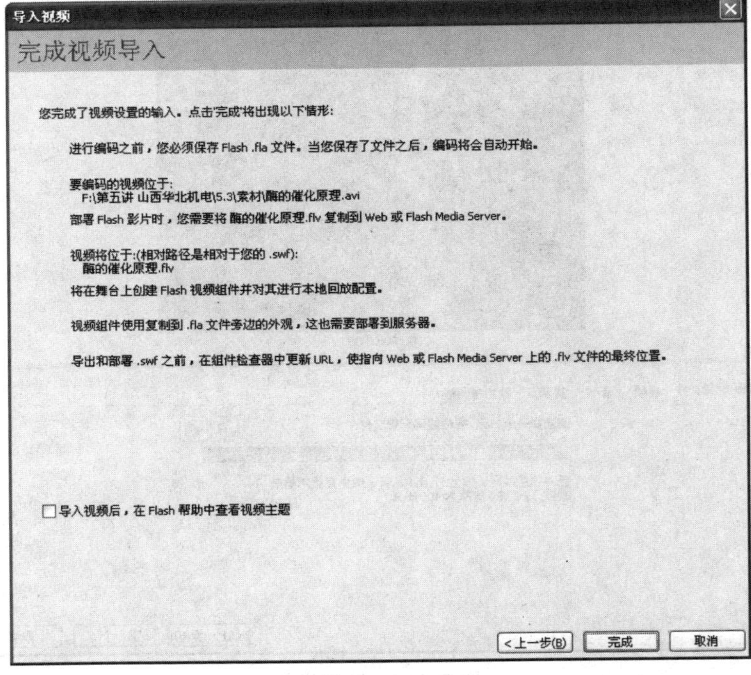

图 9-155 完成视频导入

图 9-156 “另存为”对话框

8）此时出现“Flash 视频编码进度”窗口，完成以后，视频就被导入到舞台中。选中视频所在的“图层 1”重新命名为“视频”，如图 9-157 所示。单击选中视频，在视频“属性”面板中将“X”设置为 245、“Y”设置为 70、“宽”设置为 267、“高”设置为 200，如图 9-158 所示。

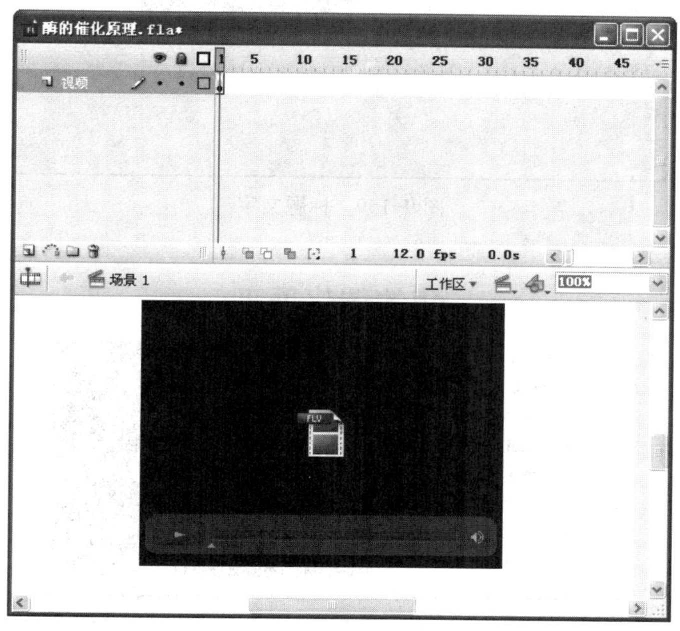

图 9-157 “视频”图层

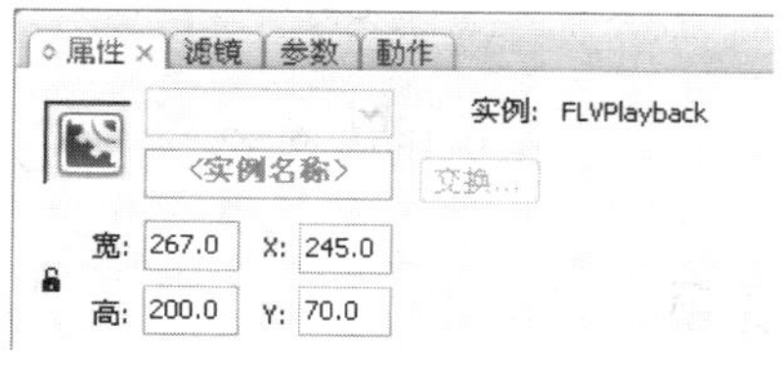

图 9-158 “属性”设置

第9讲 外部素材的导入

9）单击“图层”面板中的“插入图层”按钮，创建新图层并将其命名为“课件标题和内容”。选择“文本工具”，在文字“属性”面板中进行设置，在舞台窗口中输入文字，“字体大小”为 30，“字体”为“黑体”，“文本颜色”为黑色，内容为“酶的催化原理”，如图 9-159 所示。选择“文本工具”，在文字“属性”面板中进行设置，在舞台窗口中输入文字，“字体大小”为 15，“字体”为“楷体_GB2312”，“文本颜色”为黑色，内容为“酶的活性中心……酶催化的简单原理”，如图 9-160 所示。酶的催化原理动画制作完成，按<Ctrl+Enter>组合键即可查看效果。按<Ctrl+S>组合键保存当前的 Flash 文件。

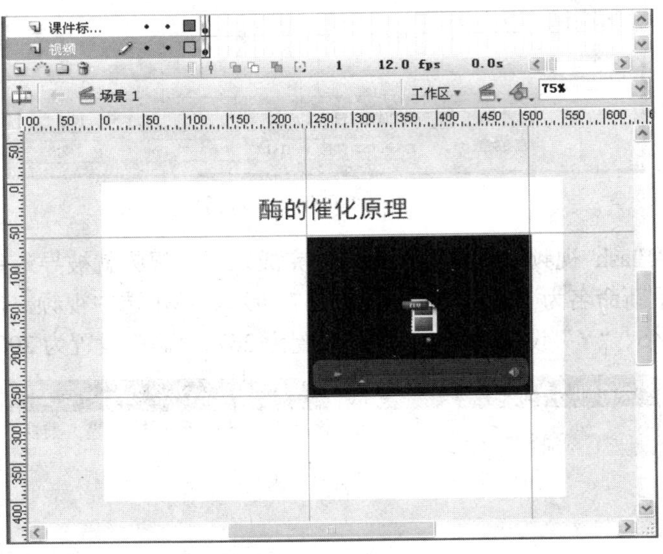

图 9-159　标题文字

图 9-160　文字

9.3.2 【小试身手】网站视频

完成效果，如图 9-161 所示。

图 9-161　最终效果

1. 打开“网站视频.fla”源文件

1）选择“文件”→“打开”命令，在弹出的“打开”对话框中单击“素材\魔法培训\第 9 讲\9-3\网站视频.fla”文件并选中。单击“打开”按钮，打开“网站视频.fla”文件，如图 9-162 所示。

2）选中“背景”图层，单击“图层”面板中的“插入图层”按钮，创建新图层并将其命名为“视频”，选中“视频”图层的第 23 帧，单击鼠标右键选择“插入空白关键帧”，如图 9-163 所示。

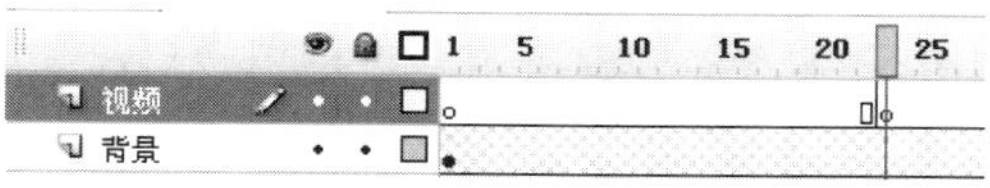

图 9-162　“网站视频.fla”文件

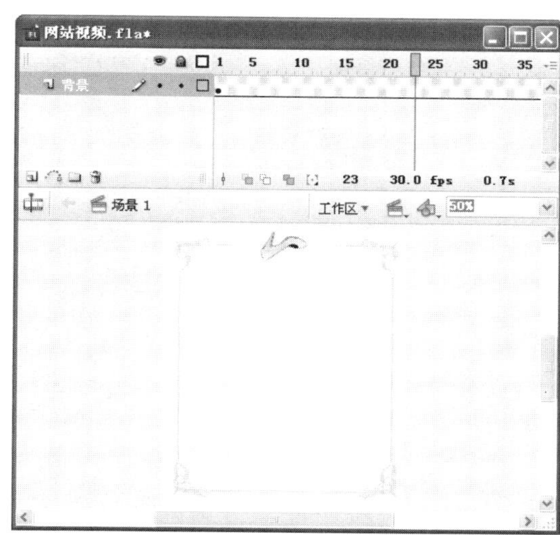

图 9-163　“视频”时间轴

2. 导入视频

1）选择文件”→“导入”→“导入视频”命令，在弹出的“导入视频”对话框中单击“浏览”按钮，选择“素材\魔法培训\第 9 讲\9-3\视频 1.avi”，如图 9-164 所示。

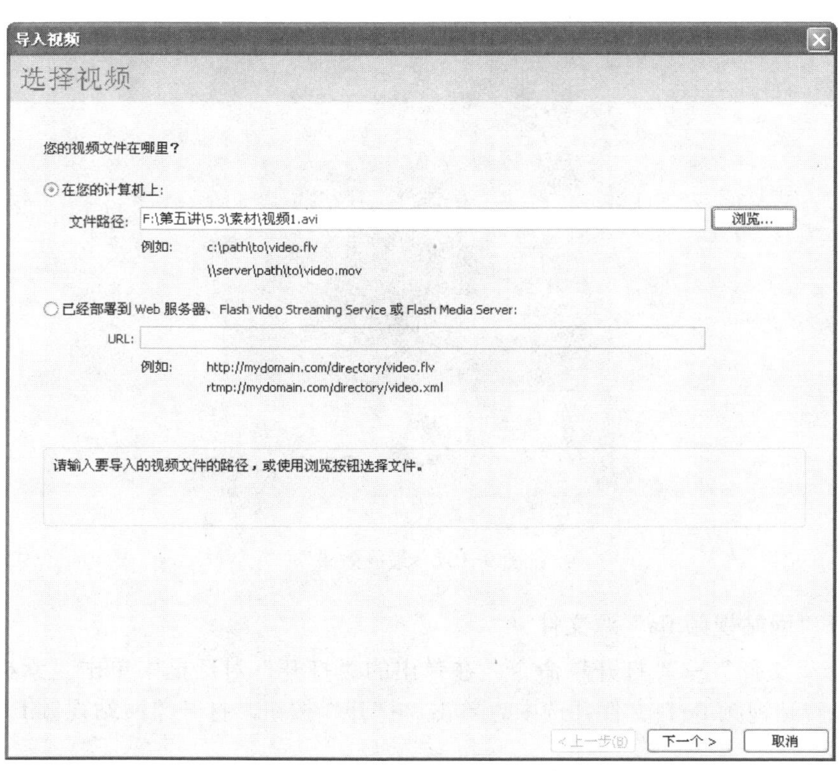

图 9-164 “选择视频”向导窗口

2）单击“下一个”按钮，进入“部署”向导窗口，在这里选择“从 Web 服务渐进式下载”选项，如图 9-165 所示。

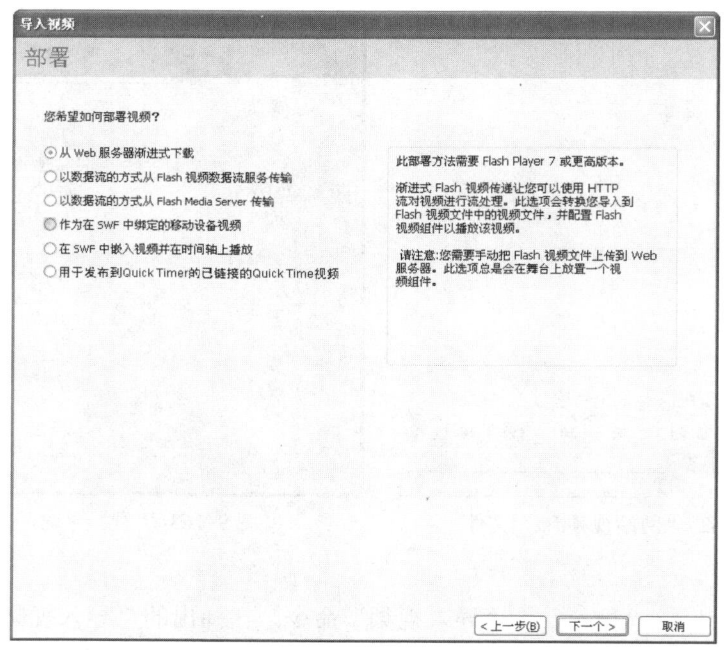

图 9-165 “部署”向导窗口

3）单击“下一个”按钮，进入“编码”向导窗口，如图 9-166 示。

4）如果只需要视频中的一部分，拖动“开始导入点”，可以指定要截取的视频片段的起始帧，再拖动“停止导入点”，可以指定要截取的视频片段的结束帧，如图 9-167 所示。

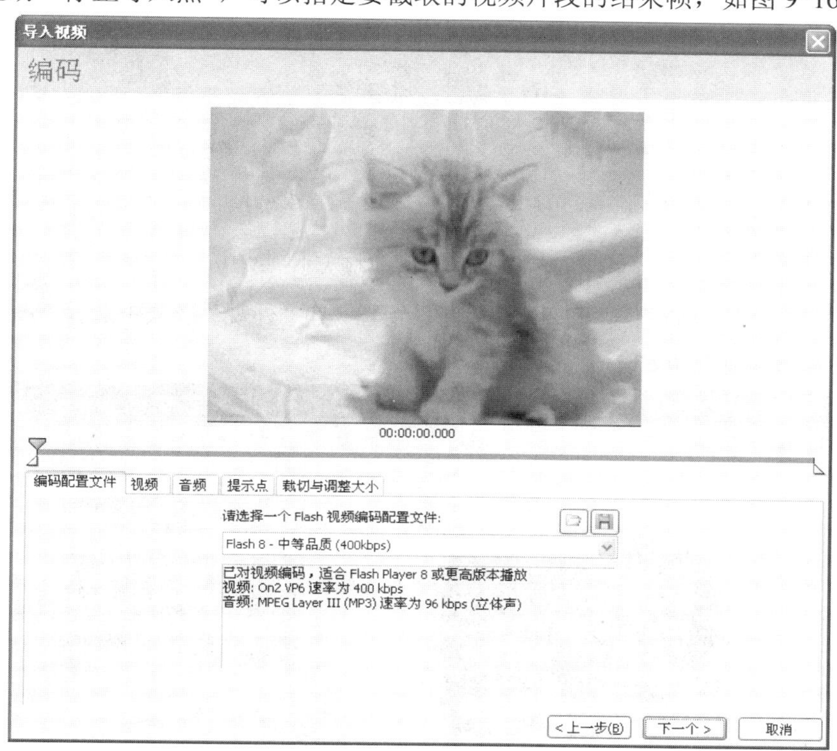

图 9-166　编码设置

图 9-167　选取视频片段

5）在“请选择一个 Flash 视频编码配置文件”的选项中选择“Flash8-中等品质（400kbps）”视频编码配置文件，如图 9-168 所示。

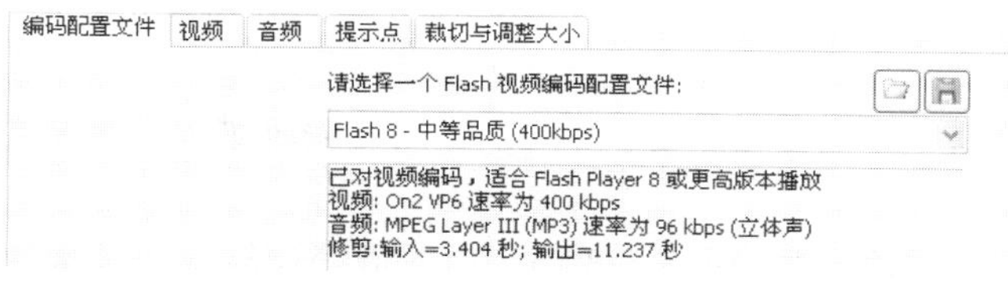

图 9-168　编码配置

6）在选项中选择并进行“裁切与调整大小”选项卡的设置，选中“调整视频大小”复选框，“宽度”设置为293，“高度”设置为240，单位选择“像素”，不选中“保持高宽比”复选框，如图9-169所示。

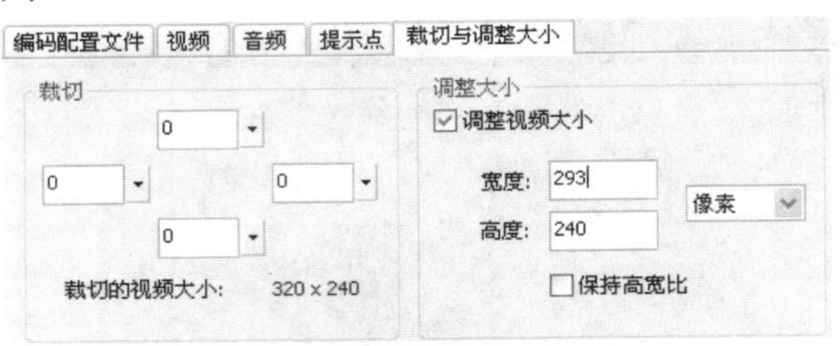

图9-169 调整视频大小

7）单击“下一个”按钮，进入“外观”向导窗口，在“外观”选项中选择“ArcticOverPlay Mute.swf”，如图9-170所示。

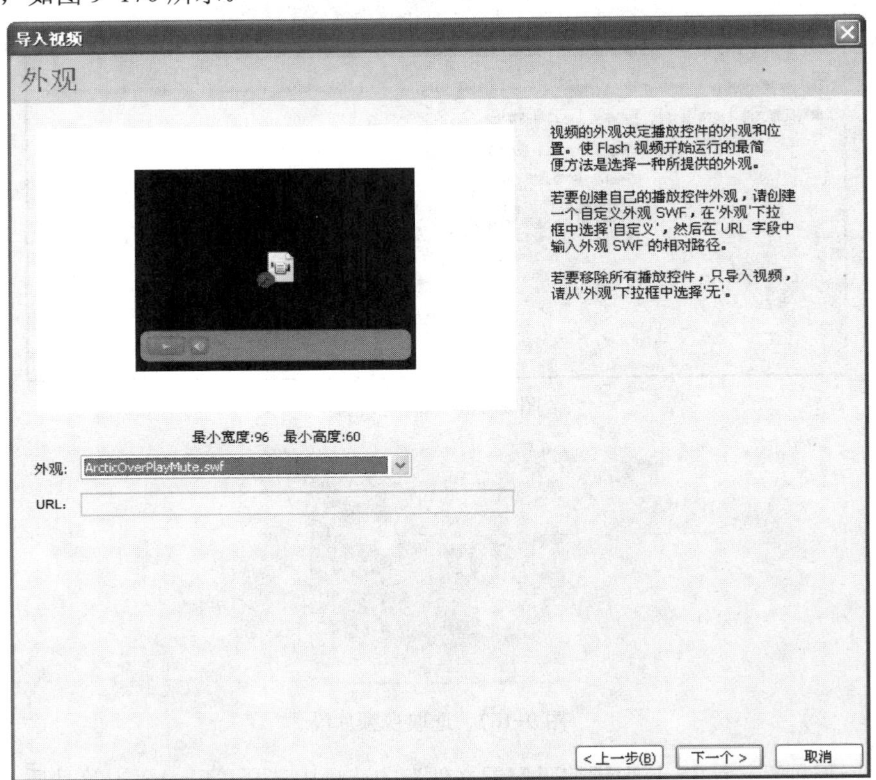

图9-170 外观设置

8）单击“下一个”按钮，进入“完成视频导入” 向导窗口，单击“完成”按钮，完成视频导入，如图9-171所示。

9）完成视频导入，屏幕上将会显示Flash视频的编码进度，指示当前的导入进度，如图9-172所示。

10）导入进度完成后，场景中的第23帧空白关键帧被转换为关键帧，同时会作为“库”面板中的一个视频项目存在，以备再次使用，如图9-173所示。按<Ctrl+Enter>组合键即可查看效果。按<Ctrl+S>组合键保存当前的 Flash 文件。

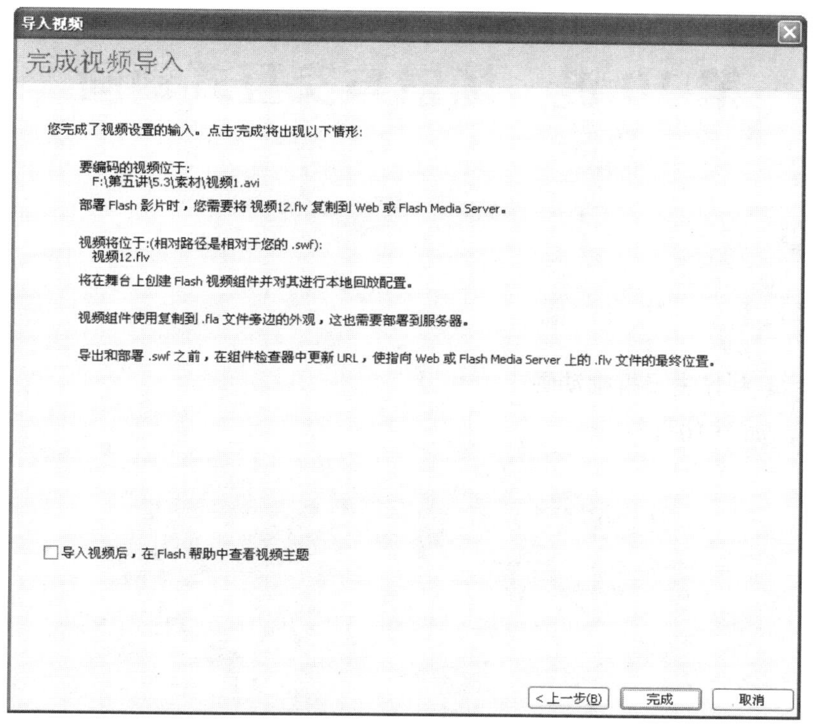

图 9-171　完成视频导入

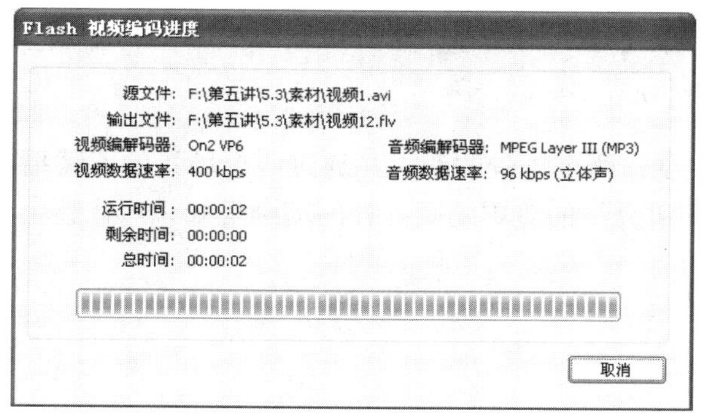

图 9-172　导入进度

图 9-173　视频元件

第 10 讲　场景与交互式动画

10.1　场景

10.1.1 【魔法】——生日祝福

【魔法目标】制作生日祝福动画

完成效果，如图 10-1 所示。

图 10-1　完成效果

【魔法分析】在生日贺卡实例中，制作两个场景的动画，通过两个场景的连续播放，实现生日贺卡动画。两个场景中使用前几讲介绍的遮罩动画、补间动画等知识，让整个动画活泼生动，欢快地表达祝福。

【魔法道具】

1. 场景

场景就好像话剧中的一幕，一个 Flash 动画可以包含多个场景，播放时按照场景的先后排列顺序进行。一般情况下，在简单的动画作品中，使用一个默认场景“场景 1”就可以了。如果在一个动画中要用到很多独立的界面，而且每个界面上的内容都不尽相同，就可以考虑使用场景了。这时可以将整个动画分成连续的几个部分，按顺序分别放在不同的场景中，这样会使动画制作更加有条理，提高工作效率。

2.“场景”面板

场景的管理大部分操作都在“场景”面板上完成。选择“窗口”→“其他面板”→“场景”命令，出现“场景”面板，如图 10-2 所示。在图 10-2 中有一个场景，默认的名称是“场景 1”，场景的上下排列顺序就是动画播放的顺序，高亮显示的是当前的场景，下面 3 个按钮可以对场景进行复制、添加、删除操作。

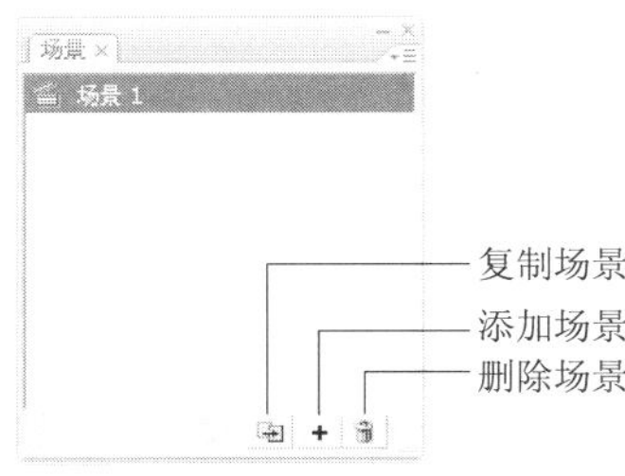

图 10-2 “场景”面板

3. **编辑场景**

（1）修改场景内容

新建 Flash 文件时，系统默认会建立一个新的场景，也就是看到的舞台，通过时间轴上的图标可以查看场景的名称，默认为“场景 1”，如图 10-3 所示。在舞台窗口中输入文字，“字体大小”为 30，“字体”为“黑体”“文本颜色”为黑色，内容为“场景一”，选择“窗口”→“公用库”→“按钮”命令，打开 Flash 的公用按钮元件库，从其中的“Buttons Bubble2”文件夹中选中“Bubble 2 blue”按钮，然后将它拖到舞台上，如图 10-4 所示。

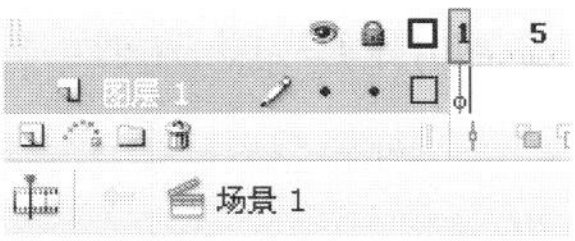

图 10-3 查看场景名称

图 10-4 拖动按钮到舞台

（2）添加场景

1）选择“窗口”→“其他面板”→“场景”命令，打开“场景”面板，如图 10-5 所示。可以使用以下 2 种方法添加场景。

① 方法 1：在“场景”面板中选择某一个场景，单击“场景”面板底部的“添加场景”按钮，可以添加一个场景，如图 10-6 所示。

② 方法 2：选择“插入”→“场景”命令，可添加一个新场景。将直接弹出“场景 2”空白场景“场景”面板，如图 10-7 所示。

2）打开“场景”面板后将自动选中新场景，当选中该场景时，舞台上显示的是该场景中的内容，当前场景的名称可以从时间轴上方查看，如图 10-8 所示。和在“场景 1”中一样，在舞台窗口中输入文字，“字体大小”为 30，“字体”为“黑体”“文本颜色”为黑色，内容为“场景二”，并加入一个新的“Bubble 2 blue”按钮，如图 10-9 所示。

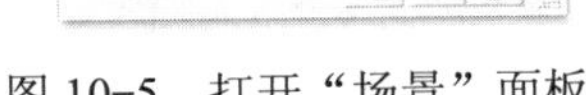

图 10-5　打开“场景”面板

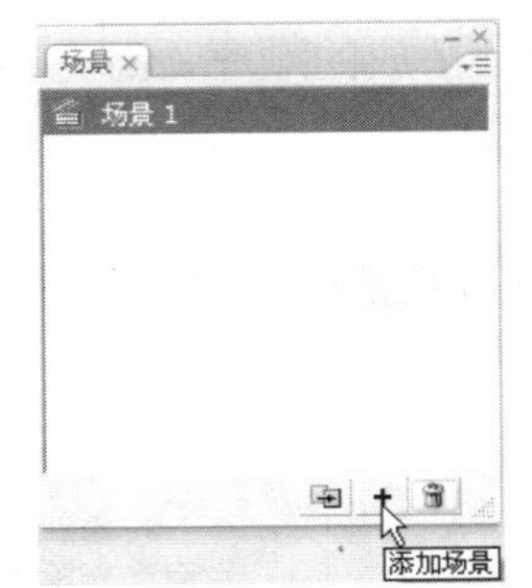

图 10-6　单击“添加场景”按钮

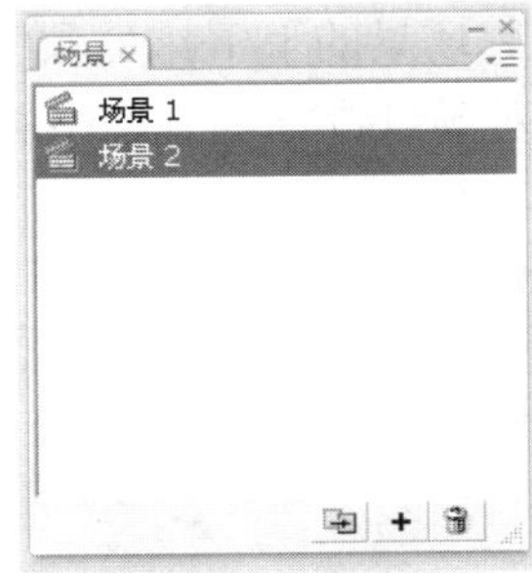

图 10-7　增加的场景

图 10-8　查看场景名称

图 10-9　修改场景内容

（3）复制场景

如果要制作的场景和“场景”面板中的某个场景非常相似，可以先复制场景再进行修改。

1）在“场景”面板中选中要复制的场景，这里选中“场景 2”。

2）单击“场景”面板中的“直接复制场景”按钮。

3）将在“场景”面板上生成一个新的场景“场景 2 副本”，如图 10-10 所示。选中该场景名称，在舞台上显示的内容和“场景 2”中完全一样。

（4）重命名场景

1）在“场景”面板上，双击场景名称“场景 2 副本”，场景名称处于编辑状态，然后输入新名称“scence3”，按<Enter>键即可，如图 10-11 所示。

2）用同样的方法修改所有的场景名称，如图 10-12 所示。

图 10-10　生成的新场景

图 10-11　输入新场景的名称

图 10-12　修改所有场景的名称

❖ 最好使用英文的场景名称，这样在代码中引用场景名称时就不容易出错。

（5）删除场景

1）首先选中要删除的场景，这里选中“scence3”，然后在“场景”面板中单击“删除场景”按钮，如图 10-13 所示。

2）这时将弹出一个确认对话框，如果确实要删除，请单击其中的“确定”按钮，如图 10-14 所示。

3）这样“场景”面板中的“scence3”就被删除了，如图 10-15 所示。

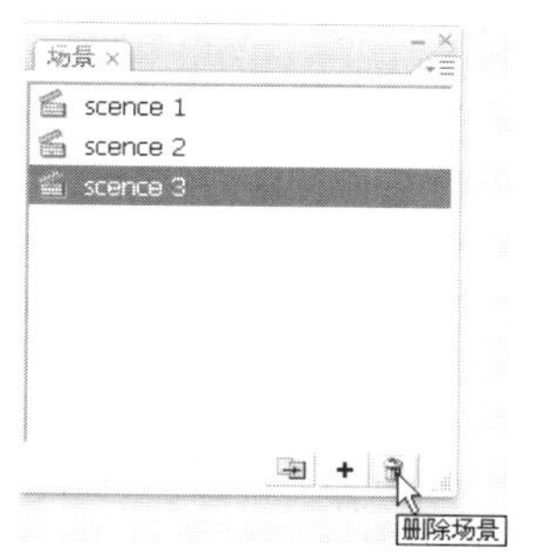

图 10-13　单击“删除场景”按钮

图 10-14　确认对话框

图 10-15　删除后的“场景”面板

（6）调整场景的顺序

各场景的播放顺序是从上到下依次进行的。在“场景”面板中可以调整场景的播放顺序，用鼠标单击并拖动要移动的场景，放至相应的位置即可。

在默认情况下，当播放完一个场景后，将按照它们在“场景”面板中列出的顺序进行播放，而不需要在“scence1”的最后一帧添加任何代码。当按<Ctrl+Enter>组合键测试动画时，就能看到，第一个场景中的内容显示结束后接着显示第二个场景中的内容。动画会重复播放，因此动画中的内容将不停地跳动。如果需要先播放后面场景中的内容，就需要更改场景的顺序。

1）在“场景”面板中选中要移动的场景，这里选中“scence2”，然后按住鼠标左键将其拖到“scence1”上，如图 10-16 所示。

2）松开鼠标左键，“场景”面板中的场景的顺序将发生改变，“scence2”将出现在“scence1”上面，如图 10-17 所示。

图 10-16　移动场景

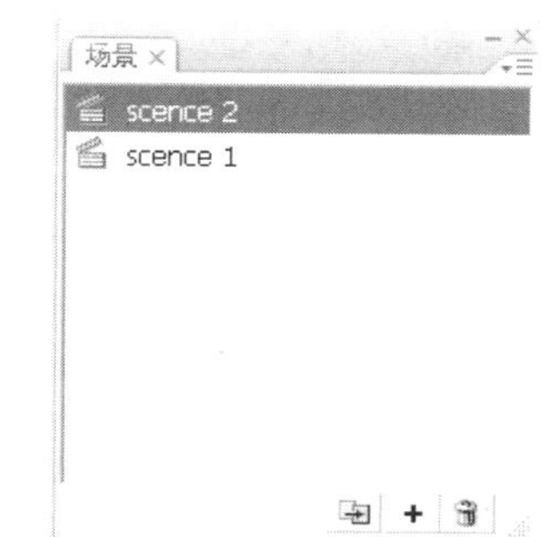

图 10-17　更改顺序后的“场景”面板

【魔法展示】生日祝福

2 个场景动画最终效果如图 10-18 所示。

a)

b)

图 10-18　动画最终效果

a）场景 1 效果图　b）场景 2 效果图

1．制作“场景 1”

1）选择“文件”→“打开”命令，在弹出的“打开”对话框中，选择“素材\魔法培训\第 10 讲\10-1\生日祝福.fla”文件，单击“打开”按钮，打开“生日祝福.fla”文件。单击“属性”面板中的“大小”按钮，打开“文档属性”对话框，设置文档的“尺寸”为 550×400 像素，“背景颜色”为“#FFFFFF”，帧频为 20。

2）选择“视图”→“标尺”命令，“场景 1”的舞台上显示出标尺，如图 10-19 所示。选择“视图”→“辅助线”→“显示辅助线”命令，在场景中建立 4 条辅助线，将辅助线对齐舞台的 4 边，如图 10-20 所示。

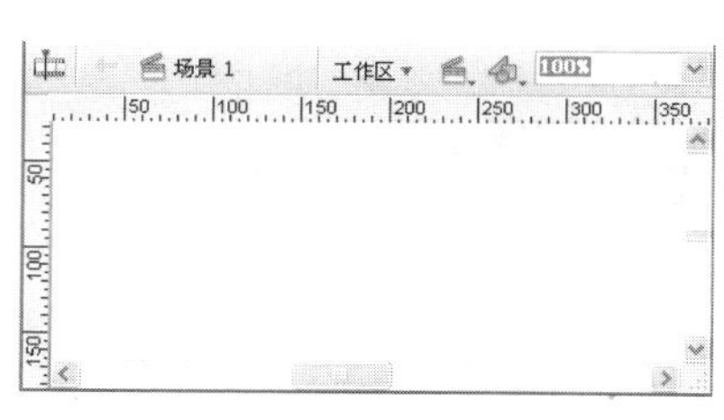

图 10-19　标尺

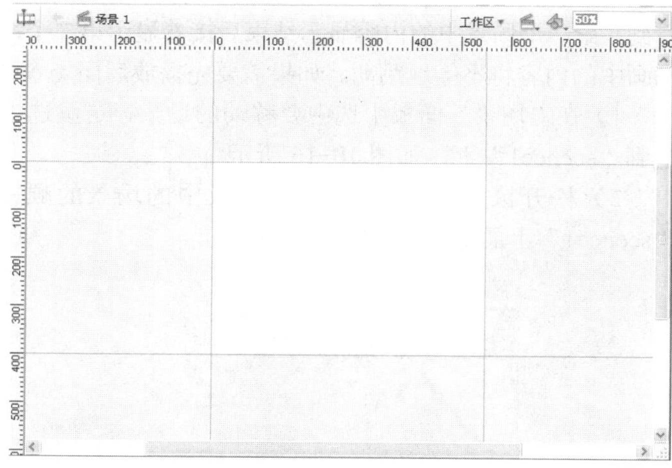

图 10-20　辅助线

3）在时间轴上，选中“图层 1”并将其重新命名为“背景”，如图 10-21 所示。选中“背景”图层的第 1 帧，选择“矩形工具”，设置“笔触颜色”为无色，“填充颜色”“类型”为“线性”，颜色为“#FF6600”到“#FFCC00”的渐变，在场景中绘制如图 10-22 所示的矩形，将矩形填充渐变颜色。

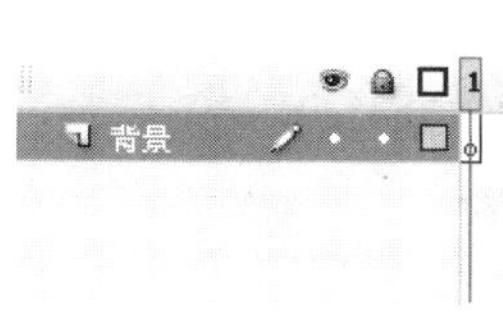

图 10-21 “背景”图层

图 10-22 矩形

4）选中舞台中的矩形对象，单击鼠标右键选择“转换为元件”命令，将矩形转换为“背景”图形元件，如图 10-23 所示。在“库”面板中双击图形元件“背景”，进入元件编辑模式。单击“图层”面板中的“插入图层”按钮，在“图层 1”图层的上方创建新图层“图层 2”，如图 10-24 所示。

图 10-23 “背景”图形元件

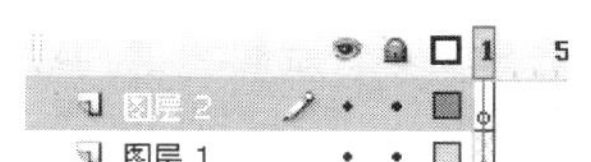

图 10-24 图层 2

5）选择“图层 2”的第一帧，选择“刷子工具”，绘制如图 10-25 所示的不规则图形。

6）选中“图层 2”中的所有图形，用“颜料桶工具”填充线性渐变颜色，在“颜色”面板中设置为“#FFCC00”到“#FF6600”的渐变，并且关闭“填充工具”辅助工具中的“锁定填充”功能，形成和下面矩形相反的渐变色，如图 10-26 所示。

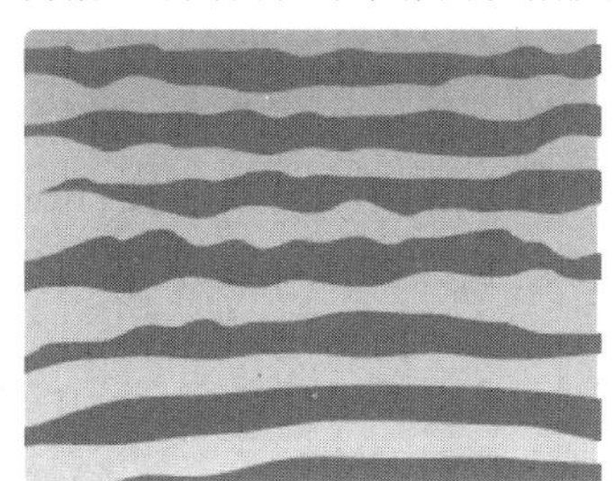

图 10-25 不规则图形

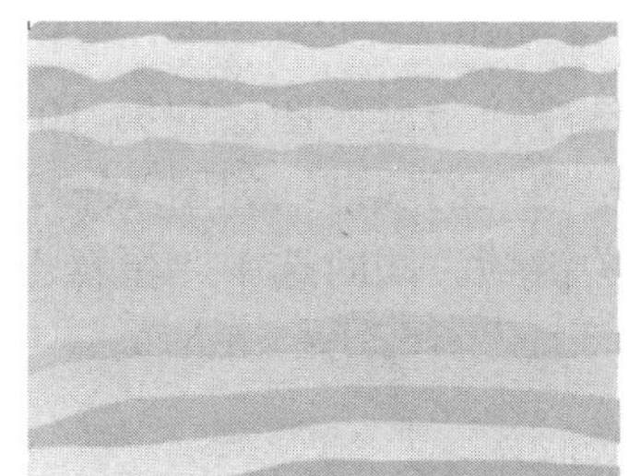

图 10-26 填充颜色

7）单击“图层”面板中的“插入图层”按钮，在“图层 2”图层的上方创建新图层“图层 3”。选择“铅笔工具”，设置“笔触颜色”为白色，“笔触高度”为 1.5，绘制如图 10-27 所示的蜡烛，不填充颜色。

8）选中“蜡烛”，单击鼠标右键选择“转换为元件”命令，将蜡烛转换为“蜡烛”图形元件，如图 10-28 所示。选中“蜡烛”图形元件，选择图形元件“属性”面板，在“颜色”

选项的下拉列表中选择“Alpha”，并将其值设为 50%。选中“蜡烛”图形元件，使用“任意变形工具”缩小并复制填满舞台，如图 10-29 所示。

图 10-27 蜡烛

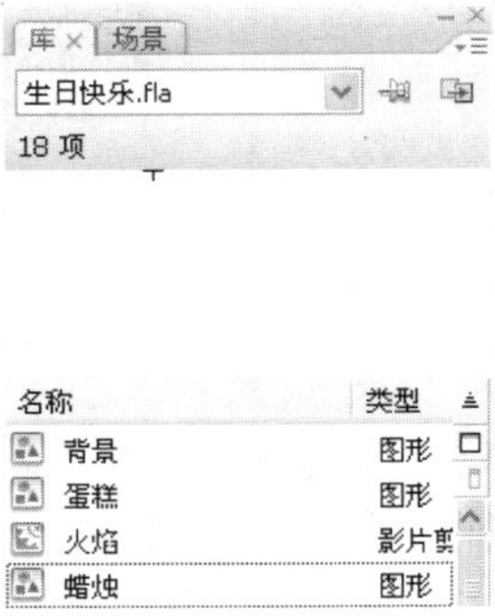

图 10-28 “蜡烛”元件

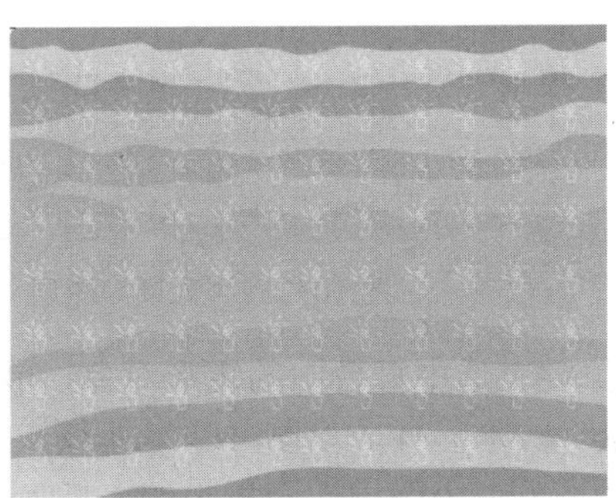

图 10-29 复制蜡烛

9）单击工作区上方的“场景 1”图标，进入“场景 1”的舞台窗口。“背景”图层中的背景制作完成，选中“背景”图层的第 140 帧，按<F5>键，在该帧上插入普通帧，如图 10-30 所示。单击“图层”面板中的“插入图层”按钮，在“背景”图层的上方创建新图层并将其命名为“蛋糕”，选中图层的第 10 帧，按<F6>键，在该帧上插入关键帧，如图 10-31 所示。

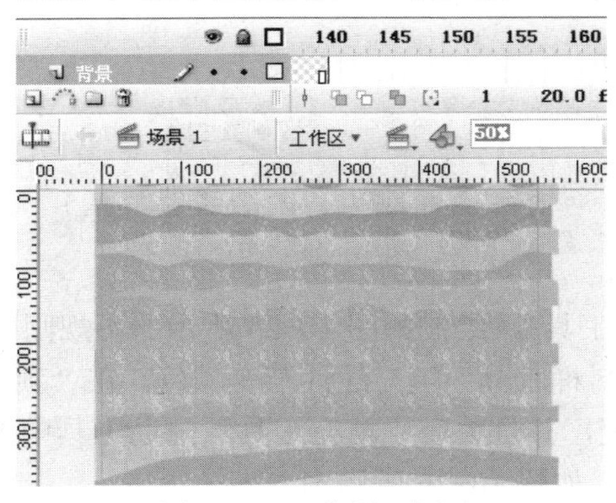

图 10-30 “背景”图层

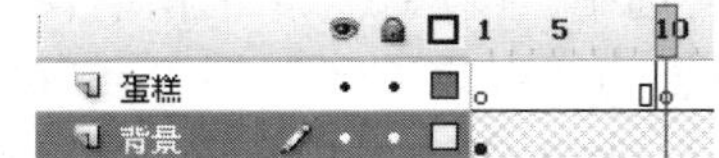

图 10-31 “蛋糕”图层

10）选中“蛋糕”图层的第 10 帧，将“库”面板中的元件“蛋糕”拖到舞台窗口中，放置在舞台窗口的底部，如图 10-32 所示。选中“蛋糕”图层的第 25 帧，按<F6>键，在该帧上插入关键帧。同时选中“蛋糕”图形元件水平向上移动到如图 10-33 所示的位置。

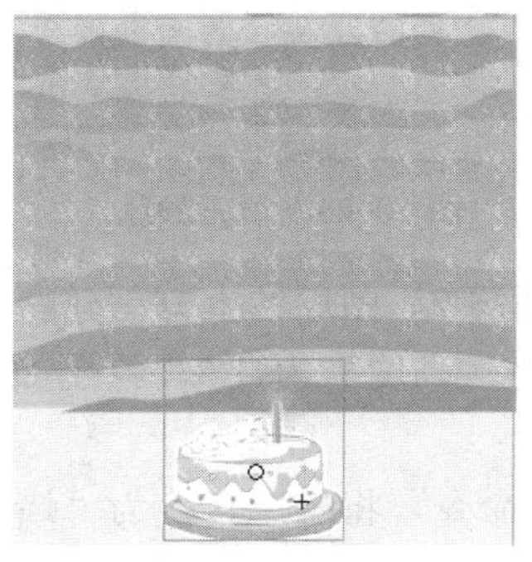

图 10-32 第 10 帧的位置

图 10-33 第 25 帧的位置

11）选中“蛋糕”图层的第 10 帧，选择“蛋糕”图形元件的“属性”面板，在“颜色”选项的下拉列表中选择“色调”，将颜色设为白色“#FFFFFF”，如图 10-34 所示。

12）在“蛋糕”图层的第 10 帧单击鼠标右键，在弹出的菜单中选择“创建补间动画”命令，在第 10 帧到第 25 帧之间创建补间动画，如图 10-35 所示。

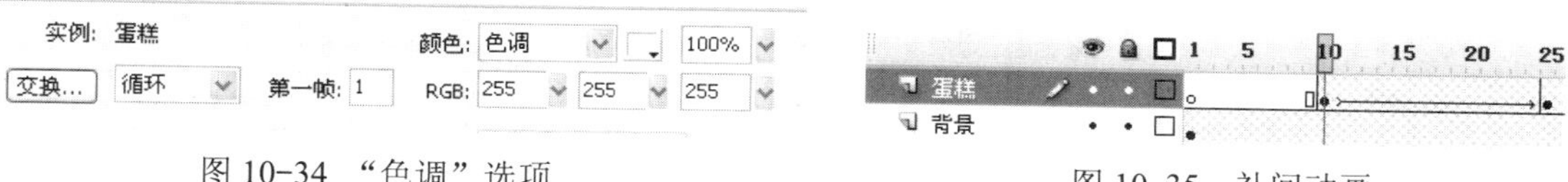

图 10-34 “色调”选项

图 10-35 补间动画

13）选中“蛋糕”图层第 10 帧到第 25 帧之间的一帧，在“属性”面板中单击“缓动”输入框右边的“编辑...“按钮，在弹出的“自定义缓入/缓出”对话框中修改曲线，如图 10-36 所示。预览影片，可以看到“蛋糕”向上移动时是有弹性的。

14）选中“蛋糕”图层的第 140 帧，按<F5>键，在该帧上插入普通帧。单击“图层”面板中的“插入图层”按钮，在“蛋糕”图层的上方创建新图层并将其命名为“小猪”，选中图层的第 20 帧，按<F6>键，在该帧上插入关键帧，如图 10-37 所示。

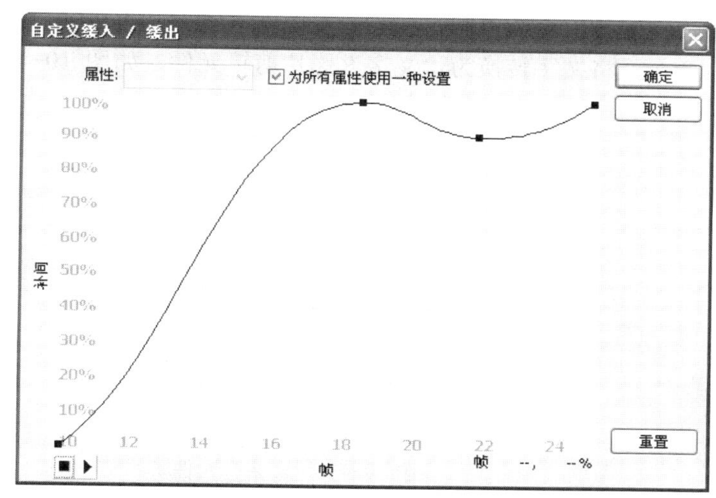

图 10-36 “缓动”选项

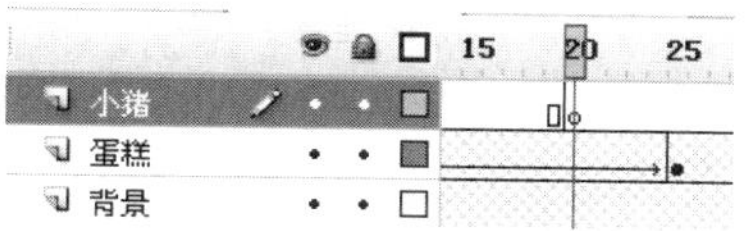

图 10-37 “小猪”图层

15）选中“小猪”图层的第 20 帧，将“库”面板中的元件“小猪_1”拖到舞台窗口中，放置在舞台窗口的左边，如图 10-38 所示。选中“小猪”图层的第 35 帧，按<F6>键，在该帧上插入关键帧。同时选中“小猪”图形元件水平向右移动到如图 10-39 所示的位置。

图 10-38 第 20 帧的位置

图 10-39 第 35 帧的位置

16）选中“小猪”图层的第 20 帧，选择“小猪_1”图形元件的“属性”面板，在“颜色”选项的下拉列表中选择“色调”，将颜色设为白色“#FFFFFF”，如图 10-40 所示。

17）在“小猪”图层的第 20 帧单击鼠标右键，在弹出的菜单中选择“创建补间动画”命令，在第 20 帧到第 35 帧之间创建补间动画，如图 10-41 所示。

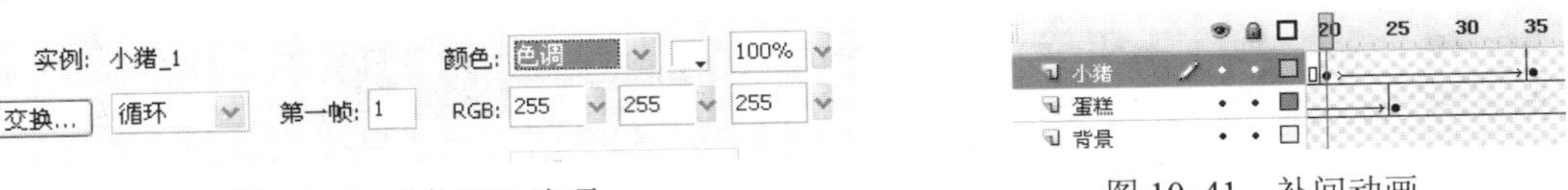

图 10-40 “色调”选项　　图 10-41 补间动画

18）选中“小猪”图层第 20 帧到第 35 帧之间的一帧，在“属性”面板中的“缓动”选项输入框中输入 90，如图 10-42 所示。选中“小猪”图层的第 140 帧，按<F5>键，在该帧上插入普通帧。

19）打开“库”面板，在“库”面板下方单击“新建元件”按钮，新建一个图形元件“文字动画”。在图形元件“文字动画”时间轴上，选中“图层 1”将其重新命名为“文字”，选中“文字”图层的第 1 帧，在舞台窗口中输入文字，“字体大小”为 60，“字体”为“方正卡通繁体”，内容为“你过生日了！”，“文本颜色”为“#993300”，选中文字“你过生日了！”，单击鼠标右键选择“转换为元件”命令，将文字转换为“文字”影片剪辑元件，如图 10-43 所示。

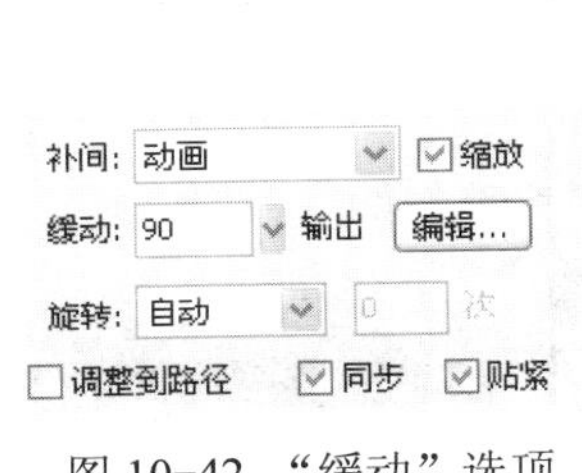

图 10-42 “缓动”选项

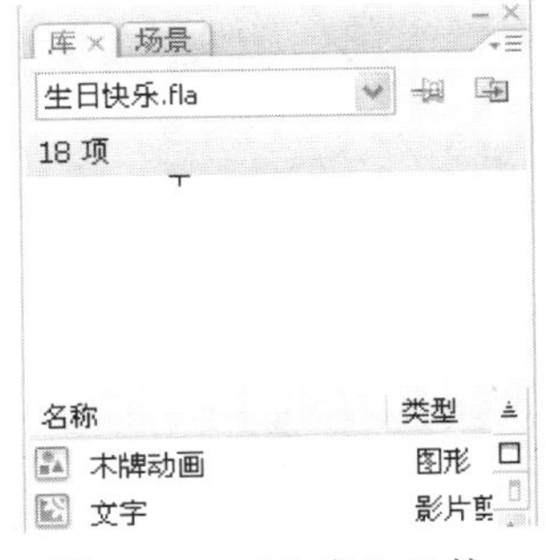

图 10-43 “文字”元件

20）选中“文字”元件，选择影片剪辑“属性”面板，在“滤镜”选项卡中单击“添加滤镜”按钮，为元件添加“投影”滤镜，将“模糊”滤镜的“模糊 X”和“模糊 Y”的值均设为 8，投影颜色为白色“#FFFFFF”，距离为 8，如图 10-44 所示。

21）选中“文字”图层的第 20 帧，按<F5>键，在该帧上插入普通帧。单击“图层”面板中的“插入图层”按钮，在“文字”图层的上方创建新图层并将其命名为“遮罩”。选中“遮罩”图层的第 1 帧，选择“矩形工具”，设置“笔触颜色”为无色，“填充颜色”为“#FFFFFF”，在舞台窗口中绘制一个矩形，使用“选择工具”选中矩形，在形状“属性”面板中，将“宽”设置为 372，“高”设置为 70，如图 10-45 所示。

22）将白色矩形放置在“你过生日了！”文字左边，如图 10-46 所示。在“遮罩”图层的第 20 帧，按<F6>键，插入关键帧，水平向右调整白色矩形的位置，让白色矩形完全覆盖住“你过生日了！”2 个字，如图 10-47 所示。

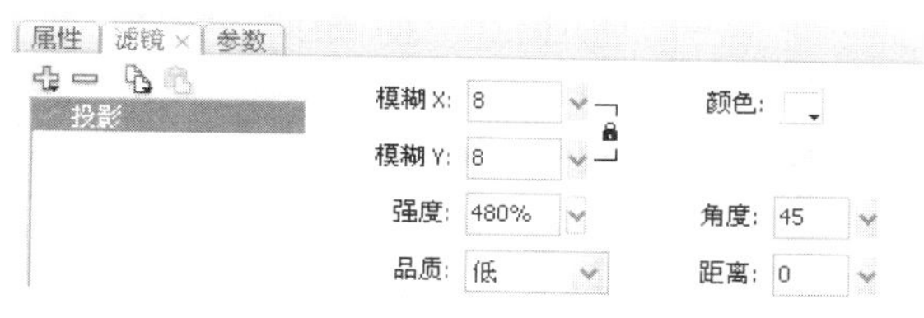

图 10-44　添加滤镜

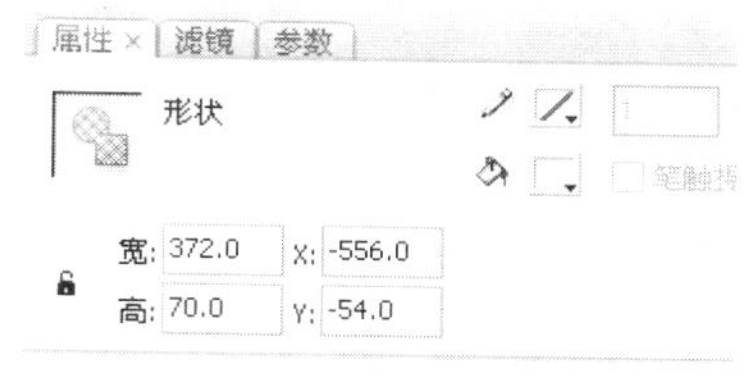

图 10-45　“矩形”属性

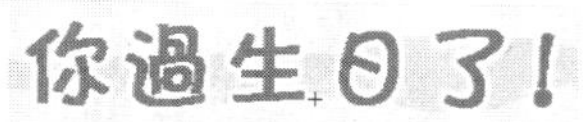

你過生日了！

图 10-46　第 1 帧的位置

图 10-47　第 20 帧的位置

23）在“遮罩”图层的第 1 帧单击鼠标右键，在弹出的菜单中选择“创建形状补间动画”命令，在第 1 帧到第 20 帧之间创建形状补间动画，如图 10-48 所示。

24）在“遮罩”图层的名称上单击鼠标右键，在弹出的菜单中选择“遮罩层”命令，将“遮罩”图层转换为遮罩层，“文字”图层转换为被遮罩层，如图 10-49 所示。此时“文字动画”图形元件制作完成。

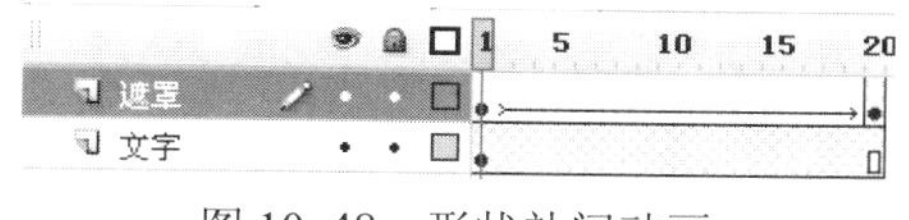

图 10-48　形状补间动画

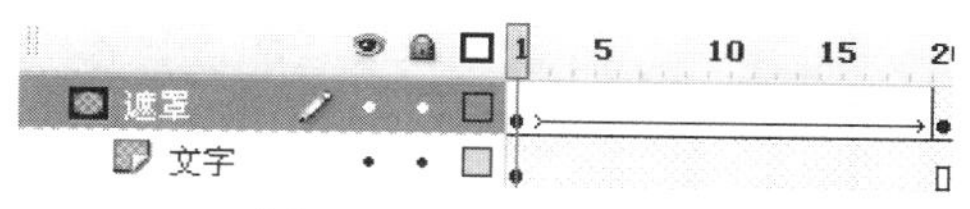

图 10-49　“遮罩”图层

25）单击工作区上方的“场景 1”图标场景 1，进入“场景 1”的舞台窗口。选中“小猪”图层，单击“图层”面板中的“插入图层”按钮，在“小猪”图层的上方创建新图层并将其命名为“文字”，选中图层的第 45 帧，按<F6>键，在该帧上插入关键帧。选中“文字”图层的第 45 帧，将“库”面板中的元件“文字动画”拖到舞台窗口中，放置在舞台窗口的右上角，如图 10-50 所示。

图 10-50　“文件”元件位置

26）选中“文字动画”图形元件，选择“文字动画”图形元件的“属性”面板，在“交换”选项的下拉列表中选择“只循环一次”，如图 10-51 所示。

27）选中“文字”图层的第 110 帧、第 120 帧、第 125 帧，按<F6>键，在该帧上插入关键帧，如图 10-52 所示。

图 10-51 “交换”选项

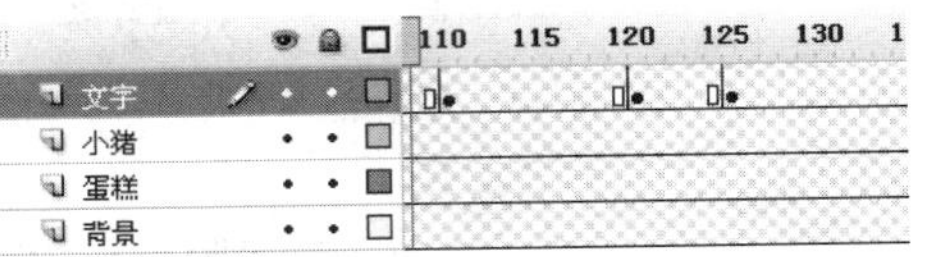

图 10-52 插入关键帧

28）选中“文字”图层的第 120 帧，选中“文字动画”图形元件，选择“文字动画”图形元件的“属性”面板，在“颜色”选项的下拉列表中选择“色调”，将颜色设为白色“#FFFFFF”，如图 10-53 所示。选中“文字”图层的第 125 帧，选中“文字动画”图形元件，选择“文字动画”图形元件的“属性”面板，在“颜色”选项的下拉列表中选择“Alpha”，并将其值设为 0%，如图 10-54 所示。

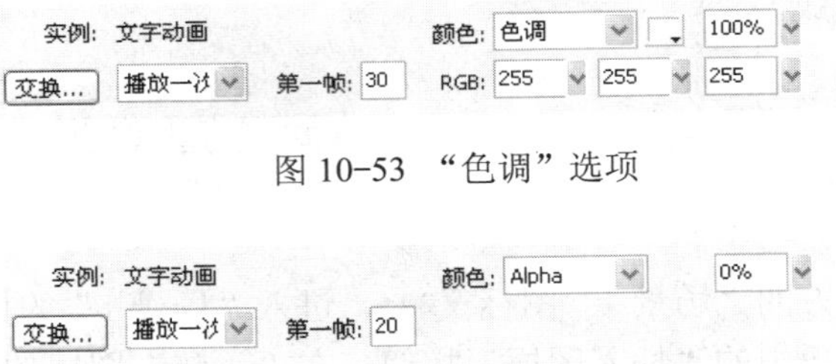

图 10-53 “色调”选项

图 10-54 “Alpha”选项

29）在“文字”图层的第 110 帧、第 120 帧上单击鼠标右键，在弹出的菜单中选择“创建形状补间动画”命令，分别在第 110 帧到第 120 帧和第 120 帧到第 125 帧之间创建形状补间动画，如图 10-55 所示。选中“文字”图层的第 140 帧，按<F5>键，在该帧上插入普通帧。这里，就制作完成了“场景 1”动画，按<Ctrl+Enter>组合键即可查看效果。

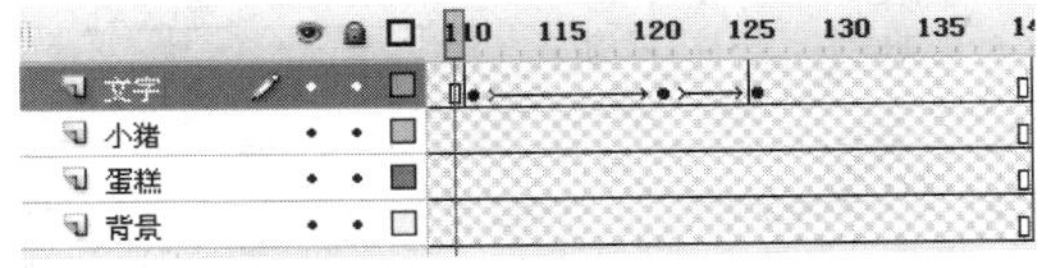

图 10-55 补间动画

2. 制作“场景 2”

1）选择“窗口”→“其他面板”→“场景”命令，打开“场景”面板，单击“场景”面板底部的“添加场景”按钮，添加“场景 2”，同时场景自动切换为“场景 2”，如图 10-56 所示。

2）在“场景 2”的时间轴上，选中“图层 1”将其重新命名为“背景”，选中“背景”图层的第 1 帧，将“库”面板中的元件“背景”拖到舞台窗口中，如图 10-57 所示。

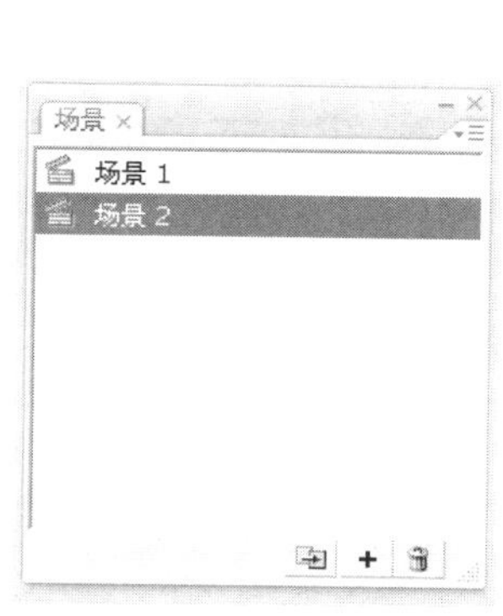

图 10-56 增加的场景

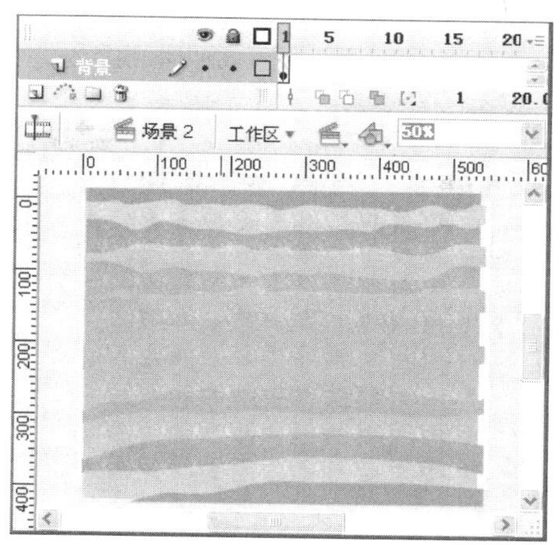

图 10-57 “背景”元件

3）选中“背景”图层的第 15 帧、第 25 帧，按<F6>键，在该帧上插入关键帧，如图 10-58 所示。

4）选中“背景”图层的第 25 帧，选中“背景”图形元件，选择“背景”图形元件的“属性”面板，在“颜色”选项的下拉列表中选择“高级”，单击“颜色”选项的下拉列表右边的“设置”按钮，弹出“高级效果”对话框，分别设置“R”为−20，“G”为 10，“B”为 200，如图 10-59 所示。

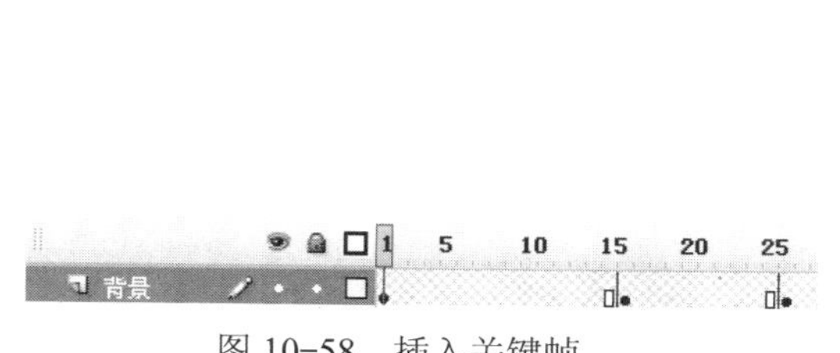

图 10-58 插入关键帧

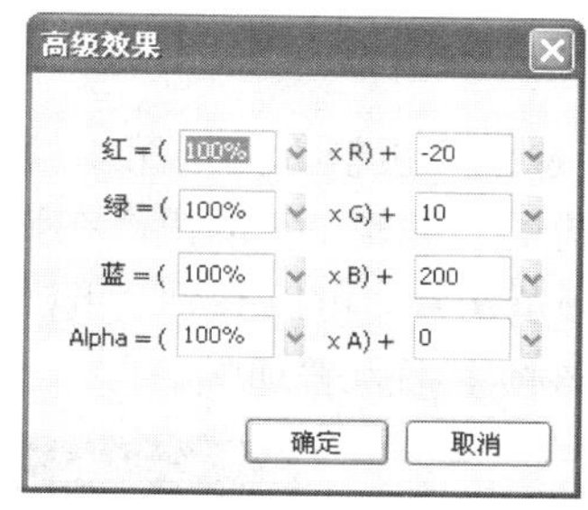

图 10-59 “颜色”选项

5）在“背景”图层的第 15 帧单击鼠标右键，在弹出的菜单中选择“创建补间动画”命令，在第 15 帧到第 25 帧之间创建补间动画，如图 10-60 所示。选中“背景”图层的第 160 帧，按<F5>键，在该帧上插入普通帧。

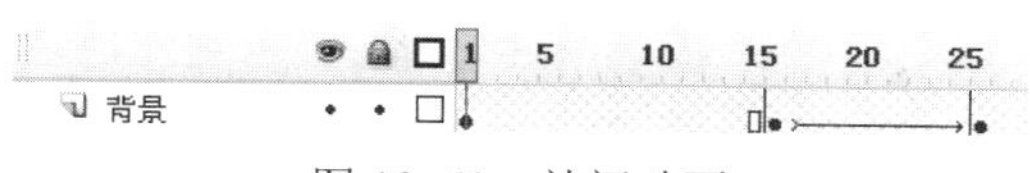

图 10-60 补间动画

6）单击“图层”面板中的“插入图层”按钮，在“背景”图层的上方创建新图层并将其命名为“蛋糕”，选中图层的第 1 帧，将“库”面板中的元件“蛋糕”拖到舞台窗口中，放置在舞台窗口的中心，如图 10-61 所示。选中“蛋糕”图层的第 15 帧，按<F6>键，在该帧上插入关键帧。同时选中“蛋糕”图形元件，使用“任意变形工具”放大，如图 10-62 所示。

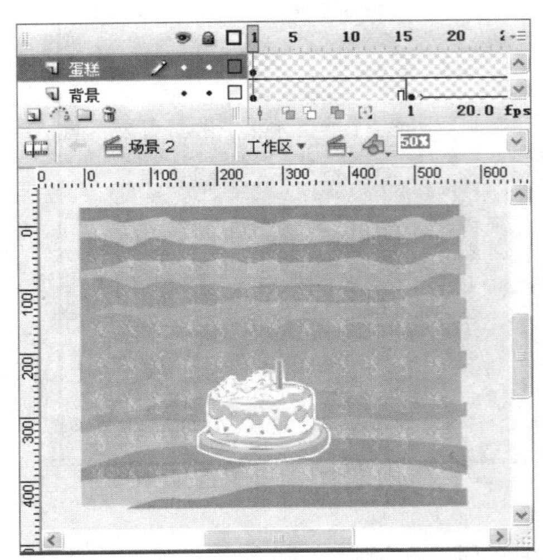
图 10-61　第 1 帧的位置

图 10-62　第 15 帧的位置

7）在“蛋糕”图层的第 1 帧单击鼠标右键，在弹出的菜单中选择“创建补间动画”命令，在第 1 帧到第 15 帧之间创建补间动画，如图 10-63 所示。

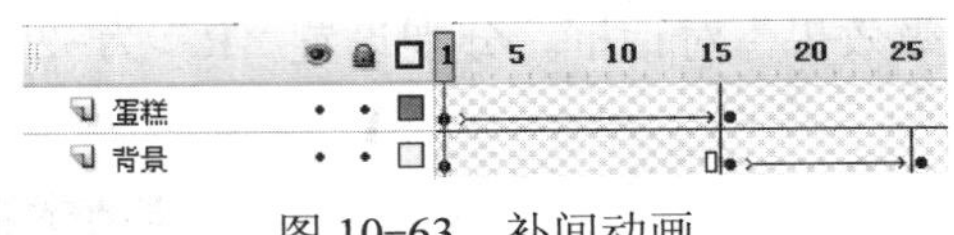
图 10-63　补间动画

8）选中“蛋糕”图层第 1 帧到第 15 帧之间的一帧，在“属性”面板中单击“缓动”输入框右边的“编辑...”按钮，在弹出的“自定义缓入/缓出”对话框中修改曲线，如图 10-64 所示。预览影片，可以看到“蛋糕”放大是有弹性的。选中“蛋糕”图层的第 160 帧，按<F5>键，在该帧上插入普通帧。

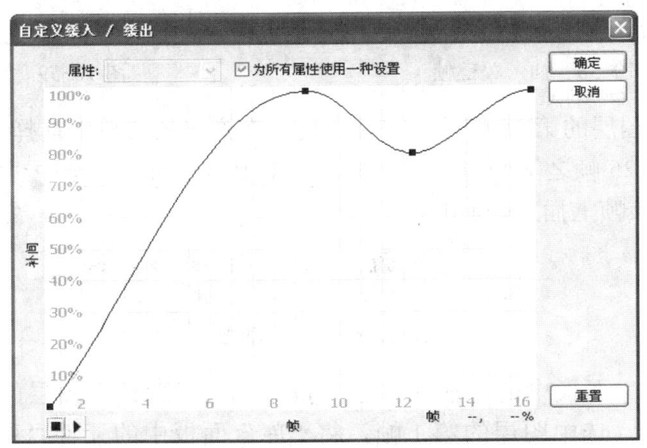

图 10-64　“缓动”选项

9）单击“图层”面板中的“插入图层”按钮，在“蛋糕”图层的上方创建新图层并将其命名为“小猪”，选中图层的第 35 帧，按<F6>键，在该帧上插入关键帧，选中“小猪”图层的第 35 帧，将“库”面板中的元件“小猪_2”拖到舞台窗口中，放置在舞台窗口中“蛋糕”的左边，效果如图 10-65 所示。选中“小猪”图层的第 140 帧，按<F5>键，在该帧上插入普通帧。

图 10-65 “小猪”第 35 帧位置

10）选中“小猪”图层，单击“图层”面板中的“插入图层”按钮，在“小猪”图层的上方创建新图层并将其命名为“文字”，选中图层的第 45 帧，按<F6>键，在该帧上插入关键帧，选中“文字”图层的第 45 帧，将“库”面板中的元件“木牌动画”拖到舞台窗口中，放置在舞台窗口的底部，效果如图 10-66 所示。同时选中“木牌动画”图形元件，选择“木牌动画”图形元件的“属性”面板，在“交换”选项的下拉列表中选择“只循环一次”，如图 10-67 所示。这里，就制作完成了“场景 2”动画，按<Ctrl+Enter>组合键即可查看场景 1 和场景 2 连起来播放效果。按<Ctrl+S>组合键保存当前的 Flash 文件。

图 10-66 “文字”第 45 帧

图 10-67 “交换”选项

10.1.2 【小试身手】游戏片头 1

3 个场景完成效果，如图 10-68 所示。

a）

b）

c）

图 10-68 动画最终效果

a）场景 1 效果图 b）场景 2 效果图 c）场景 3 效果图

1. 制作“场景 1”

1）选择“文件”→“新建”命令，在弹出的“新建文档”对话框中单击“Flash 文件（ActionScript 2.0）”选项，新建一个空白文档。单击“属性”面板中的“大小”按钮，打开“文档属性”对话框，设置文档的“尺寸”为 550×400 像素，“背景颜色”为“#999999”。

2）选择“文件”→“导入”→“导入到库”命令，在弹出的“导入”对话框中选择“素材\魔法培训\第 10 讲\10-1\游戏片头素材”文件中的“上下遮挡条”“车”“电梯人”“近处楼房”“群楼”“人 1”“人 2”“枪”“隧道”等文件，单击“打开”按钮，文件被导入到“库”面板中，如图 10-69 所示。

3）打开“库”面板，在“库”面板下方单击“新建元件”按钮，弹出“创建新元件”对话框，在“名称”选项的文本框中输入“跑步人”，选中“影片剪辑”选项，单击“确定”按钮，新建一个影片剪辑元件“跑步人”，舞台窗口也随之转换为图像元件的舞台窗口。选择“文件”→“导入”→“导入到舞台”命令，在弹出的“导入”对话框中选择“素材\魔法培训\第 10 讲\10-1\游戏片头素材\跑步人\01”文件，单击“打开”按钮，弹出如图 10-70 所示的提示对话框，单击“是”按钮。图片序列被导入到舞台窗口中，效果如图 10-71 所示。

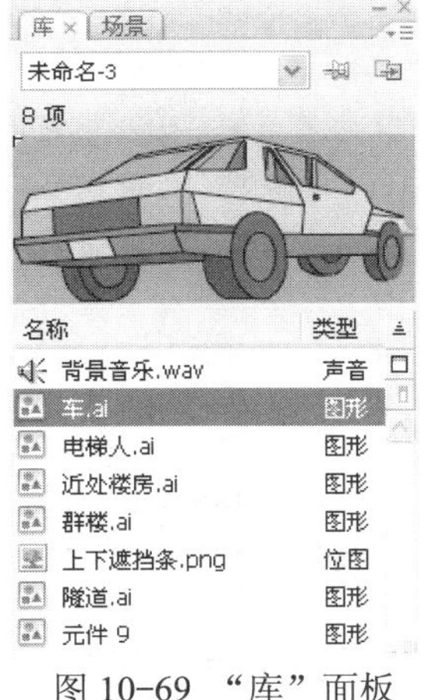

图 10-69 “库”面板

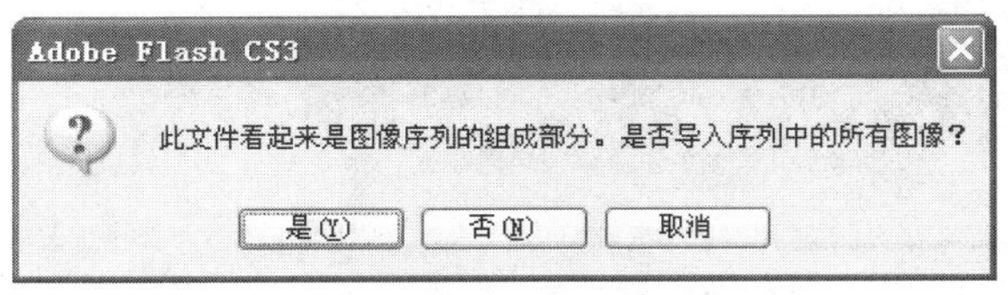

图 10-70 提示对话框

图 10-71　跑步的人

4）在“库”面板下方单击“新建文件夹”按钮，创建一个新的文件夹并将其命名为“跑步人的图片”。选中位图“01”至位图“11”，将选中的图片拖到“跑步人的图片”文夹中，如图 10-72 所示。

5）单击工作区上方的“场景 1”图标 场景 1，进入“场景 1”的舞台窗口。将“图层 1”重新命名为“上下遮挡条”。将“库”面板中的图形元件“上下遮挡条”拖到舞台窗口中，如图 10-73 所示。

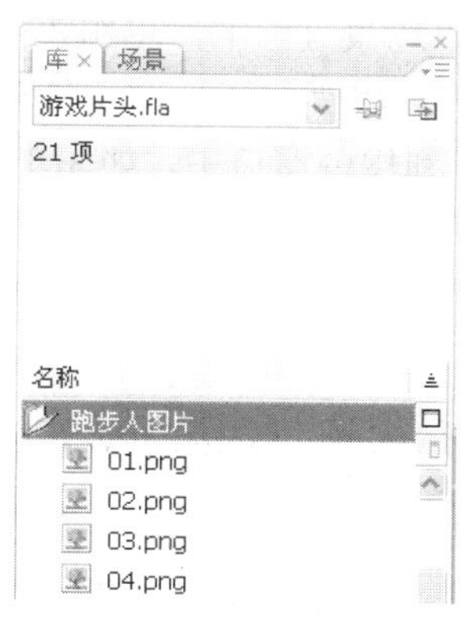

图 10-72　“跑步的人”文件夹

图 10-73　“上下遮挡条”元件

6）选择“文本工具”，在文字“属性”面板中进行设置，将“字母间距”选项设为 4，在舞台窗口中输入文字，“字体大小”为 20，“字体”为“Times New Roman”，“文本颜色”为灰色“#999999”，文字内容为“POLICEMAN GAME”，在“属性”面板中选中“切换粗体”按钮，转换字母为粗体，如图 10-74 所示。选中“上下遮挡条”图层的 20 帧，按<F5>键，在该帧上插入普通帧。

图 10-74　字母效果

2．复制场景

在这个实例中 3 个场景都要用到“上下遮挡条”图层，可以利用场景的复制，实现一样的“上下遮挡条”图层。

选择“窗口”→“其他面板”→“场景”命令，打开“场景”面板，如图 10-75 所示。选中“场景 1”，单击“场景”面板中的“重制场景”按钮，生成一个新的场景“场景 1 副本”，如图 10-76 所示，重命名“场景 1 副本”为“场景 2”。选中“场景 2”，单击“场景”面板中的“直接复制场景”按钮，生成一个新的场景“场景 2 副本”，重命名“场景 2 副本”为“场景 3”，如图 10-77 所示。这时可以看到 3 个场景的舞台内容是一样的。

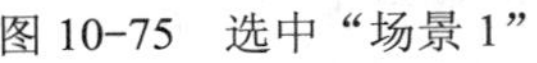
图 10-75　选中“场景 1”

图 10-76　单击“场景 1 副本”

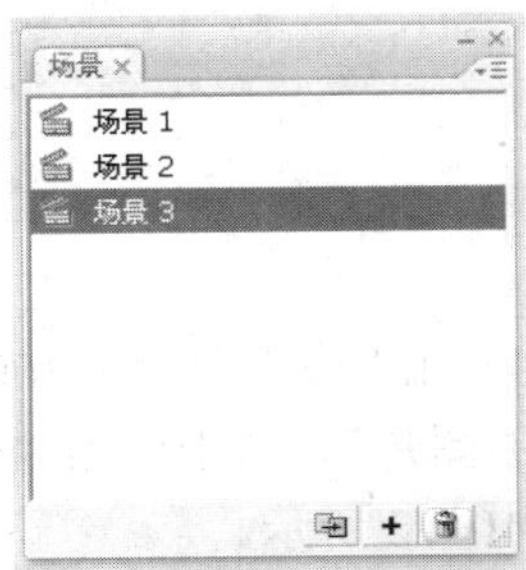

图 10-77　生成的新场景

3．完成“场景 1”

1）在“场景”面板中单击选中“场景 1”，舞台回到“场景 1”中，单击“图层”面板中的“插入图层”按钮，创建新图层并将其命名为“群楼”。将“群楼”图层拖到“上下遮挡条”图层的下方。将“库”面板中的图形元件“群楼”拖到舞台窗口中，如图 10-78 所示。

2）分别选中“群楼”图层的第 10 帧、第 20 帧，按<F6>键，在该帧上插入关键帧，选中“群楼”图层的第 10 帧，在舞台窗口中选中“群楼”元件，按住<Shift>键水平向右移到合适的位置，如图 10-79 所示。

图 10-78　第 1 帧的位置

图 10-79　第 10 帧的位置

3）在“群楼”图层的第 1 帧、第 10 帧单击鼠标右键，在弹出的菜单中选择“创建补间动画”命令，分别在第 1 帧到第 10 帧和第 10 帧到第 20 帧之间创建补间动画，如图 10-80 所示。

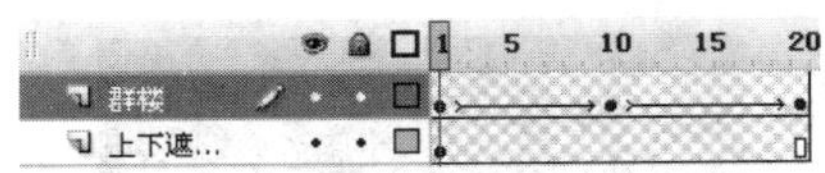

图 10-80　补间动画

4．制作“场景 2”

1）选择“窗口”→“其他面板”→“场景”命令，打开“场景”面板，选中“场景 2”。选中场景 2 的时间轴上的“上下遮挡条”图层，单击“图层”面板中的“插入图层”按钮，创建新图层并将其命名为“近处楼房”。将“近处楼房”图层拖到“上下遮挡条”图层的下方。选中“近处楼房”图层的第 1 帧，将“库”面板中的图形元件“近处楼房”拖到舞台窗口中，如图 10-81 所示。

2）选中“近处楼房”图层，单击“图层”面板中的“插入图层”按钮，创建新图层并将其命名为“电梯人”。选中“电梯人”图层的第 1 帧，将“库”面板中的图形元件“电梯人”拖到舞台窗口中，如图 10-82 所示。选中“电梯人”图层的第 8 帧，按<F6>键，在该帧上插入关键帧，选中“电梯人”图层的第 8 帧，在舞台窗口中选中“电梯人”元件，按住<Shift>键垂直向下移到合适的位置，如图 10-83 所示。

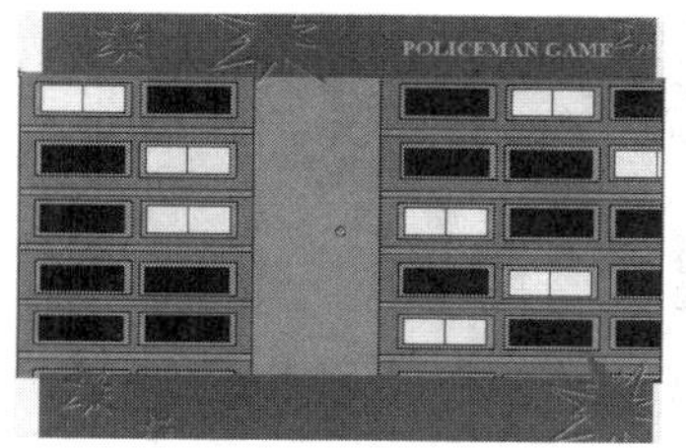

图 10-81 “近处楼房”元件

图 10-82 第 1 帧的位置

图 10-83 第 8 帧的位置

3）在“电梯人”图层的第 1 帧单击鼠标右键，在弹出的菜单中选择“创建补间动画”命令，在第 1 帧到第 8 帧之间创建补间动画，如图 10-84 所示。

4）在“图层”面板中的“插入图层”按钮，创建新图层并将其命名为“车”。选中“车”图层的第 8 帧，按<F6>键，在该帧上插入关键帧，将“库”面板中的图形元件“车”拖到舞台窗口中，如图 10-85 所示。

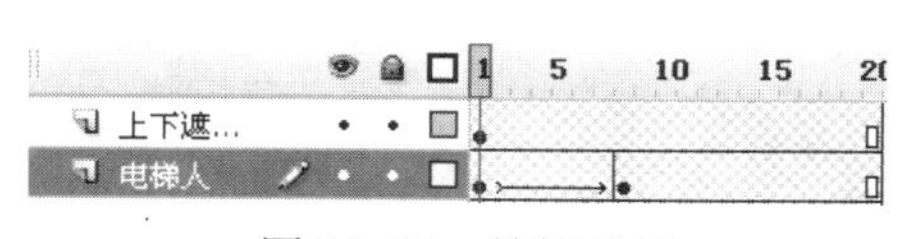

图 10-84 补间动画

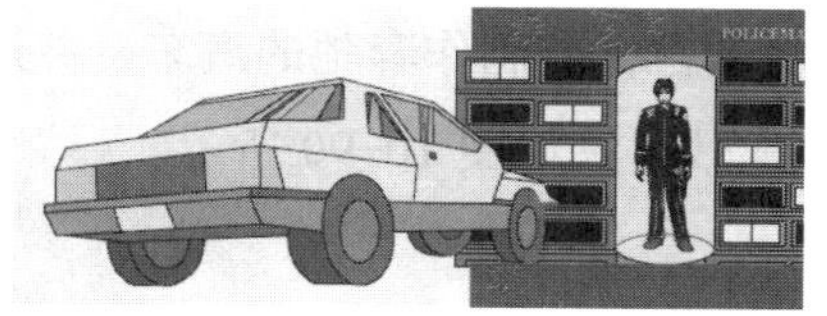

图 10-85 第 8 帧的位置

5）选中“车”图层的第 20 帧，按<F6>键，在该帧上插入关键帧，选中“车”图层的第 20 帧，在舞台窗口中选中“车”元件，按住<Shift>键水平向右移到合适的位置，如图 10-86 所示。

6）在“电梯人”图层的第 8 帧单击鼠标右键，在弹出的菜单中选择“创建补间动画”命令，在第 8 帧到第 20 帧之间创建补间动画，如图 10-87 所示。

图 10-86 第 20 帧的位置

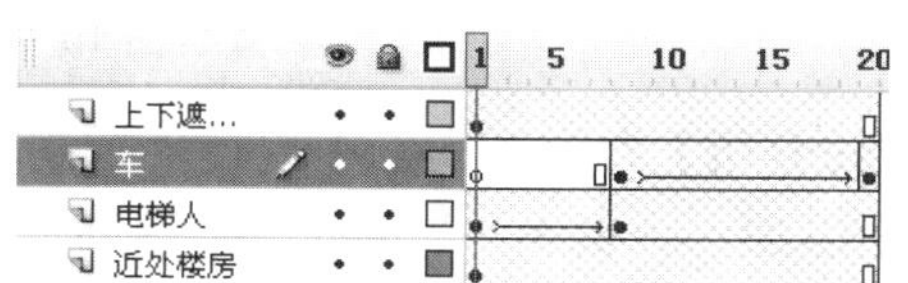

图 10-87 补间动画

5. 制作“场景3”

1）选择“窗口”→“其他面板”→“场景”命令，打开“场景”面板，选中“场景3”。选中“场景3”的时间轴上的“上下遮挡条”图层，单击“图层”面板中的“插入图层”按钮，创建新图层并将其命名为“隧道”。将“隧道”图层拖到“上下遮挡条”图层的下方。选中“隧道”图层的第1帧，将“库”面板中的图形元件“近处楼房”拖到舞台窗口中，如图10-88所示。

2）选中“隧道”图层，单击“图层”面板中的“插入图层”按钮，创建新图层并将其命名为“跑步人”。选中“跑步人”图层的第1帧，将“库”面板中的图形元件“跑步人”拖到舞台窗口中，使用“任意变形”具，按住<Shift>键的同时，将其等比缩小到合适的大小，并放置在隧道的中间位置，如图10-89所示。按<Ctrl+Enter>组合键即可查看“场景1”“场景2”“场景3”连起来播放效果。按<Ctrl+S>组合键保存当前的Flash文件。

图10-88 “隧道”元件

图10-89 “跑步人”元件

10.2 动作面板

10.2.1 【魔法】——奔驰的汽车

【魔法目标】制作奔驰的汽车，并通过控制按钮控制汽车的行驶和停止。

完成效果，如图10-90所示。

图10-90 完成效果

【魔法分析】在汽车实例中，使用控制动画播放流程的代码，在“动作”面板中对时间轴和按钮添加“stop( );”“play( );”等动作脚本，来实现播放、停止等功能，实现主时间轴上帧的跳转。

【魔法道具】

1. 认识“动作”面板

Flash 提供了一个专门处理动作脚本的编辑环境——“动作”面板。选择“文件”→“新建”命令，在弹出的“新建文档”对话框中单击“Flash 文件（ActionScript 2.0）”选项，选择菜单“窗口”→“动作”命令将“动作”面板打开，如图 10-91 所示。

图 10-91 “动作”面板

2.“动作”面板布局及各部分功能

“动作”面板是 Flash 的程序编辑环境，它由两部分组成。右侧部分是“脚本窗格”，这是输入代码的区域；左侧部分是“动作工具箱”，每个动作脚本语言元素在该工具箱中都有一个对应的条目。

在“动作”面板中，“动作工具箱”还包含一个“脚本导航器”，“脚本导航器”是 FLA 文件中相关联的帧动作、按钮动作具体位置的可视化表示形式。可以在这里浏览 FLA 文件中的对象以查找动作脚本代码。如果单击“脚本导航器”中的某一项目，则与该项目关联的脚本将出现在“脚本窗口”中，并且播放头将移到时间轴上的该位置。

“脚本窗格”上方是面板菜单，包含若干功能按钮，使用它们可以快速对动作脚本实施一些操作。从左向右按钮的功能依次如下。

1）“将新项目添加到脚本中”。单击这个按钮，会弹出一个下拉列表，其中显示 ActionScript 工具箱中包括的所有语言元素。可以从语言元素的分类列表中选择一项添加到脚本中。

2）“查找”。在 ActionScript 代码中查找和替换文本。

3）“插入目标路径”。帮助用户为脚本中的某个动作设置绝对或相对目标路径。

4）“语法检查”。检查当前脚本中的语法错误。语法错误列在“编译器错误”面板中。

5）“自动套用格式”。设置脚本的格式以实现正确的编码语法和更好的可读性。可以在“首选参数”对话框中设置自动套用格式首选参数。

6）“显示代码提示”。如果已经关闭了自动代码提示，可以使用“显示代码提示”手动显示正在编写的代码行的代码提示。

7）“调试选项”。在脚本中设置和删除断点，以便在调试 Flash 文档时可以停止，然后逐行跟踪脚本中的每一行。

8）"折叠成对大括号"。对出现在当前包含插入点的成对大括号或小括号间的代码进行折叠。

9）"折叠所选"。折叠当前所选的代码块。

10）"展开全部"。展开当前脚本中所有折叠的代码。

11）"应用块注释"。将注释标记添加到所选代码块的开头和结尾。

12）"应用行注释"。在插入点处或所选多行代码中每一行的开头处添加单行注释标记。

13）"删除注释"。从当前行或当前选择内容的所有行中删除注释标记。

14）"显示/隐藏工具箱"。显示或隐藏"动作工具箱"。

15）"脚本助手"按钮 脚本助手。单击这个按钮可以切换到"脚本助手"模式。在"脚本助手"模式中，将提示输入创建脚本所需的元素。

16）"帮助"。显示针对"脚本窗格"中选中的 ActionScript 语言元素的参考帮助主题。

3．为按钮添加动作

这里通过一个实例，说明是如何使用"动作"面板为按钮添加动作语言的。这个例子是在一个按钮上添加一段脚本，当单击按钮时，就会打开中央电视台网站的首页，如图 10-92 所示。

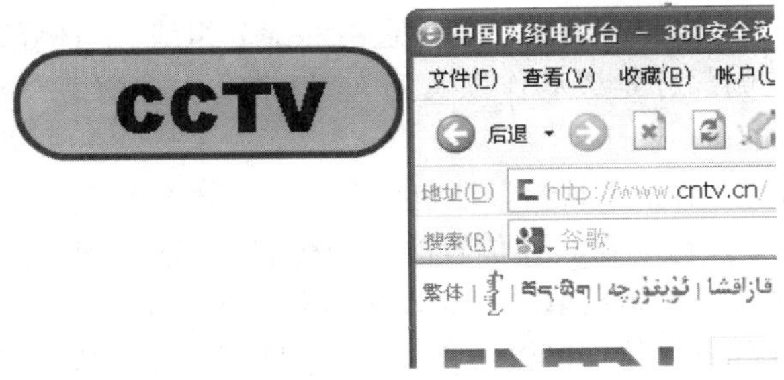

图 10-92　按钮实例

（1）导入按钮

选择"文件"→"打开"命令，在弹出的"打开"对话框中单击"素材\魔法培训\第 10 讲\10-2\CCTV.fla"文件选中。单击"打开"按钮，打开"CCTV.fla"文件，在"库"面板中，可以看到已经做好的"CCTV"按钮元件，如图 10-93 所示。

图 10-93　"CCTV"按钮

（2）打开"动作"面板

1）从"库"面板中把"CCTV"按钮拖到舞台中，单击选中"CCTV"按钮，选择"窗口"→"动作"命令将"动作"面板打开。面板右侧就是"脚本窗格"，如图 10-94 所示。

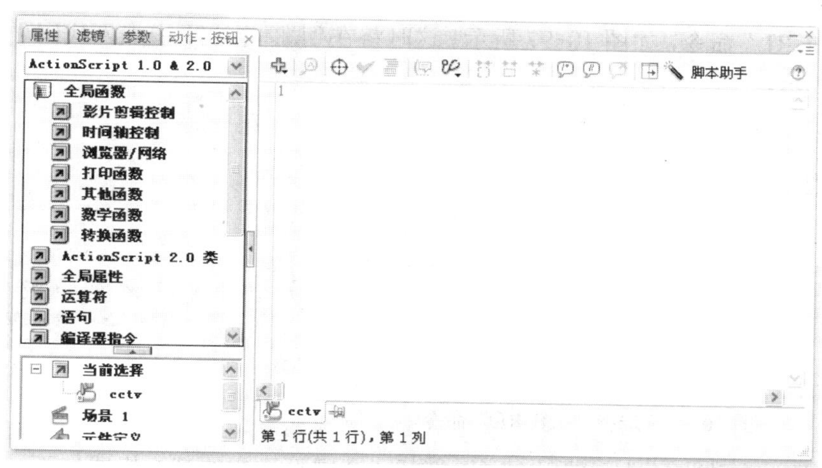

图 10-94 “动作”面板

2）在“脚本窗格”中输入代码“on”，这时将弹出一个列表，显示的是可供选择的所有事件，如图 10-95 所示。选中其中的“release”，然后双击将代码加入到括号中，如图 10-96 所示。这一段代码表示，触发代码的事件是松开鼠标。继续在“{}”中输入代码。

图 10-95 输入代码“on ()”出现的列表

图 10-96 加入代码

如图 10-96 所示的代码是非常典型的按钮脚本，它的核心结构如下。

On（事件）{

执行脚本代码

}

其中，“事件”是触发动作产生的事件，可以是单击鼠标或单击键盘的动作。“{}”之间的内容是要执行的脚本代码。

在这个例子中，触发动作的事件是 release，也就是说，当在按钮上单击鼠标后松开鼠标时，即单击鼠标时，就会运行脚本代码。

能够触发动作的事件很多，一些常见的触发事件见表 10-1。

表 10-1 常见的触发事件

事 件	发 生 时 间
press	鼠标在按钮上方，并单击鼠标时
release	在按钮上方单击鼠标，然后松开鼠标时
releaseOutside	在按钮上方单击鼠标，然后把光标移动到按钮之外，并松开鼠标时
rollOver	鼠标滑入按钮时
rollOut	鼠标滑出按钮时

3）单击“脚本窗格”左上角的按钮 ，在展开的菜单中选择“全局函数”→“浏览器/

网络”→“getURL”命令，如图 10-97 所示。这时将在“脚本窗格”中加入代码“getURL( )”，如图 10-98 所示。

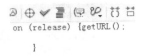

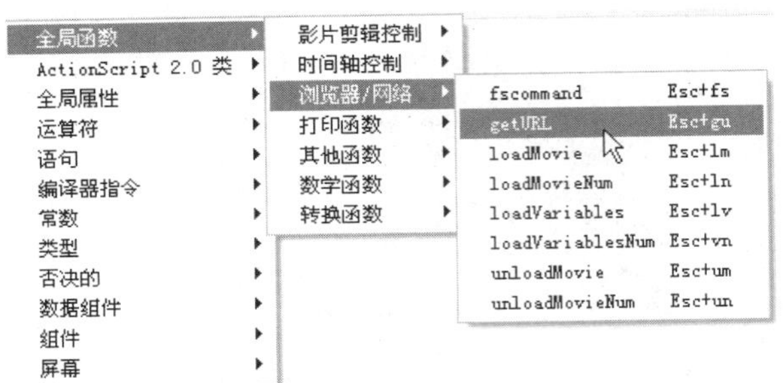

图 10-97 选择“getURL”命令

```
on (release) {getURL();
}
```

图 10-98 添加“getURL”代码

getURL 是一个动作函数，使用它可以打开一个网页。它的基本格式如下。

getURL（”http://网站域名/”,”框架名称”）;

其中，网站域名就是网站的网址。这里输入链接的网站地址“http://www.cctv.com”，如图 10-99 所示。如果需要在单击该按钮后新打开一个窗口，可以在其后加入框架名称，如图 10-100 所示。框架名称是指，选择在哪个浏览器窗口中打开链接的网页。这里输入的“http://www.cctv.com”就是中央电视台网站的域名，而“_blank”表示单击按钮后，将在弹出的新窗口中打开中央电视台网站的首页。

```
on (release) {getURL("http://www.cctv.com");
}
```

图 10-99 输入网站地址

```
on (release) {getURL("http://www.cctv.com","_blank");
}
```

图 10-100 加入框架名称

框架名称除了“_blank”外还可以是以下几种选项。

① _self ：将超级链接网页显示在目前的框架中。

② _top ：将超级链接网页显示在整个窗口。

③ _parent：将超级链接网页显示在上一层框架中。

4）最后单击“语法检查”按钮检查代码中是否有错，如果没有错误，就会弹出消息框报告检查结果，如图 10-101 所示。如果要让代码自动调整好缩进格式，可以单击“自动套用格式”按钮，如图 10-102 所示。最后保存文件，按<Ctrl+Enter>组合键查看最终效果。

图 10-101 检查结果

```
on (release) {
    getURL("http://www.cctv.com", "_blank");
}
```

图 10-102 单击“自动套用格式”按钮

4. 实现场景的跳转

假如需要让动画以非线性方式播放，就必须在场景中添加按钮，然后在按钮上添加脚本。

（1）打开“场景操作.fla”文件

1）选择“文件”→“打开”命令，在弹出的“打开”对话框中单击“场景操作.fla”文件选中。单击“打开”按钮，打开“场景操作.fla”文件，如图 10-103 所示。

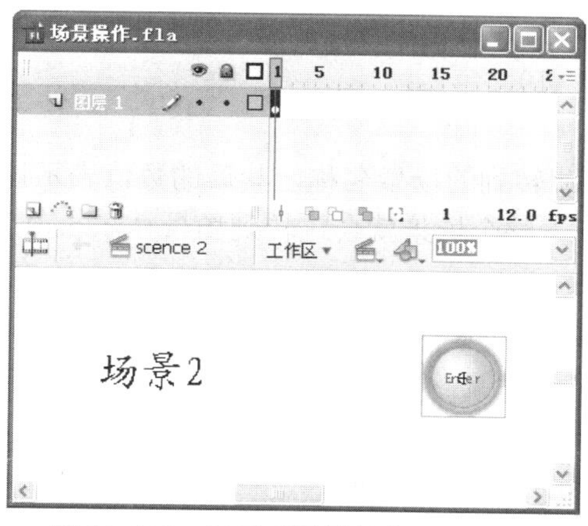

图 10-103　打开“场景操作.fla”文件

2）选择“窗口”→“其他面板”→“场景”命令，打开“场景”面板，如图 10-104 所示。

（2）为帧添加动作

1）为了能看到跳转的效果，首先在“场景”面板中选中“scence1”，然后在时间轴中选中第 1 帧，如图 10-105 所示。按<F9>键打开“动作”面板，在右侧的“脚本窗格”中添加使动画停止的代码“stop( );”，如图 10-106 所示。测试动画时，动画将停止在“scence1”场景的第 1 帧上。

2）用同样的方法在“scence2”场景中时间轴的第 1 帧中添加停止代码“stop( );”，如图 10-107 所示。再次测试动画时，动画将停止在“scence2”场景的第 1 帧上。

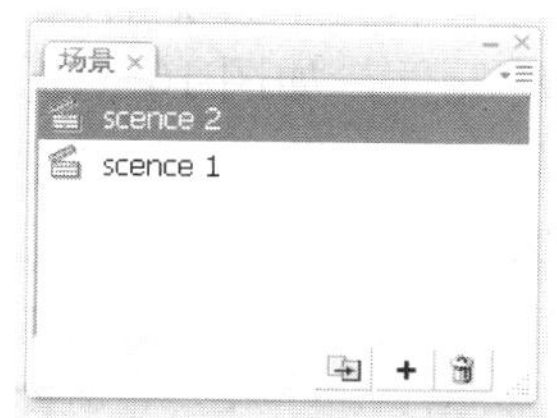

图 10-104　打开“场景”面板

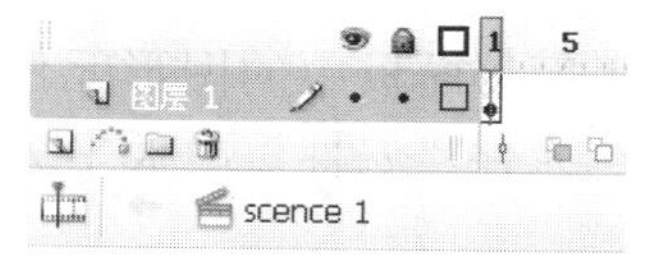

图 10-105　第 1 帧

图 10-106　“scence1”动作代码“stop( );”

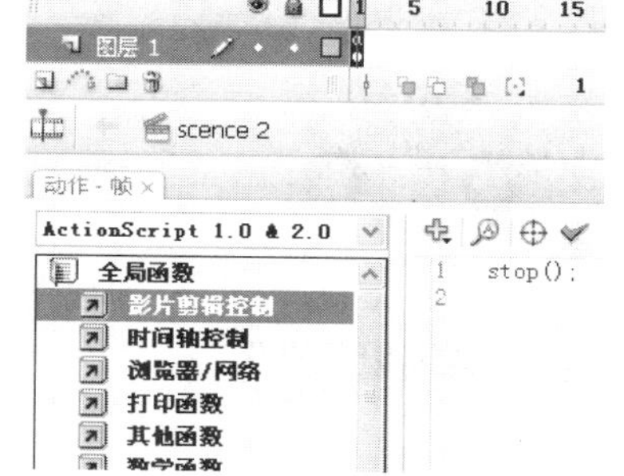

图 10-107　“scence2”动作代码“stop( );”

（3）为按钮添加动作

1）两个场景之间被切断了。此时，如果要从一个场景跳转到另一个场景，可以在按钮上添加跳转的动作。选中“scence2”中的按钮，按<F9>键打开“动作”面板，在“脚本窗格”

中输入以下代码：

```
on release {
gotoAndStop（"scence1",1）;
}
```

其中，“scence1”是要跳转到的场景名称，其后的数值表示该场景中的第 1 帧。这几行代码的作用是当单击按钮时，整个场景就会跳转到场景“scence1”的第 1 帧。添加完代码后的“脚本窗格”如图 10-108 所示。

2）用同样的方法，可以在场景“scence1”中的按钮上添加代码如下。

```
on release {
gotoAndStop（"scence2",1）;
}
```

添加完代码后的“脚本窗格”，如图 10-109 所示。

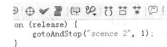

```
on (release) {
    gotoAndStop("scence 1", 1);
}
```

图 10-108　场景“scence2”动作代码

```
on (release) {
    gotoAndStop("scence 2", 1);
}
```

图 10-109　场景“scence1”动作代码

【魔法展示】奔驰的汽车

1．打开素材文件

1）选择“文件”→“打开”命令，在弹出的“打开”对话框中单击“素材\魔法培训\第 10 讲\10-2\奔驰的汽车.fla”文件选中。单击“打开”按钮，打开“奔驰的汽车.fla”文件，在“库”面板中，可以看到已经做好的背景、汽车、按钮等元件，如图 10-110 所示。

2）在时间轴上，选择“图层 1”并将其重新命名为“背景”。选中“背景”图层的第 1 帧，将“库”面板中的图形元件“背景”拖到舞台窗口中，在舞台中，选择“背景”图形元件，在元件“属性”面板中进行设置，设置“X”“Y”均为 0，如图 10-111 所示。

图 10-110　“库”面板

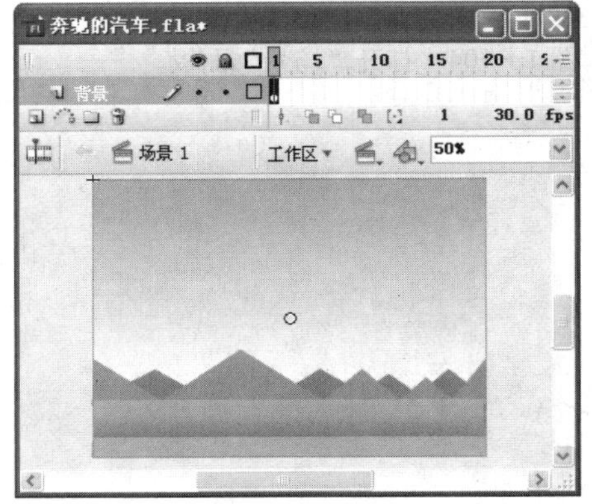

图 10-111　“背景”元件

3）选中“背景”图层的第 100 帧，按<F5>键，在该帧上插入普通帧。单击“图层”面板中的“插入图层”按钮，创建新图层并将其命名为“汽车”。选中“汽车”图层的第 1 帧，将“库”面板中的图形元件“汽车”拖到舞台窗口中，“汽车”图形元件位于舞台窗口右侧，使用“任意变形”具，按住<Shift>键的同时，将其等比缩小到合适的大小，并放置“背景”图层上，如图 10-112 所示。

4）选中“汽车”图层的第 100 帧，按<F6>键，在该帧上插入关键帧。选中“汽车”图层的第 100 帧，在舞台窗口中选中“汽车”元件，按住<Shift>键水平向左移动到合适的位置，如图 10-113 所示。

图 10-112 “汽车”元件第 1 帧的位置

图 10-113 “汽车”元件第 100 帧的位置

5）在“汽车”图层的第 1 帧单击鼠标右键，在弹出的菜单中选择“创建补间动画”命令，在第 1 帧到第 100 帧之间创建补间动画，如图 10-114 所示。

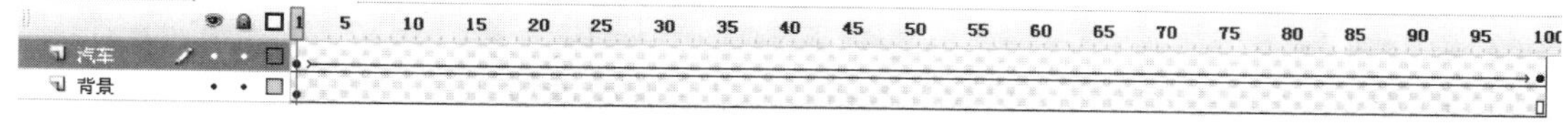

图 10-114 “汽车”元件补间动画

6）单击“图层”面板中的“插入图层”按钮，创建新图层并将其命名为“按钮”。选中“按钮”图层的第 1 帧，将“库”面板中的 3 个按钮元件“播放”“暂停”“停止”分别拖到舞台窗口中，放置在汽车的下方，如图 10-115 所示。

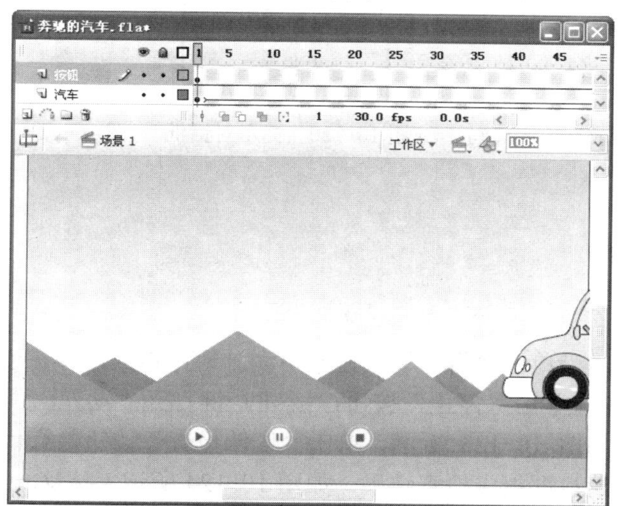

图 10-115 “按钮”元件第 1 帧位置

2．添加动作脚本

1）选中“按钮”图层，单击“图层”面板中的“插入图层”按钮，创建新图层并将其命名为“动作”。选中“动作”图层的第100帧，按<F6>键，在该帧上插入关键帧。按<F9>键打开“动作”面板，在右侧的“脚本窗格”中添加使动画停止的代码“stop( );”，如图10-116所示。

2）输入代码“stop( );”，单击“语法检查”按钮检查代码中是否有错，如果没有错误，就会弹出消息框报告检查结果，如图10-117所示。这时“动作”图层的第100帧将会变成如图10-118所示的帧。代码“stop( );”的作用是在测试影片后，动画播放到第100帧停止。

图10-116　在第100帧添加代码

图10-117　提示对话框

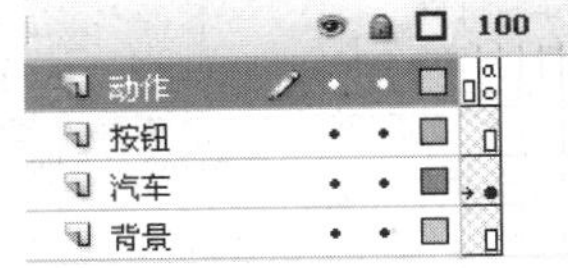

图10-118　添加动作的关键帧

3）在舞台窗口中，单击“播放”按钮，按<F9>键打开“动作”面板，在右侧的“脚本窗格”中输入代码，如图10-119所示。单击“语法检查”按钮检查代码中是否有错，如果没有错误，就会弹出消息框报告检查结果，如图10-120所示。

输入的代码如下。

```
on (release) {
    play();
}
```

这段代码的作用是当单击“播放”按钮时，动画开始播放。

4）在舞台窗口中，单击“暂停”按钮，按<F9>键打开“动作”面板，在右侧的“脚本窗格”中输入代码，如图10-121所示。单击“语法检查”按钮检查代码中是否有错，如果没有错误，就会弹出消息框报告检查结果，如图10-122所示。

```
on (release) {
    play();

}
```

图10-119　“播放”按钮代码

图10-120　提示对话框

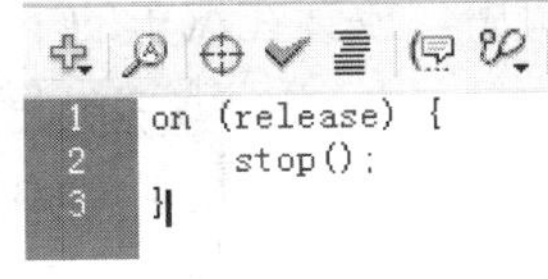

图10-121　“暂停”按钮代码

输入的代码如下。

```
on (release) {
    stop();
}
```

这段代码的作用是当单击“暂停”按钮时，动画暂停播放，停在当前播放的帧。

5）在舞台窗口中，单击“停止”按钮，按<F9>键打开“动作”面板，在右侧的“脚本窗格”中输入代码，如图10-123所示。单击“语法检查”按钮检查代码中是否有错，如果没有错误，就会弹出消息框报告检查结果，如图10-124所示。按<Ctrl+Enter>组合键即可查看效果。按<Ctrl+S>组合键保存当前的Flash文件。

图 10-122 提示对话框

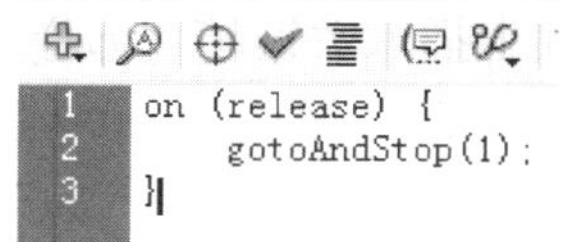

图 10-123 “停止”按钮代码

图 10-124 提示对话框

输入的代码如下。

```
on (release) {
    gotoAndStop(1);
}
```

这段代码的作用是当单击“停止”按钮时，动画停止播放，跳到第 1 帧并停止。

10.2.2 【小试身手】游戏片头 2

完成效果，如图 10-125 所示。

图 10-125 最终效果

本节为“游戏片头. fla”实例中的“场景 1”添加 3 个按钮，分别是“片头 1”“片头 2”“返回”，并为这 3 个按钮添加脚本语言实现场景之间的跳转。

1. 打开实例文件

1）选择“文件”→“打开”命令，在弹出的“打开”对话框中单击“素材\魔法培训\第 10 讲\10-2\游戏片头.fla”文件选中。单击“打开”按钮，打开“奔驰的汽车.fla”文件。打开“库”面板，可以看到实例需要用到的元件。

2）选中“场景 1”中的“群楼”图层，单击“图层”面板中的“插入图层”按钮，创建新图层并将其命名为“人 1”。选中“人 1”图层的第 9 帧，按<F6>键，在该帧上插入关键帧。将“库”面板中的图形元件“人 1”拖到舞台窗口中，如图 10-126 所示。选中“人 1”图层的第 12 帧，按<F7>键，在该帧上插入空白关键帧。

3）单击“图层”面板中的“插入图层”按钮，创建新图层并将其命名为“人 2”。选中“人 2”图层的第 12 帧，按<F6>键，在该帧上插入关键帧。将“库”面板中的图形元件“人 2”拖到舞台窗口中，如图 10-127 所示。

图 10-126 “人 1”元件第 9 帧效果

图 10-127 “人 2”元件第 12 帧效果

4）单击“图层”面板中的“插入图层”按钮，创建新图层并将其命名为“圆”。选中“圆”

图层的第 12 帧，按<F6>键，在该帧上插入关键帧。选择“椭圆工具”，设置“笔触颜色”为“#FF9900”，“填充颜色”为“#FFFF66”，按住<Shift>键的同时，在舞台绘制一个圆。选中圆，调出“属性”面板中，分别设置“高”为 418，“宽”为 418，按<Ctrl+G>组合键，进行组合。将圆放到合适的位置，如图 10-128 所示。

5）单击“图层”面板中的“插入图层”按钮，分别创建新图层并将其命名为“按钮 1”“按钮 2”。分别选中“按钮 1”和“按钮 2”图层的第 16 帧，按<F6>键，在该帧上插入关键帧。选中“按钮 1”图层的第 16 帧，将“库”面板中的按钮元件“片头 1”拖到舞台窗口中，选中“按钮 2”图层的第 16 帧，将“库”面板中的按钮元件“片头 2”拖到舞台窗口中，如图 10-129 所示。

图 10-128 “圆”元件第 12 帧效果

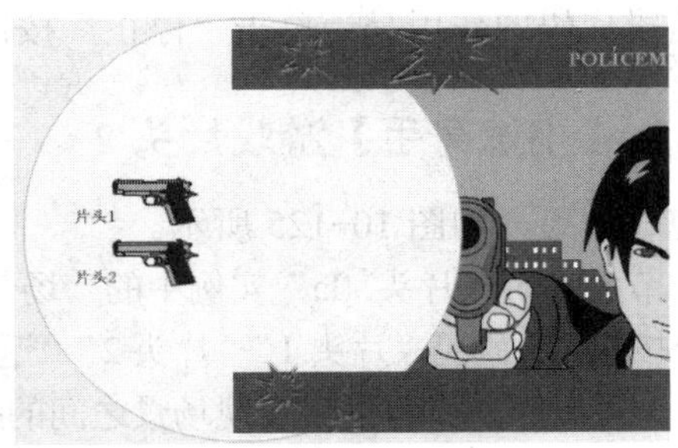

图 10-129 “按钮”元件第 16 帧效果

6）同时选中“按钮 1”和“按钮 2”图层的第 20 帧，按<F6>键，在该帧插入关键帧。同时选中“按钮 1”和“按钮 2”图层的第 20 帧，在舞台窗口中选中 2 个“按钮”元件，按住<Shift>键水平向右移动到合适的位置，如图 10-130 所示。

7）同时选中“按钮 1”和“按钮 2”图层的第 16 帧，单击鼠标右键，在弹出的菜单中选择“创建补间动画”命令，在“按钮 1”和“按钮 2”图层的第 16 帧到第 20 帧之间创建补间动画，如图 10-131 所示。

图 10-130 “按钮”元件第 20 帧效果

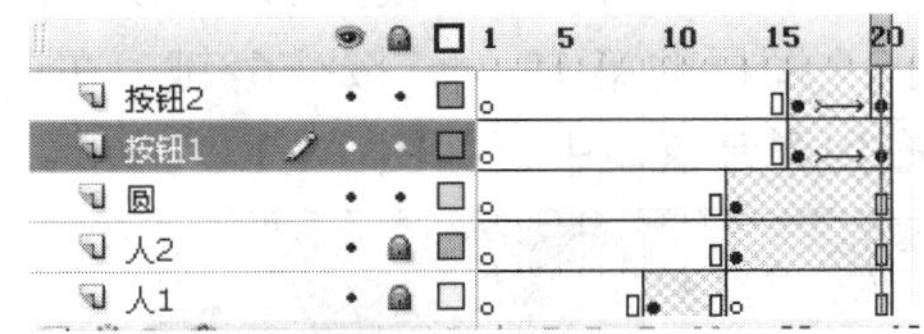

图 10-131 创建补间动画

8）选择“窗口”→“其他面板”→“场景”命令，打开“场景”面板，选中“场景 2”。选中场景 2 的时间轴上的“上下遮挡条”图层，单击“图层”面板中的“插入图层”按钮，创建新图层并将其命名为“按钮”。选中“按钮”图层的第 1 帧，将“库”面板中的按钮元件“返回”拖到舞台窗口中，如图 10-132 所示。

9）选择“窗口”→“其他面板”→“场景”命令，打开“场景”面板，选中“场景 3”。选中场景 3 的时间轴上的“上下遮挡条”图层，单击“图层”面板中的“插入图层”按钮，创建新图层并将其命名为“按钮”。选中“按钮”图层的第 1 帧，将“库”面板中的按钮元件“返回”拖到舞台窗口中，如图 10-133 所示。

图 10-132　场景 2“按钮”元件第 1 帧效果

图 10-133　场景 3“按钮”元件第 1 帧效果

2．添加动作脚本

1）选择“窗口”→“其他面板”→“场景”命令，打开“场景”面板，选中“场景 1”。选中场景 1 的时间轴上的“上下遮挡条”图层，单击“图层”面板中的“插入图层”按钮，创建新图层并将其命名为“动作”。选中“动作”图层的第 20 帧，按<F6>键，在该帧上插入关键帧。按<F9>键打开“动作”面板，在右侧的“脚本窗格”中添加使动画停止的代码“stop( );”，如图 10-134 所示。

2）在舞台窗口中，单击选中“片头 1”按钮，按<F9>键打开“动作”面板，在右侧的“脚本窗格”中输入代码，如图 10-135 所示。

输入的代码如下。

```
on (release) {
    gotoAndPlay("场景 2", 1);
}
```

stop( );

图 10-134　第 20 帧的动作脚本

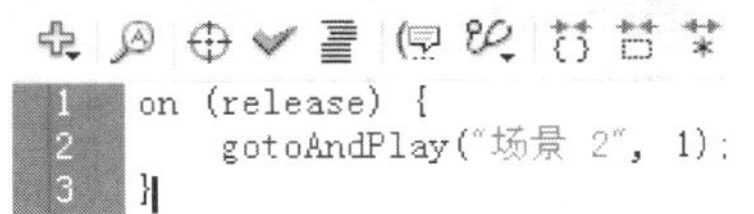

图 10-135　“片头 1”按钮的动作脚本

3）在舞台窗口中，单击选中“片头 2”按钮，按<F9>键打开“动作”面板，在右侧的“脚本窗格”中输入代码，如图 10-136 所示。

输入的代码如下。

```
on (release) {
    gotoAndPlay("场景 3", 1);
}
```

4）选择“窗口”→“其他面板”→“场景”命令，打开“场景”面板，选中“场景 2”。选中场景 2 的时间轴上的“上下遮挡条”图层，单击“图层”面板中的“插入图层”按钮，创建新图层并将其命名为“动作”。选中“动作”图层的第 20 帧，按<F6>键，在该帧上插入关键帧，如图 10-137 所示。按<F9>键打开“动作”面板，在右侧的“脚本窗格”中添加使动画停止的代码“stop( );”，如图 10-138 所示。

```
1  on (release) {
2      gotoAndPlay("场景 3", 1);
3  }
```

图 10-136 “片头 2”按钮动作脚本

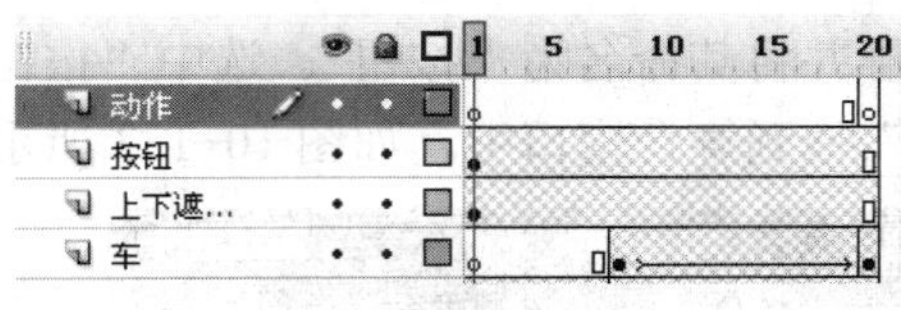

图 10-137 第 20 帧

5）在舞台窗口中，单击“返回”按钮，按<F9>键打开“动作”面板，在右侧的“脚本窗格”中输入代码，如图 10-139 所示。

输入的代码如下。

```
on (release) {
    gotoAndPlay("场景  1", 1);
}
```

```
stop( );
```

图 10-138 第 20 帧的动作脚本

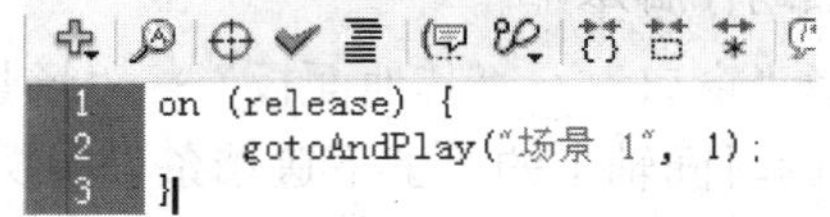

图 10-139 “返回”按钮的动作脚本

6）选择“窗口”→“其他面板”→“场景”命令，打开“场景”面板，选中“场景 3”。选中场景 3 的时间轴上的“上下遮挡条”图层，单击“图层”面板中的“插入图层”按钮，创建新图层并将其命名为“动作”。选中“动作”图层的第 20 帧，按<F6>键，在该帧上插入关键帧，如图 10-140 所示。按<F9>键打开“动作”面板，在右侧的“脚本窗格”中添加使动画停止的代码“stop( );”，如图 10-141 所示。

7）在舞台窗口中，单击“返回”按钮，按<F9>键打开“动作”面板，在右侧的“脚本窗格”中输入代码，如图 10-142 所示。按<Ctrl+Enter>组合键即可查看效果。按<Ctrl+S>组合键保存当前的 Flash 文件。

输入的代码如下。

```
on (release) {
    gotoAndPlay("场景  1", 1);
}
```

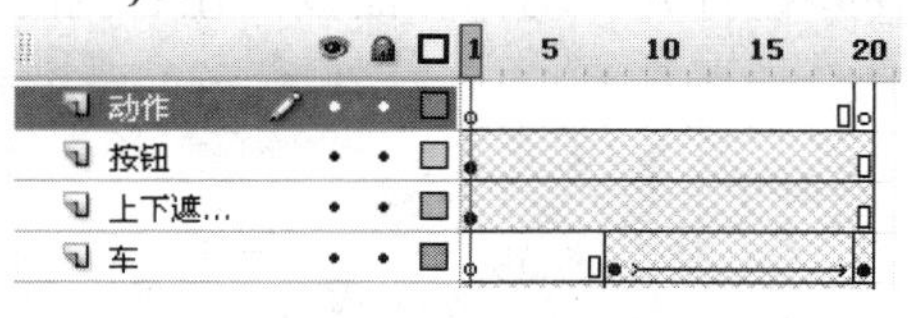

图 10-140 第 20 帧

```
stop( );
```

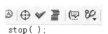

图 10-141 第 20 帧动作脚本

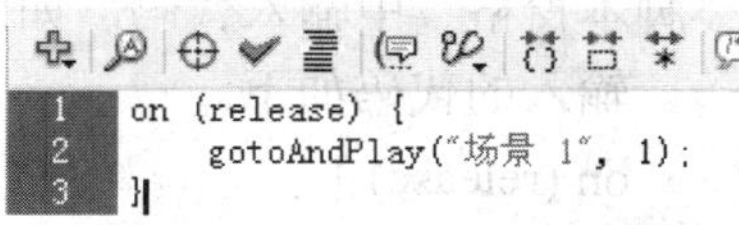

图 10-142 “返回”按钮的动作脚本

毕 业 验 收

第 11 讲 综 合 实 例

嗨！朋友们，魔法培训结束了，感想如何？是不是收获良多呀！不要光说不练，赶快拿出你们学到的本领，交一份满意的毕业答卷吧！

11.1 【魔法】小鸡出壳动画

【魔法目标】创作小鸡出壳动画

完成效果如图 11-1 所示。

a）

b）

图 11-1 魔法效果

a）片头场景 b）小鸡出壳场景

【魔法分析】魔法由两个场景组成，分别是："片头""田野""片头"场景中包括用动作补间动画实现"小鸡出壳"4 个文字的下落动画。4 个文字下落完成后出现"play"按钮，该按钮包含一个"蛋壳"影片剪辑元件该元件可以打开蛋壳，"play"按钮的文字可以变色，通过单击"play"按钮可以播放"田野"场景。"田野"场景中包含静态的图形元件"天空""田野""花草"，动态的影片剪辑元件"云彩""太阳""蝴蝶""蛋壳""小鸡"。其中"蝴蝶飞舞"和"小鸡出壳"用引导层动画实现。最后用形状补间动画实现结束语"完"变形为"谢谢观赏"的动画。

【魔法展示】制作小鸡出壳动画

片头场景

1. 新建文件

选择"文件"→"新建"命令，新建一个空白文档。单击"属性"面板中的"大小"按钮，打开"文档属性"对话框，设置文档的"尺寸"为 650×400 像素，"背景颜色"为"#99FF99"。

2. 制作下落文字

1）选择“文本工具”，设置“字体”为“华文琥珀”，“字体大小”为 90，“文本颜色”为“#FF9966”。在场景中心创建标题文字“小鸡出壳”。按<Ctrl+B>组合键将文字打散，选中其中的一个文字，单击鼠标右键选择“分散到图层”命令，把 4 个文字分别放置在各自的图层，如图 11-2 所示。

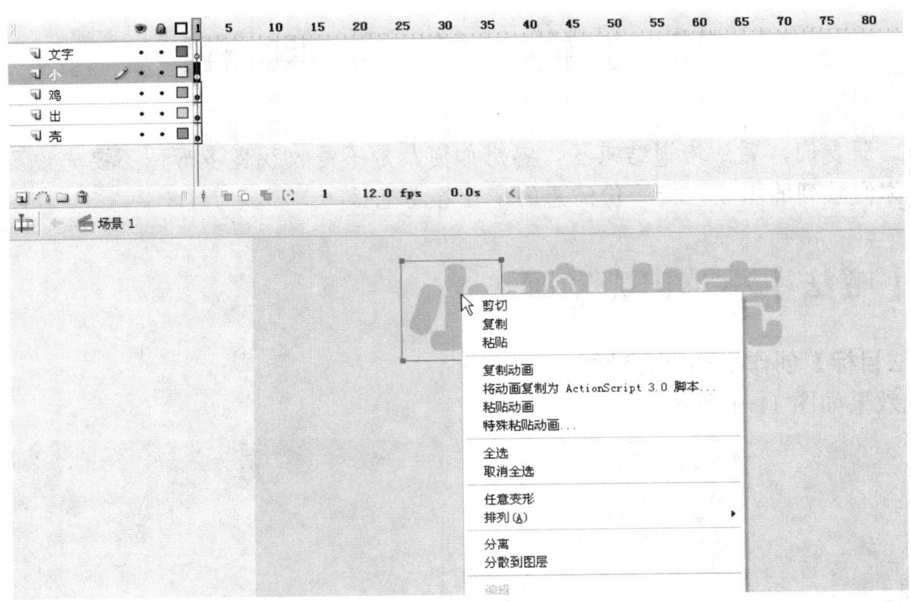

图 11-2 文字分散到图层

2）调整文字到场景上方。选择“小”图层的第 20 帧，按<F6>键创建关键帧，将第 20 帧处的“小”字垂直移动到场景中心，创建补间动画，在属性面板中设置旋转为“顺时针”3 次，如图 11-3 所示。

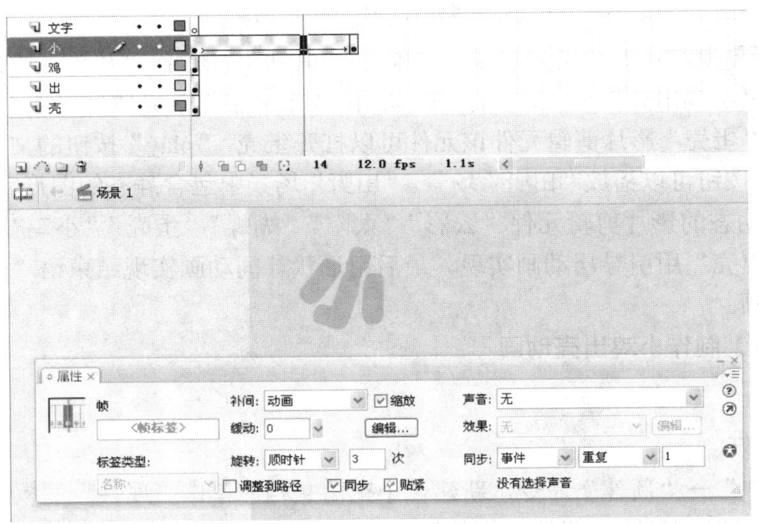

图 11-3 “小”字动作补间动画

3）选择“鸡”图层第 1 帧并拖动到第 25 帧。在第 40 帧处按<F6>创建关键帧。按照第 2）中的步骤创建“鸡”字的补间动画。

4）按照第 2）、3）步制作“出”字、“壳”字的补间动画。按<F5>键将所有图层的时间轴延长至第 80 帧，如图 11-4 所示。

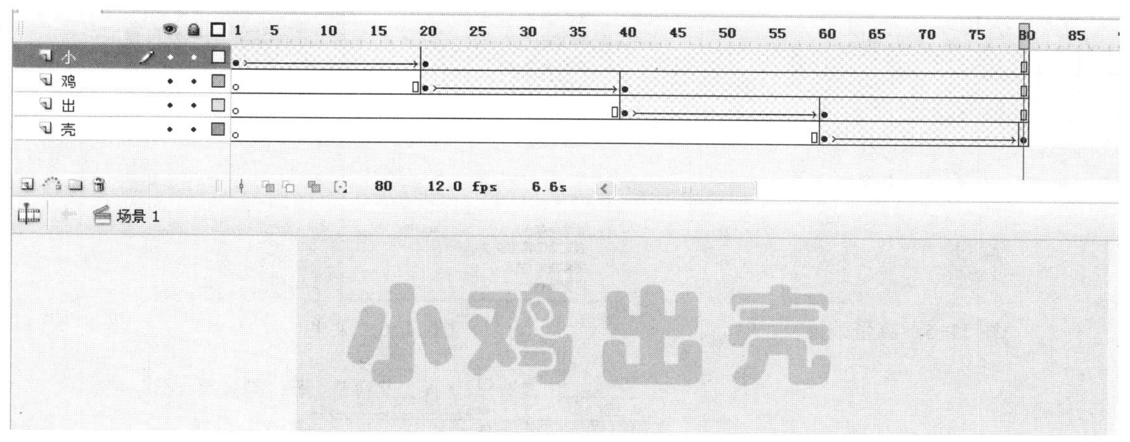

图 11-4　各文字动作补间动画

3．制作蛋壳按钮

1）单击“库”面板中的“新建文件夹”按钮，创建一个新的元件文件夹并命名为“片头”。

2）单击“库”面板中的“新建元件”按钮，创建一个新的影片剪辑元件并命名为“蛋壳”，将该元件放入“片头”元件文件夹中。

> ❖ 将同一场景中的元件放入以场景名命名的文件夹中，便于日后的查找和修改，是一种很好的习惯。

3）在“蛋壳”元件的编辑场景新建图层并命名为“蛋”，选择“椭圆工具”，设置“笔触颜色”为无色，“填充颜色”为“#FFFF99”，绘制鸡蛋。

4）选择“直线工具”，设置“笔触颜色”为黑色，在蛋上绘制裂痕，如图 11-5 所示。

5）单击蛋裂痕的上半部分，选择“编辑”→“剪切”命令。

6）新建图层并命名为“上蛋”，单击第一帧，选择“编辑”→“粘贴到当前位置”命令，将蛋分成了两个部分放置在了各自的图层，如图 11-6 所示。

7）单击“上蛋”，按<Ctrl+G>组合键将其组合，选择“任意变形工具”，调整中心点到裂痕的边缘，如图 11-7 所示。

8）在 20 帧处按<F6>键创建关键帧，将第 20 帧处的“上蛋”旋转，创建补间动画。按<F5>键将“蛋”图层延长至第 20 帧处，鸡蛋破壳动画完成，如图 11-8 所示。

9）单击“库”面板中的“新建元件”按钮，创建一个新的按钮元件并命名为“play”，将该元件放入“片头”元件文件夹中。

10）在“play”元件的编辑场景中新建图层并命名为“蛋壳”，将“蛋壳”元件拖到“蛋壳”图层中，按<F5>键延长至“点击帧”。

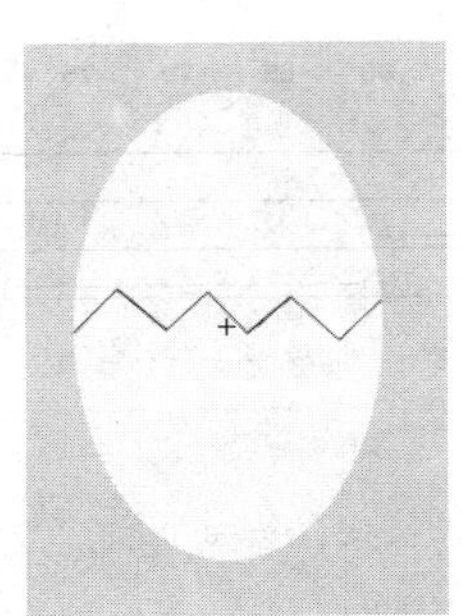

图 11-5　鸡蛋效果

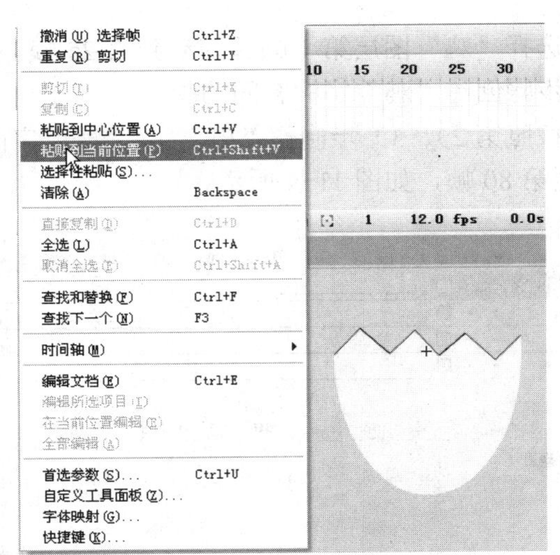

图 11-6　菜单

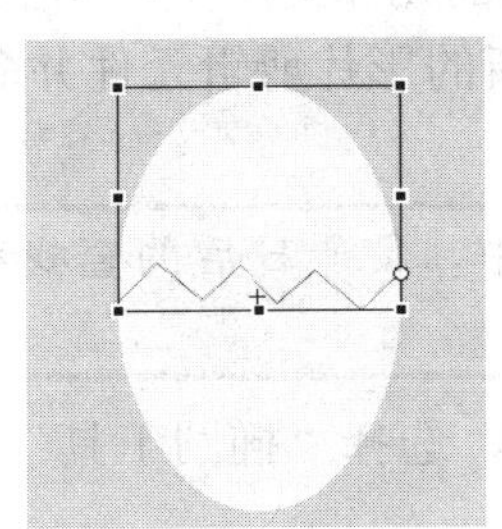

图 11-7　调整中心点

图 11-8　蛋壳动画

11）新建图层并命名为“play”，选择“文本工具”，设置“文本颜色”为蓝色，在“弹起帧”输入“play”，按<Ctrl+B>组合键将文字打散。按两次<F6>键延长关键帧至“按下”帧，分别把“指针经过”“按下”帧中的“play”设置为红色和绿色。选中“点击”帧按<F7>键创建空白关键帧，使用“矩形工具”绘制一个矩形将“play”覆盖。“play”元件的时间轴如图 11-9 所示，形状如图 11-10 所示。

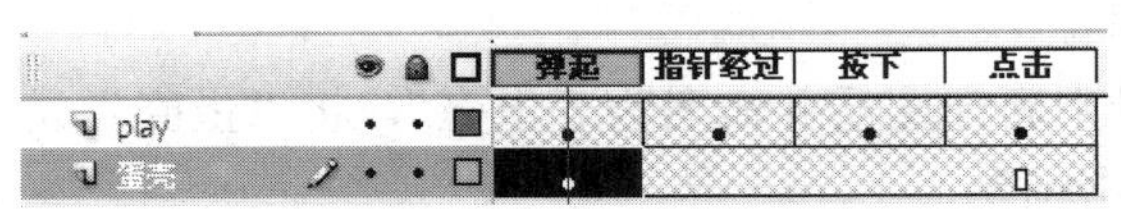

图 11-9　按钮时间轴

图 11-10　按钮效果

12）返回“片头”场景，新建图层并命名为“play”，单击第 80 帧按<F7>键创建空白关键帧，将创建好的“play”元件拖到“play”图层中，按<F5>键将所有图层的帧延长至第 100 帧。选中“play”按钮的实例，单击鼠标右键选择“动作”命令，在弹出的“动作—按钮”面板中输入如图 11-11 所示的代码。该代码实现的功能是在释放按钮时转到并播放“田野”场景的第一帧。

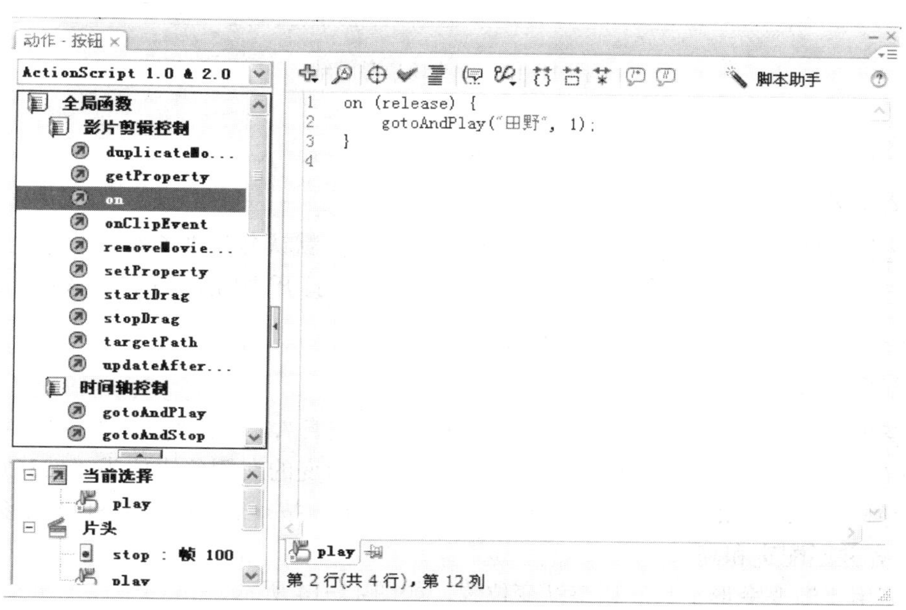

图 11-11　单击代码

4．制作停止效果

在“片头”场景中新建图层并命名为“停止”，选择“停止”图层的第 100 帧，按<F7>键创建空白关键帧，单击鼠标右键选择“动作”命令，在弹出的“动作—帧”面板中选择“全局函数”→“时间轴控制”→“stop”命令，为第 100 帧添加停止代码，如图 11-12 所示。

图 11-12　停止代码

“片头”场景制作完成。时间轴如图 11-13 所示。

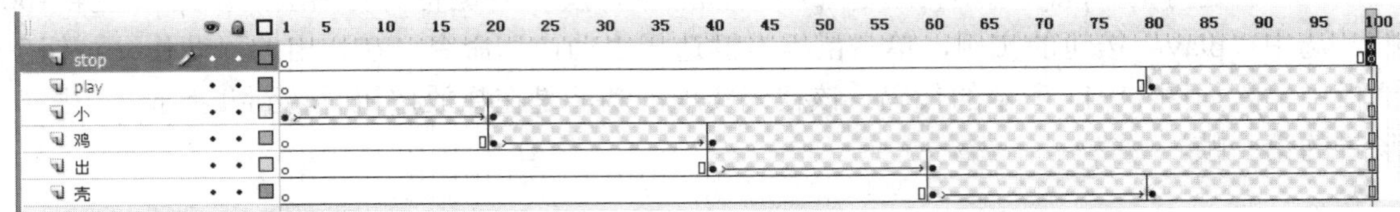

图 11-13　片头场景时间轴

田野场景

1．新建场景

1）选择“插入”→“场景”命令，新建一个场景，默认名为“场景 2”。

2）选择“窗口”→“其他面板”→“场景”命令，打开“场景”面板。将“场景 1”命名为“片头”，将“场景 2”命名为“田野”。

2．制作背景

1）新建一个图层并命名为“背景”。选择“矩形工具”，单击“颜色”面板中的“填充颜色”按钮，选择“类型”列表中的“线性”并设置渐变的左侧色块值为“#33CCFF”，右侧色块的值为“#000000”。在场景中绘制一个渐变矩形。按<Ctrl+K>组合键将矩形相对于舞台中心对齐并匹配宽和高。

2）使用“渐变变形工具”调整渐变位置，如图 11-14 所示。

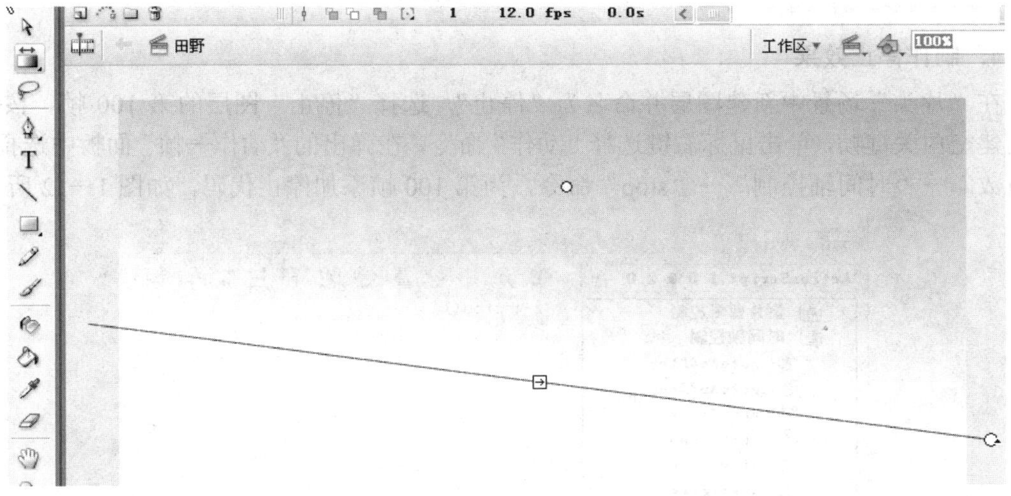

图 11-14　“田野”背景

3．制作草地

新建一个图层并命名为“草地”。选择“钢笔工具”“颜料桶工具”，设置“填充颜色”为“#66CC33”，绘制“草地”，如图 11-15 所示。

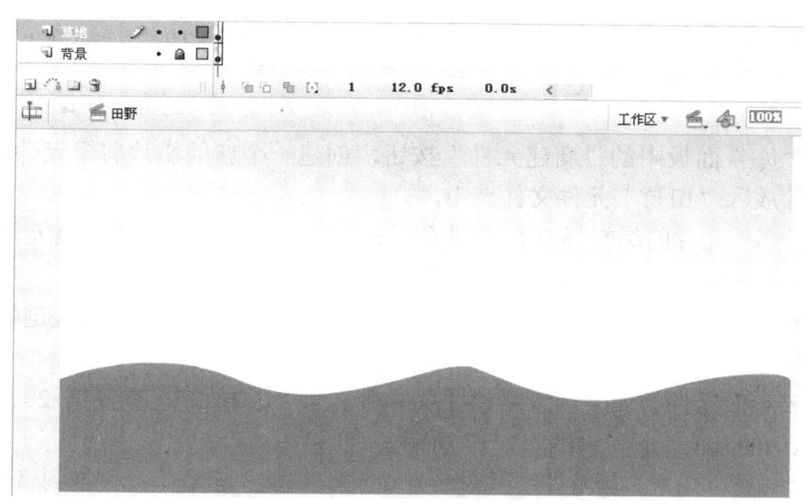

图 11-15 “草地”效果

4. 制作旋转太阳

1）单击“库”面板中的“新建文件夹”按钮，创建一个新的元件文件夹并命名为“田野”。

2）单击“库”面板中的“新建元件”按钮，创建一个新的影片剪辑元件并命名为“太阳”，将该元件放入“田野”元件文件夹中。

3）在“太阳”元件的编辑场景中新建图层并命名为“光芒”，选择“钢笔工具”“颜料桶工具”，设置“笔触颜色”为“#FFFFCC”，“填充颜色”为“#FFCC66”，绘制太阳的光芒。

4）在“太阳”元件的编辑场景新建图层并命名为“中心”，选择“椭圆工具”，设置“笔触颜色”为无色，“填充颜色”为“#FFFF99”，绘制太阳的中心。

5）选中“光芒”图层的第 1 帧，按< Ctrl+G>组合键将其组合。在第 20 帧处按<F6>键创建关键帧，制作补间动画，在属性面板上设置旋转为“顺时针”3 次。单击“中心”图层的第 20 帧，按< F5>键将时间轴延长至第 20 帧，完成太阳元件的制作，如图 11-16 所示。

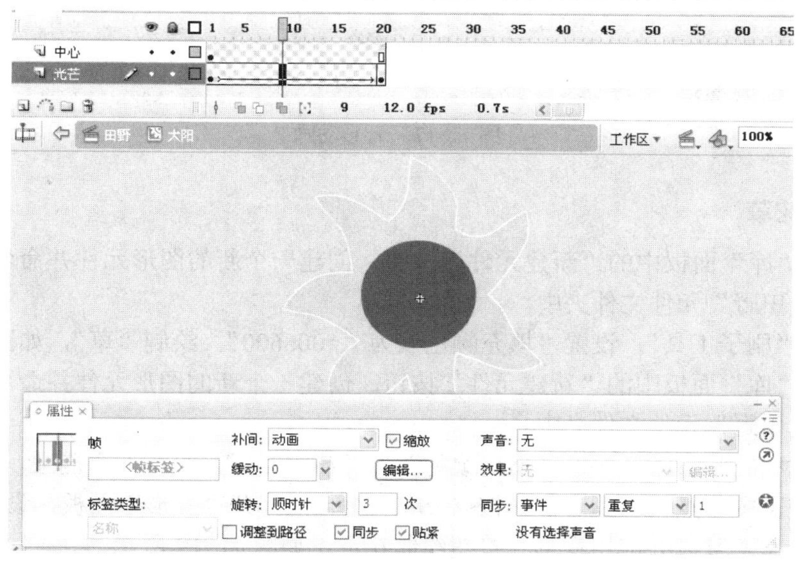

图 11-16 太阳效果及动画

6）返回“田野”场景，新建图层并命名为“太阳”，将“太阳”元件拖到“太阳”图层中。

5. 制作云彩

1）单击“库”面板中的“新建元件”按钮，创建一个新的影片剪辑元件并命名为“云彩”，将该元件放入“田野”元件文件夹中。

2）在“云彩”元件的编辑场景新建图层并命名为“云彩 1”，选择“钢笔工具”“颜料桶工具”，设置“填充颜色”为“#000000”，绘制云彩。

3）按<Ctrl+G>组合键将“云彩”组合，在第 60 帧处按<F6>键创建关键帧，并将第 20 帧处的“云彩”向右移动，制作云彩由左向右运动的补间动画。

4）在“云彩”元件的编辑场景新建图层并命名为“云彩 2”，重复第 2）、3）步制作云彩由右向左运动的补间动画，如图 11-17 所示。

5）返回“田野”场景，新建图层并命名为“云彩”，将“云彩”元件拖到“云彩”图层中。

图 11-17　云彩动画

6. 制作花草

1）单击“库”面板中的“新建元件”按钮，创建一个新的图形元件并命名为“草”，将该元件放入“田野”元件文件夹中。

2）选择“刷子工具”，设置“填充颜色”为“#006600”，绘制“草”，如图 11-18 所示。

3）单击“库”面板中的“新建元件”按钮，创建一个新的图形元件并命名为“花”，将该元件放入“田野”元件文件夹中。

4）选择“椭圆工具”，设置“填充颜色”为“#FF3399”，绘制一个椭圆。使用“任意变形工具”将椭圆中心点调整到底部，按<Ctrl+T>组合键打开“变形”面板，设置“旋转”为“–60°”，单击“复制并应用变形”按钮绘制花形，如图 11-19 所示。

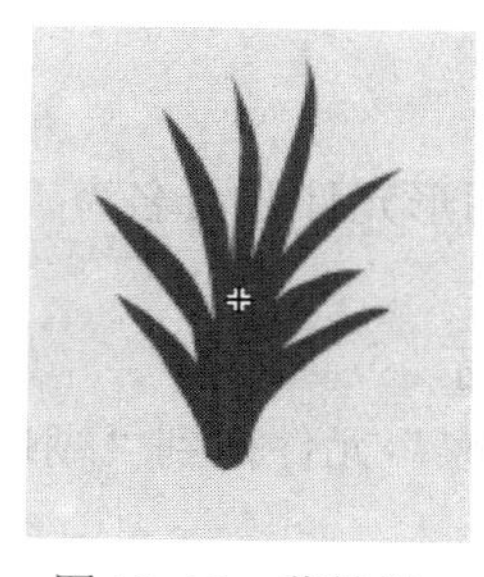

图 11-18　草效果

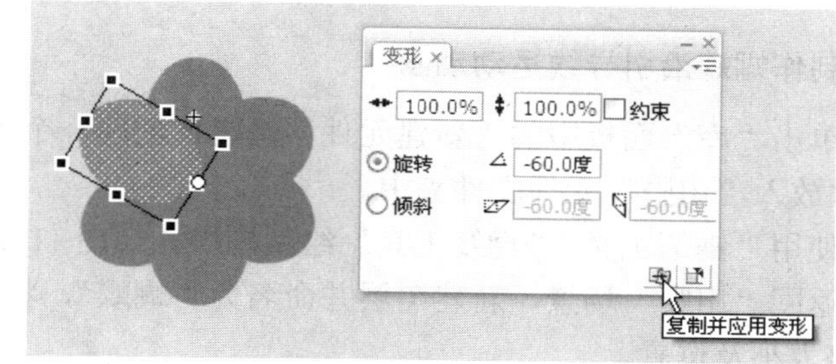

图 11-19　花效果

5）新建图层并命名为“花心”，选择“椭圆工具”，设置“笔触颜色”为无色，“填充颜色”为“#FFCC00”，制作花心。

6）选择“刷子工具”，设置“填充颜色”为“#006600”，绘制花茎，如图 11-20 所示。

7）单击“库”面板中的“新建元件”按钮，创建一个新的图形元件并命名为“花 2”，将该元件放入“田野”元件文件夹中。选择“花”元件的所有关键帧，单击鼠标右键选择“复制帧”命令，在“花 2”元件上单击鼠标右键选择“粘贴帧”命令。修改“花 2”元件的颜色，花瓣为“#FFCC00”，花心为“#FF9999”，制作“花 2”元件，如图 11-21 所示。

图 11-20　红花

图 11-21　黄花

8）返回“田野”场景，新建图层并命名为“花草”，将“草”“花”“花 2”元件拖到“花草”图层中并调整位置，如图 11-22 所示。

图 11-22　调整位置

7．制作蝴蝶沿引导线运动动画

1）单击“库”面板中的“新建元件”按钮，创建一个新的图形元件并命名为“蝴蝶”，将该元件放入“田野”元件文件夹中。

2）使用“钢笔工具”“直线工具”绘制蝴蝶，如图 11-23 所示。

3）返回“田野”场景，新建图层并命名为“蝴蝶”，将“蝴蝶”元件拖到“蝴蝶”图层中，调整大小及位置。

4）新建图层并命名为“蝴蝶引导线”，使用“铅笔工具”绘制蝴蝶运动的引导线，如图 11-24 所示。

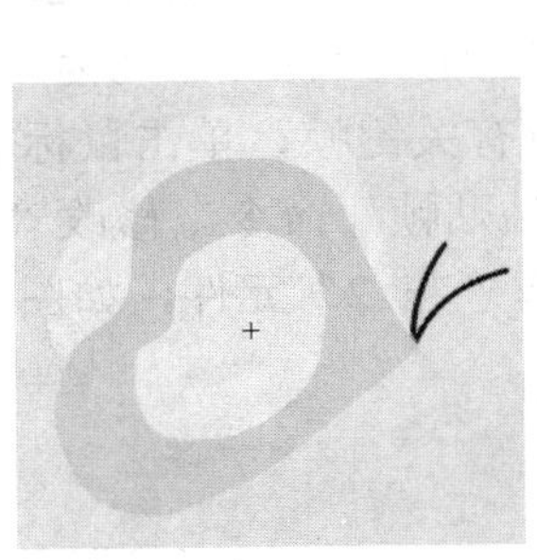

图 11-23　蝴蝶效果

图 11-24　蝴蝶引导线

5）将“蝴蝶”图层的第一帧处的“蝴蝶”实例吸附在引导线左侧，单击“蝴蝶”图层的第 100 帧，按<F6>键创建关键帧，按<F5>键将所有图层帧延长至第 130 帧处，将“蝴蝶”图层的第 130 帧处的“蝴蝶”实例吸附在引导线右侧，创建补间动画。

> ❖ 单击“贴紧至对象”按钮即可将实例与引导线吸附在一起。

6）选择“蝴蝶引导线”图层，单击鼠标右键选择“引导层”命令，如图 11-25 所示。

7）将“蝴蝶”图层拖到“蝴蝶引导线”图层下，则蝴蝶沿引导线运动动画完成，如图 11-26 所示。

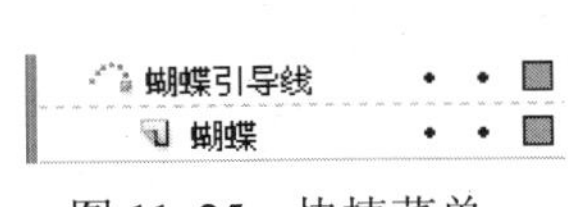

图 11-25　快捷菜单

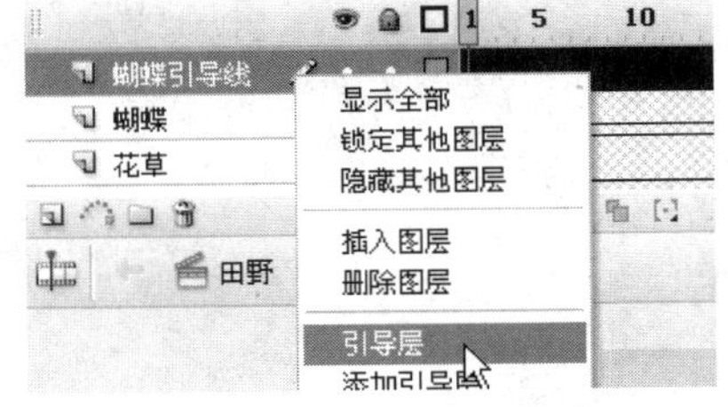

图 11-26　引导层图层效果

8．制作小鸡

1）单击“库”面板中的“新建元件”按钮，创建一个新的影片剪辑元件并命名为“小鸡”，将该元件放入“田野”元件文件夹中。

2）在“小鸡”元件的编辑场景中新建图层并命名为“身体”，选择“椭圆工具”，设置“笔触颜色”为“#FF6600”，“填充颜色”为“#FFCC66”，绘制小鸡的身体。

3）在“小鸡”元件的编辑场景中新建图层并命名为“嘴”，选择“直线工具”“刷子工具”，设置“笔触颜色”为“#FF6600”，“填充颜色”为“#FF9933”，绘制小鸡的嘴。

4）在“小鸡”元件的编辑场景中新建图层并命名为“脸”，使用“椭圆工具”“刷子工具”绘制小鸡的脸。

5）在“小鸡”元件的编辑场景中新建图层并命名为“头发”，使用“直线工具”绘制小鸡的头发。

6）在“小鸡”元件的编辑场景中新建图层并命名为“翅膀”，使用“钢笔工具”绘制小鸡的翅膀，如图 11-27 所示。

7）单击“库”面板中“新建元件”按钮，创建一个新的图形元件并命名为“腿”，将该元件放入“田野”元件文件夹中。在“腿”元件的编辑场景中使用“钢笔工具”绘制小鸡的腿。

8）在“小鸡”元件的编辑场景中新建图层并命名为“前腿”，将“腿”元件拖到“前腿”图层中，如图 11-28 所示。

图 11-27 小鸡身体

图 11-28 小鸡腿

9）使用“任意变形工具”将腿的轴心点移动到最上方。选择“前腿”图层，分别在第 10、20、30、40 帧按<F6>键插入关键帧。将第 10、30 帧处的“腿”向前旋转一定的角度，创建补间动画，前腿的运动动画制作完成，如图 11-29 所示。

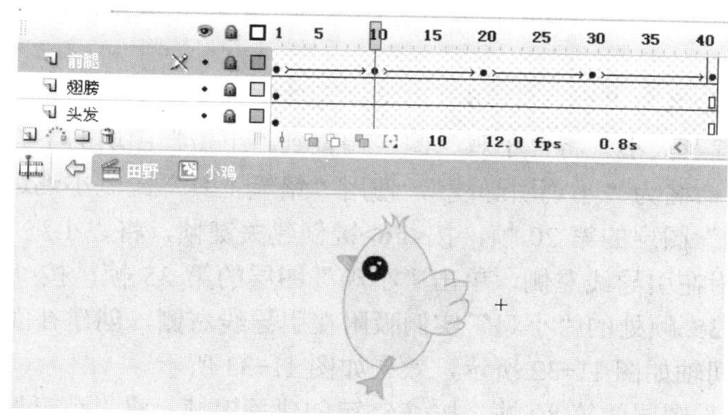

图 11-29 前腿动画

10）在“小鸡”元件的编辑场景中新建图层并命名为“后腿”。调整“后腿”图层到“身体”图层的下方，按照第 9）步的方法制作“后腿”运动动画。这里需要注意的是与“前腿”相反，在“后腿”图层中的第 1、20、40 帧为向前旋转腿。后腿的运动动画制作完成，如图 11-30 所示。

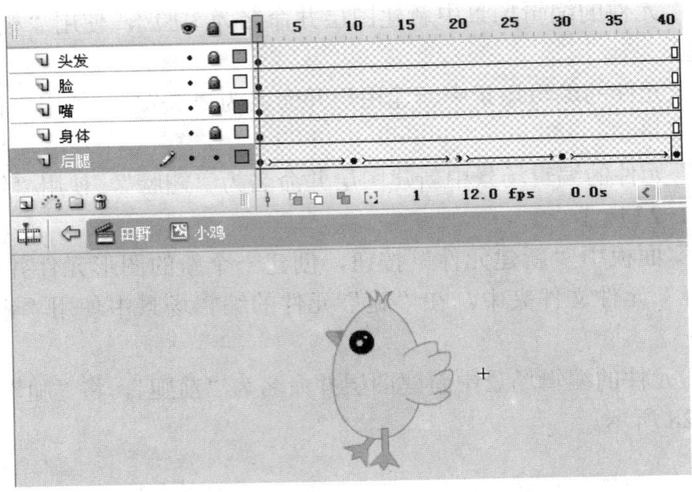

图 11-30 “后腿”动画

9．制作小鸡出壳动画

1）返回“田野”场景，新建图层并命名为“下蛋”，使用“椭圆工具”“直线工具”绘制有裂痕的蛋壳。

2）新建图层并命名为“上蛋”，选择蛋壳的上部分，选择“编辑”→“剪切”命令，单击“上蛋”图层的第一帧，选择“编辑”→“粘贴到当前位置”命令，将蛋壳的上半部分粘贴到“上蛋”图层。选中鸡蛋的上半部单击鼠标右键选择“转换为元件”命令，将蛋的上半部转换为一个新的图形元件并命名为“上蛋”，放入“田野”元件文件夹。

3）使用“任意变形工具”调整中心点到裂痕边缘。在第 20 帧处按<F6>键创建关键帧，将第 20 帧处的“上蛋”旋转，创建补间动画。按<F5>键将“上蛋”“下蛋”图层延长至第 130 帧处。将“花草”图层拖到“上蛋”图层的上方，完成蛋壳破裂动画，如图 11-31 所示。

4）新建图层并命名为“小鸡”，将“田野”元件文件夹中的“小鸡”元件拖到“小鸡”图层中，并调整位置及大小。将“小鸡”图层调整到“下蛋”图层的下方。

5）新建图层并命名为“小鸡引导线”，使用“铅笔工具”绘制小鸡运动的引导线。

6）选择“小鸡”图层的第 20 帧，按<F6>键创建关键帧，将“小鸡”图层的第 20 帧处的“小鸡”实例吸附在引导线左侧，单击“小鸡”图层的第 35 帧，按<F6>键创建关键帧，将“小鸡”图层第 35 帧处的“小鸡”实例吸附在引导线右侧，创建补间动画，完成小鸡跳出蛋壳动画，其时间轴如图 11-32 所示，效果如图 11-33 所示。

7）单击“小鸡”图层的第 80 帧，按<F6>键创建关键帧，将“小鸡”图层第 110 帧处的“小鸡”移除场景，创建补间动画，完成小鸡出壳动画。

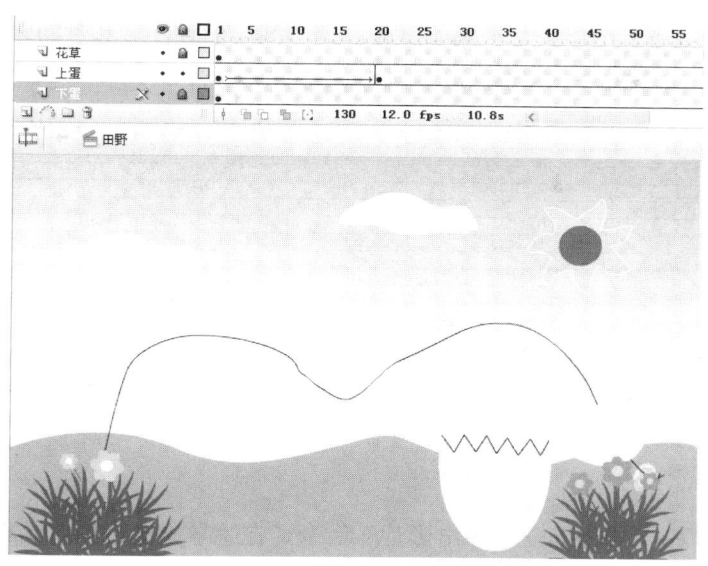

图 11-31 蛋壳破裂动画

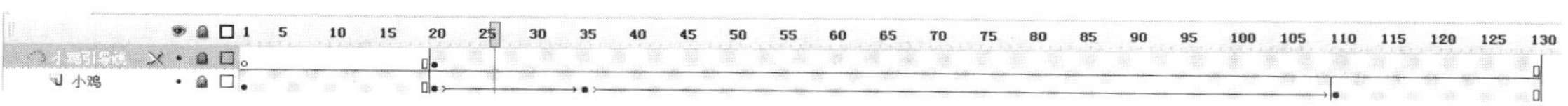

图 11-32 时间轴

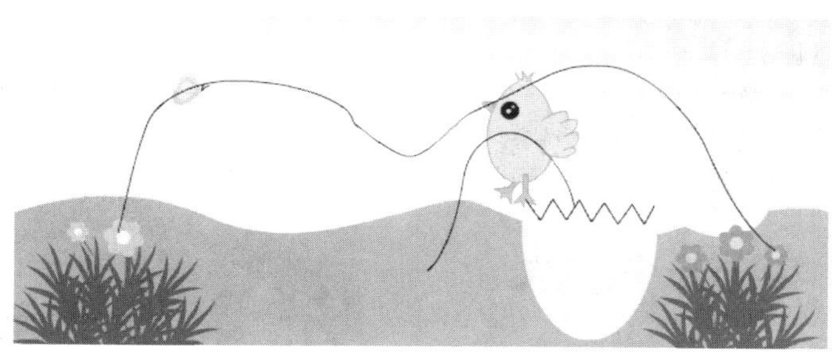
图 11-33 小鸡引导线动画

10. 结束语

1）在“田野”场景中新建图层并命名为“完”，选择“完”图层的第 100 帧，按<F7>键创建空白关键帧，选择“文本工具”，设置“字体”为“华文琥珀”，“文本大小”为 96，“文本颜色”为“#330099”，在场景中心创建“完”字。

2）选中“完”图层的第 110 帧，按<F6>键创建关键帧，按<Ctrl+B>组合键将文字打散。选择“完”图层的第 130 帧按<F7>键创建空白关键帧，选择“文本工具”，设置“字体”为“华文行楷”，“文本大小”为 70，“文本颜色”为“#0066CC”，在场景中心创建“谢谢观赏”文字。连续按<Ctrl+B>组合键 2 次将文字打散。选择第 110 帧到第 130 帧中的任意一帧，单击鼠标右键选择“创建补间形状”命令，完成由“完”变形为“谢谢观赏”的形状补间动画。

3）新建图层并命名为“停止”，选择“停止”图层的第 130 帧，按<F7>键创建空白关键帧，单击鼠标右键选择“动作”命令，在弹出的“动作—帧”面板中选择“全局函数”→“时间轴控制”→“stop”命令，为第 130 帧添加停止动作。

4）按<F5>键将所有图层延长至第 130 帧。调整图层的顺序。其时间轴如图 11-34 所示。

图 11-34 “田野”场景时间轴效果

至此两个场景的全部内容都制作完成。选择“控制”→“测试影片”命令，检查作品是否有误。

发布文件

选择“文件”→“导出”→“导出影片”命令，在“导出影片”对话框中设置影片保存的路径、名称、类型。单击“保存”按钮生成最终作品。

11.2 【魔法】新生入学动画

【魔法目标】创作新生入学时动画

完成效果如图 11-35 所示。

a）

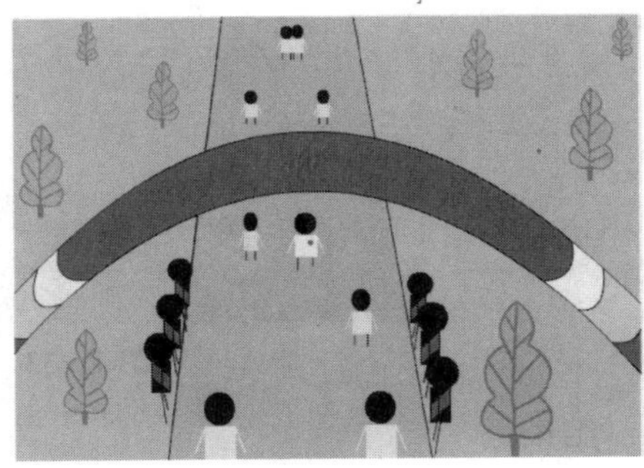

b）

c）

d）

图 11-35 魔法效果图

a）片头场景 b）入校场景 c）立志场景 d）片尾场景

【魔法分析】魔法由 4 个场景组成，分别是：片头、入校、立志、片尾。片头场景包含幕布拉开的运动补间动画、彩虹文字的遮罩动画；入校场景包含背景、路的绘制、静态的图形元件“彩虹门”“树”“欢迎队列”“同学”，动态的影片剪辑元件“主人公”，其中“主人公”的红心跳动和行走动画用动作补间动画实现；立志场景包含静态的图形元件“楼”“条幅”“内心独白”，动态的影片剪辑元件“主人公”。片尾场景包含幕布关闭动画、渐变文字、旋转的彩虹小花，其中旋转的彩虹小花是影片剪辑元件，使用运动补间动画实现。

【魔法展示】制作新生入学动画

片头场景

1．新建文件

选择“文件”→“新建”命令，新建一个空白文档。单击“属性”面板中的“大小”按钮，打开“文档属性”对话框，设置文档的“尺寸”为 550×400 像素，“背景颜色”为“#FFFFCC”。

2．制作幕布拉动

1）单击“库”面板中的“新建文件夹”按钮，创建一个新的元件文件夹并命名为“片头”。

2）单击“库”面板中的“新建元件”按钮，创建一个新的图形元件并命名为“幕布”，将该元件放入“片头”元件文件夹中。

3）选择“矩形工具”，设置“笔触颜色”为无色，“填充颜色”为“#000000”，在场景中绘制一个矩形，矩形的宽为 550，高为 200，如图 11-36 所示。

4）返回主场景，创建两个新的图层分别命名为“上幕布”“下幕布”。将“幕布”元件分别拖到“上幕布”“下幕布”的第 1 帧中，并在场景的上下位置排列好，如图 11-37 所示。

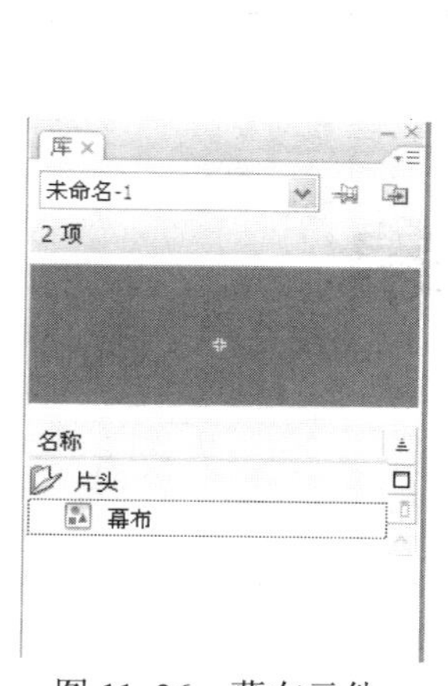

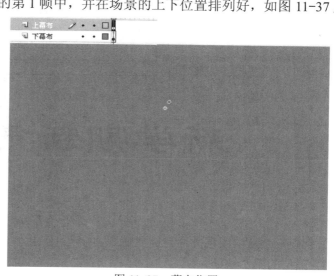

图 11-36　幕布元件

图 11-37　幕布位置

5）选中“上幕布”图层的第 100 帧，按<F6>键创建一个关键帧，选中该关键帧，将场景中的“幕布”元件垂直向上拖到场景外，在时间轴上单击鼠标右键选择“创建补间动画”命令，上幕布补间动画制作完成。

6）按照第 2）步的操作方法垂直向下移动“幕布”元件，创建下幕布图层“补间动画”。最终完成幕布的拉动动画时间轴如图 11-38 所示，效果如图 11-39 所示。

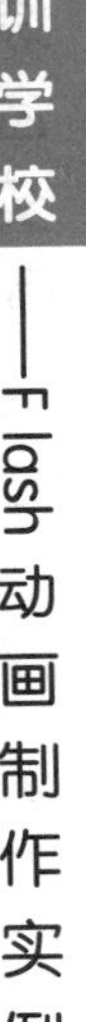

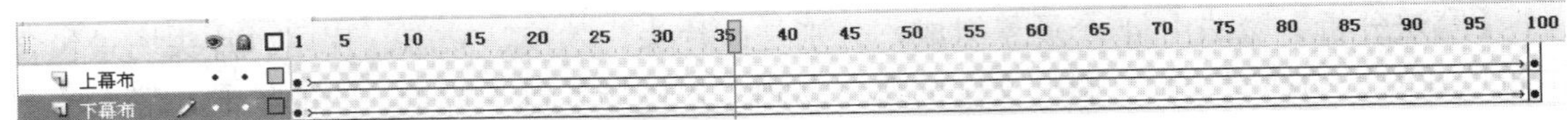

图 11-38　幕布时间轴

图 11-39　幕布拉动动画

3．制作标题遮罩效果文字

1）单击“库”面板中的“新建元件”按钮，创建一个新的影片剪辑元件并命名为“标题文字”，将该元件放入“片头”元件文件夹中。

2）在“标题文字”元件编辑场景中创建一个图层并命名为“文字”。

3）选择“文本工具”，设置“字体”为“隶书”，“字体大小”为 80，“文本颜色”为黑色。在场景中心创建标题文字“新学期新气象”，如图 11-40 所示。

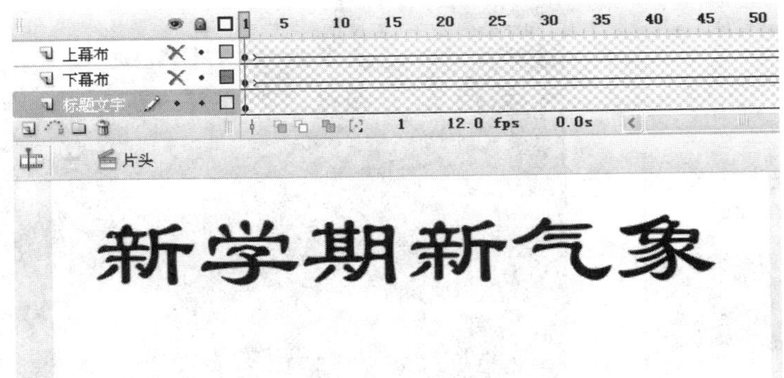

图 11-40　标题文字

4）创建一个新的图层并命名为“遮罩文字”。复制“文字”图层的第 1 帧，粘贴在“遮罩文字”图层的第 1 帧处。

5）创建一个新的图层并命名为“矩形”，选择“矩形工具”，设置“笔触颜色”为无色，“填充颜色”为彩虹渐变，在场景中绘制一个矩形，矩形的大小为可将单个字覆盖。选中该矩形单击鼠标右键选择“转换为元件”将其转换为图形元件并命名为“小矩形”。将该元件放入“片头”元件文件夹中，如图 11-41 所示。

6）将“遮罩文字”图层调整到“矩形”图层上方，在“矩形”图层的第 100 帧处按<F6>键创建关键帧，选中该关键帧，将“小矩形”元件水平移到文字的右侧，在时间轴上单击鼠标右键选择“创建补间动画”命令，创建一个小矩形水平移动的动画。按<F5>键延长“遮罩文字”图层和“文字”图层至第 100 帧处。

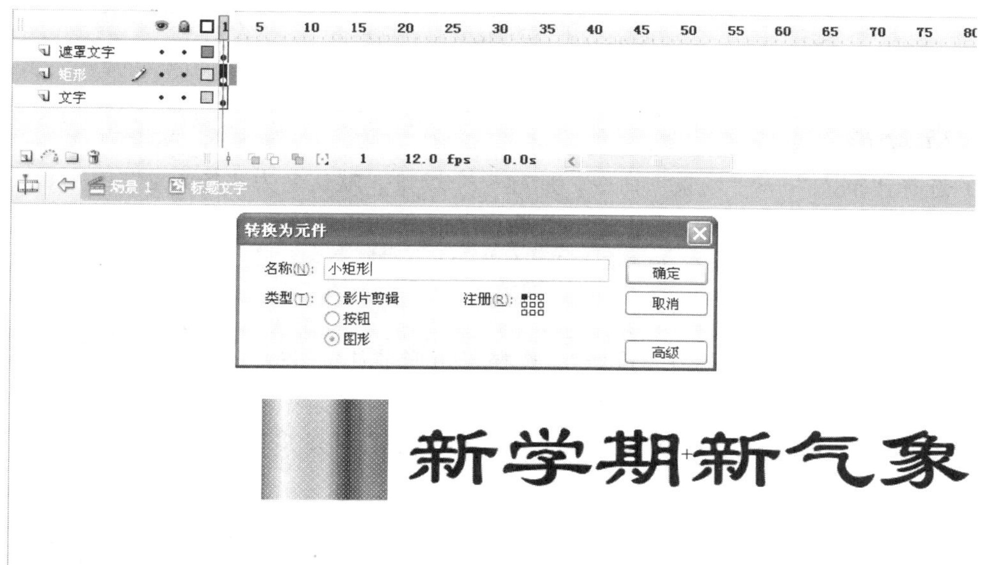

图 11-41　彩虹元件

7）选择“遮罩文字”图层，单击鼠标右键选择“遮罩层”命令。将“遮罩文字”图层设置为“矩形”图层的遮罩层，如图 11-42 所示。

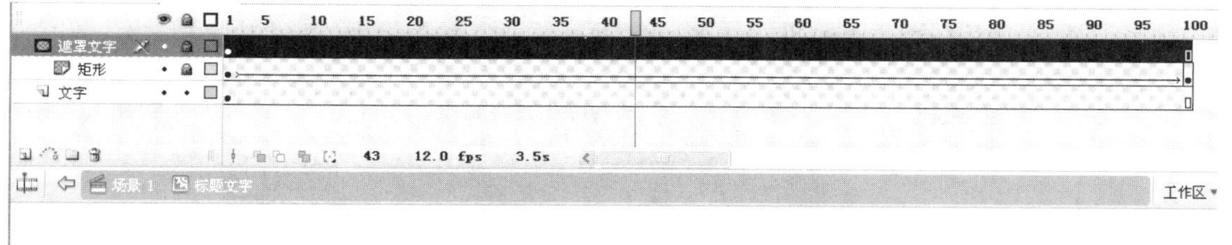

新学期新气象

图 11-42　彩虹文字遮罩动画

8）回到主场景中，新建一个图层并命名为“标题文字”，放置在最底层。将元件库中的“标题文字”元件放入“标题文字”图层的第 1 帧，并与场景中心对齐。按<F5>键延长“标题文字”图层至第 100 帧处。至此“片头”场景制作完成。时间轴如图 11-43 所示。

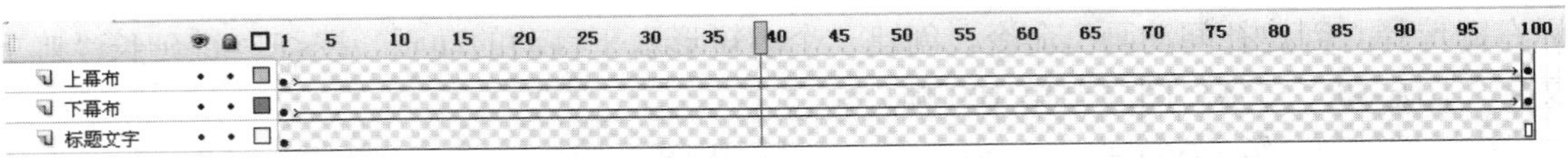

图 11-43　片头场景时间轴效果

入校场景

1．新建场景

1）选择“插入”→“场景”命令，新建一个场景，默认名为“场景 2”。

2）选择“窗口”→“其他面板”→“场景”命令打开“场景”面板。将“场景 1”命名为“片头”，将“场景 2”命名为“入校”，如图 11-44 所示。

图 11-44　新建场景

2．制作背景

1）新建一个图层并命名为“背景”。选择“矩形工具”，设置“笔触颜色”为无色，“填充颜色”为“#66CC99”，在场景中绘制一个矩形。按<Ctrl+K>组合键将矩形相对于舞台中心对齐并匹配宽和高。

2）新建一个图层并命名为“路”。选择“直线工具”，设置“笔触颜色”为黑色，绘制四边形。选择“颜料桶工具”，设置“填充颜色”为“#999999”为绘制好的四边形填充灰色。填好色后将四边形上下两条线删除。绘制好的背景如图 11-45 所示。

> ❖ 将制作好的图层锁定是防止图层被修改的好习惯。

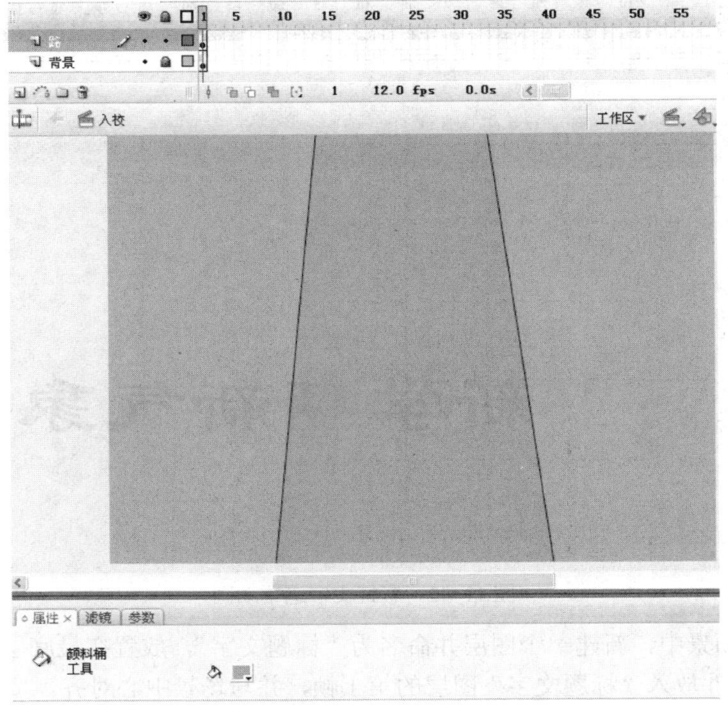

图 11-45　路面效果

3．制作彩虹门

1）单击“库”面板中的“新建文件夹”按钮，创建一个新的元件文件夹并命名为“入校。

2）单击“库”面板中的“新建元件”按钮，创建一个新的图形元件并命名为“彩虹门”，将该元件放入“入校”元件文件夹中。

3）在“彩虹门”元件编辑场景中新建图层并命名为“彩虹”，使用“直线工具”“选择工具”绘制彩虹。

4）新建图层并命名为“文字”，选择 “文本工具”，设置“字体”为“中华行楷”，“文本颜色”为蓝色，创建彩虹门上的文字“热烈欢迎新同学”。按<Ctrl+B>组合键将文字打散，使用“任意变形工具”进行位置排列。最终效果如图 11-46 所示。

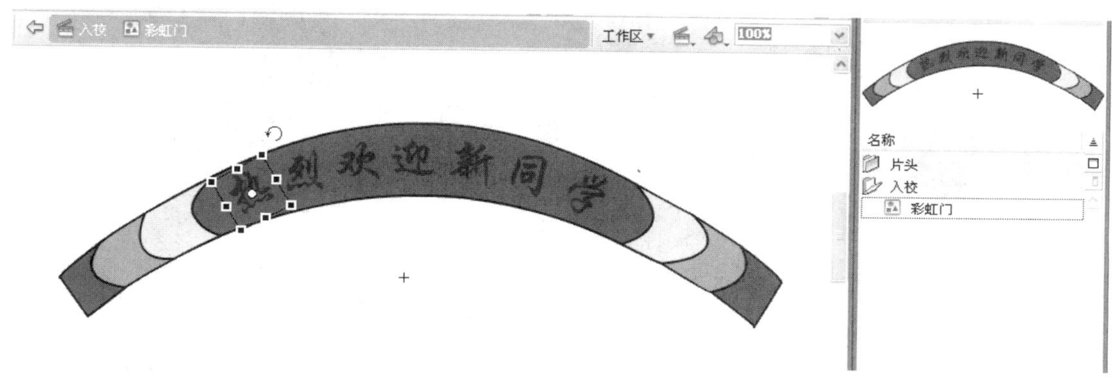

图 11-46 “彩虹门”元件

5）返回“入校”场景，创建新图层并命名为“彩虹门”，将“彩虹门”元件拖到“彩虹门”图层的第 1 帧中。至此彩虹门创建完成，如图 11-47 所示。

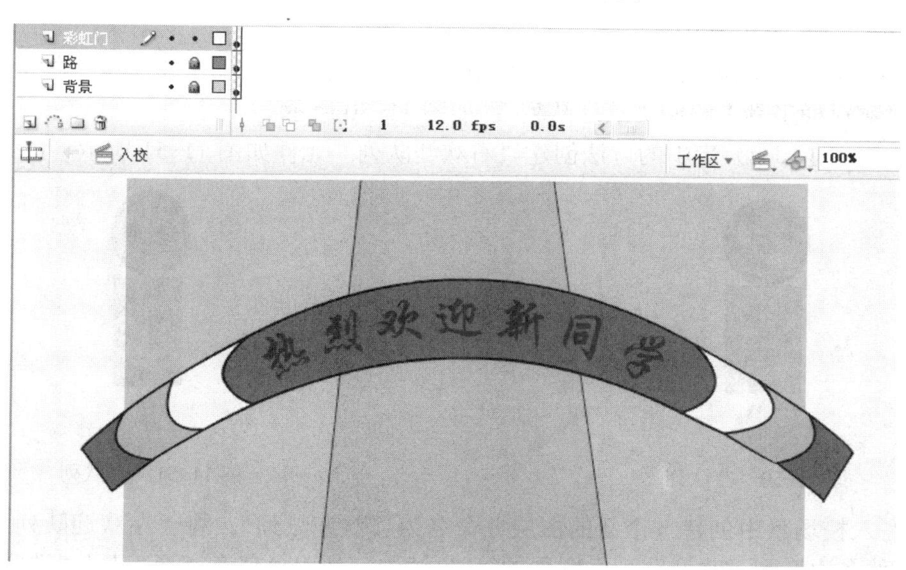

图 11-47 “彩虹门”实例位置

4．制作树

1）单击“库”面板选择“新建元件”，创建一个新的图形元件并命名为“树”，放入“入校”元件文件夹中。

2）在“树”元件的编辑场景中选择“铅笔工具”“直线工具”“选择工具”“颜料桶工具”，设置“笔触颜色”为“#009933”，“填充颜色”为“#00FF00”，绘制“树”，如图 11-48 所示。

3）在入校场景中创建一个新的图层并命名为“树”。将“树”元件多次拖到“树”图层的第 1 帧中，使用“任意变形工具”“选择工具”将“树”在场景中排列好，如图 11-49 所示。

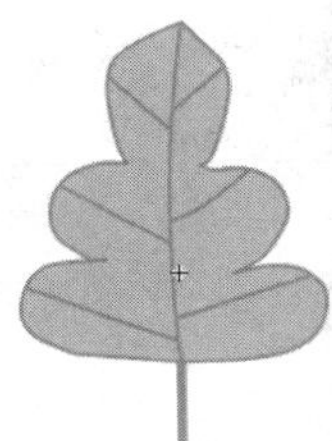

图 11-48 “树”效果

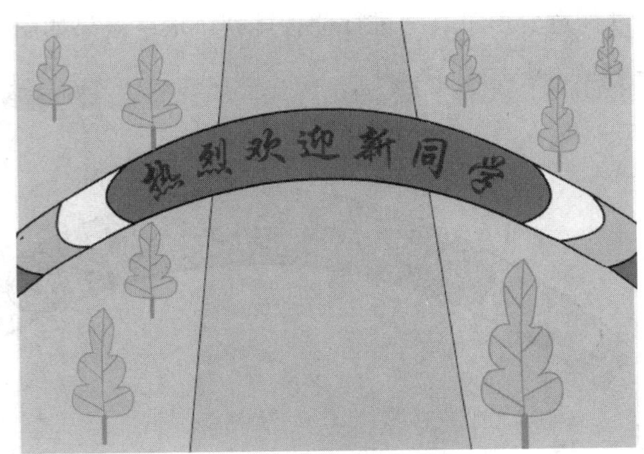

图 11-49 “树”实例位置

5．制作欢迎队列

1）单击“库”面板选择“新建元件”，创建一个新的图形元件并命名为“左欢迎队列”，放入“入校”元件文件夹中。

2）在“左欢迎队列”元件的编辑场景中使用“椭圆工具”“铅笔工具”“直线工具”“选择工具”“颜料桶工具”绘制“欢迎队列”，如图 11-50 所示。

3）重复第 1）、2）步中的方法创建“右欢迎队列”元件如图 11-51 所示。

图 11-50 左队列

图 11-51 右队列

4）在入校场景中创建一个新的图层并命名为“欢迎队列”。将“左欢迎队列”“右欢迎队列”元件多次拖到“欢迎队列”图层的第 1 帧中，使用“任意变形工具”“选择工具”将“欢迎队列”在场景中排列好，如图 11-52 所示。

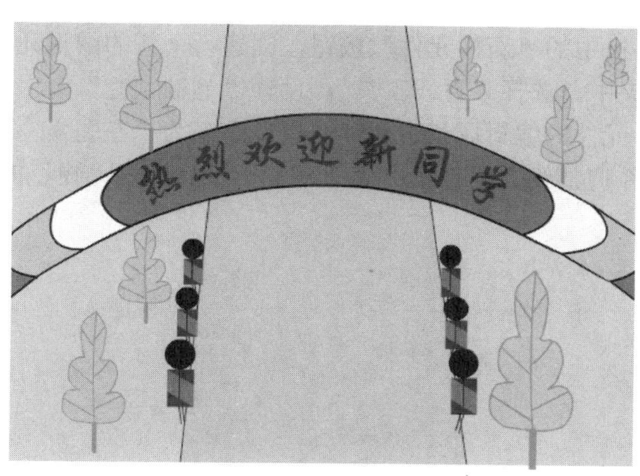

图 11-52　队列实例位置

6．创建同学

1）单击“库”面板选择“新建元件”按钮，创建一个新的图形元件并命名为“同学”，放入“入校”元件文件夹中。

2）在“同学”元件的编辑场景中使用“椭圆工具”“铅笔工具”“直线工具”“选择工具”“颜料桶工具”绘制“同学”，如图 11-53 所示。

3）在入校场景中创建一个新的图层并命名为“同学”。将“同学”元件多次拖到“同学”图层的第 1 帧中，使用“任意变形工具”“选择工具”将同学在场景中排列好，如图 11-54 所示。

图 11-53　“同学”元件

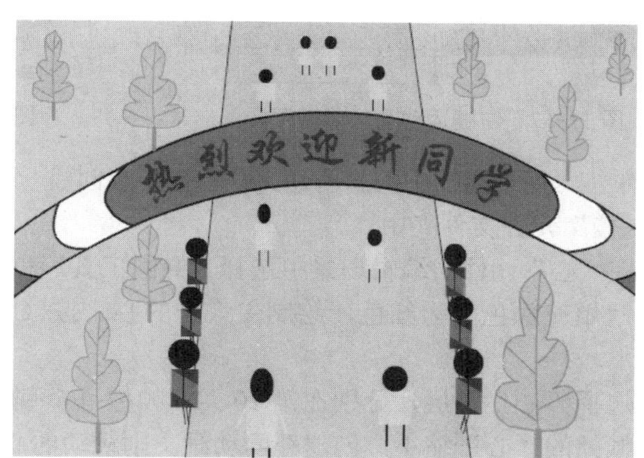

图 11-54　“同学”实例位置

7．制作主人公

1）单击“库”面板中的“新建元件”按钮，创建一个新的影片剪辑元件并命名为“主人公”，放入“入校”元件文件夹中。

2）在“主人公”元件的编辑场景中新建图层并命名为“上肢”，使用“椭圆工具”“矩形工具”“直线工具”绘制主人公的身体上半部分，如图 11-55 所示。

3）单击“库”面板中的“新建元件”按钮，创建一个新的图形元件并命名为“腿”，放入“入校”元件文件夹中。选择“直线工具”，设置“笔触颜色”为黑色，绘制主人公的腿。

4）在“主人公”元件的编辑场景中新建图层并命名为“左腿”。将“腿”元件拖到“左腿”图层的第 1 帧中并调整好位置。使用“任意变形工具”将“腿”的轴心点移到最上方，如图 11-56 所示。

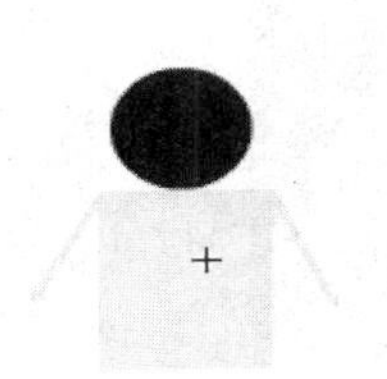

图 11-55　主人公上半部分

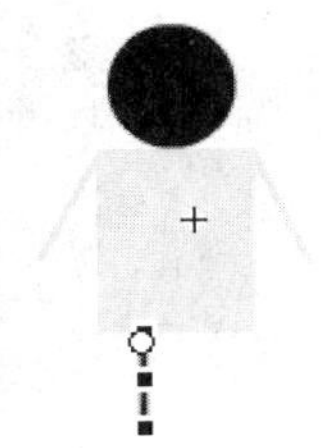

图 11-56　主人公腿

5）选择“左腿”图层，分别在第 5、10、15、20 帧按<F6>键插入关键帧。使用“任意变形工具”将第 5、15 帧处的“腿”缩短，创建补间动画，制作完成左腿的运动动画，时间轴如图 11-57 所示。

6）在“主人公”元件的编辑场景中新建图层并命名为“右腿”。按照第 4）、5）步中的方法制作右腿运动动画。注意与左腿相反，在“右腿”图层中的第 1、10、20 帧为缩短的腿。右腿的运动动画时间轴如图 11-58 所示。

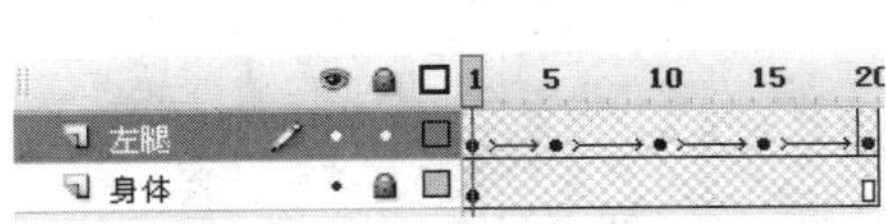

图 11-57　左腿运动动画时间轴

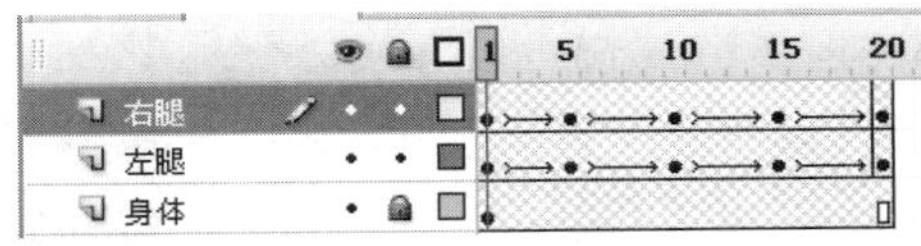

图 11-58　两腿运动动画时间轴

7）单击“库”面板中的“新建元件”按钮，创建一个新的影片剪辑元件并命名为“心”，放入“入校”元件文件夹中。

8）在“心”元件的编辑场景中选择“椭圆工具”和“部分选取工具”，设置“笔触颜色”为无色，“填充颜色”为红色，绘制主人公的心。按<Ctrl+G>组合键将其组合，如图 11-59 所示。

9）选择“心”图层，分别在第 10、20 帧按<F6>键插入关键帧。使用“任意变形工具”将第 10 帧处的“心”缩小，创建补间动画，则跳动的心制作完成，时间轴如图 11-60 所示。

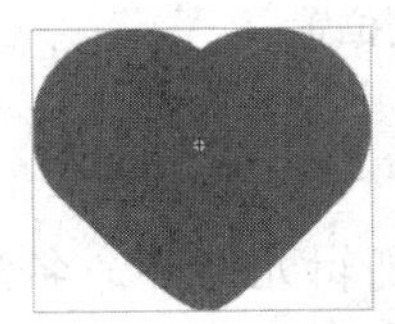

图 11-59　红心效果

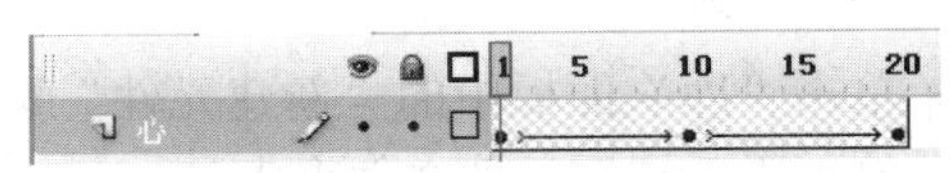

图 11-60　红心跳动时间轴

10）在“主人公”元件的编辑场景中新建图层并命名为“心”，将制作完成的“心”元件拖到“心”图层的第 1 帧中。“主人公”元件的最终时间轴如图 11-61 所示，效果如图 11-62 所示。

11）在“入校”场景中新建图层并命名为“主人公”，将创建好的“主人公”元件拖到“主人公”图层的第 1 帧中，使用“任意变形工具”调整好位置和大小。

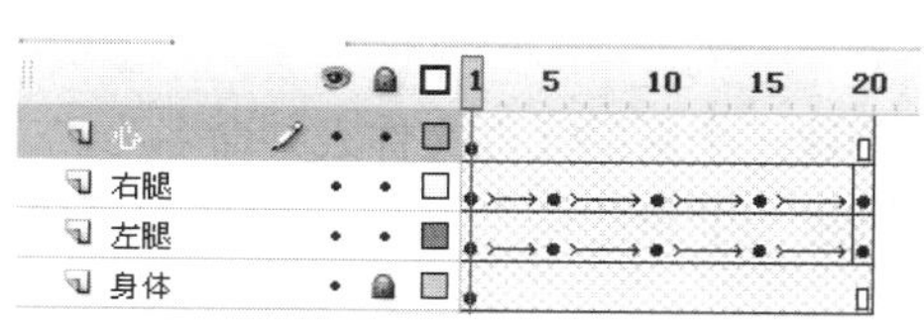

图 11-61　主人公动画时间轴

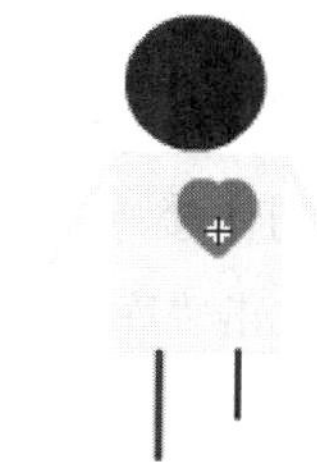
图 11-62　“主人公”效果

12）选择“主人公”图层，在第 70 帧按<F6>键插入关键帧。使用“任意变形工具”将第 70 帧处的“主人公”移动并缩小，创建补间动画。

13）按<F5>键将所有图层的帧都延长至第 70 帧处，最终完成入校场景的制作，其时间轴如图 11-63 所示，效果如图 11-64 所示。

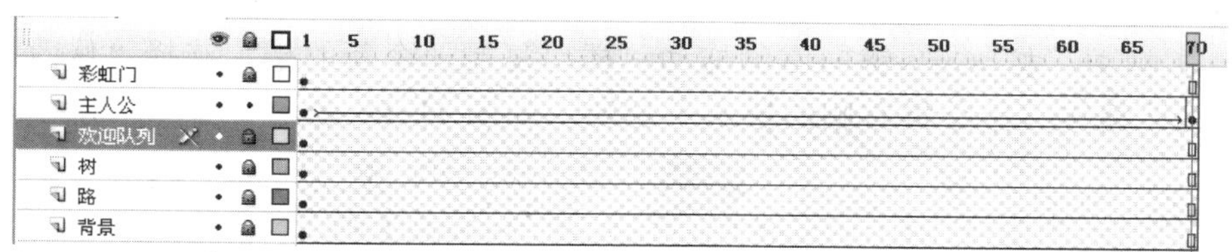

图 11-63　入校场景时间轴

图 11-64　入校场景效果

立志场景

1．新建场景

1）选择“插入”→“场景”命令，新建一个场景，默认名为“场景 3”。

2）选择“窗口”→“其他面板”→“场景”命令，打开“场景”面板，将“场景3”命名为“立志”。

2．制作背景

新建一个图层并命名为“背景”。选择“矩形工具”，设置“笔触颜色”为无色，“填充颜色”为“#66CC99”，在场景中绘制一个矩形。按<Ctrl+K>组合键打开“对齐”面板，将矩形相对于舞台中心对齐并匹配宽和高。

3．制作楼

1）单击“库”面板中的“新建文件夹”按钮，创建一个新的元件文件夹并命名为“立志”。

2）单击“库”面板中的“新建元件”按钮，创建一个新的图形元件并命名为“楼”，将该元件放入“立志”元件文件夹中。

3）在“楼”元件的编辑场景中，将“图层1”命名为“楼体”。选择“直线工具”“颜料桶工具”，设置“笔触颜色”为黑色，“填充颜色”为“#66FFFF”，绘制楼体。

4）在“楼”元件的编辑场景中，新建图层并命名为“窗户”。选择“矩形工具”，设置“笔触颜色”为“#CCCCCC”，“笔触高度”为3，“填充颜色”为“#EDEDED”，绘制窗户，如图11-65所示。

5）返回到“立志”主场景中，新建一个图层并命名为“楼”，将“楼”元件拖到“楼”图层的第1帧中，按<Ctrl>键向右侧拖动“楼”复制一个新的楼，选择“修改”→“变形”→“水平翻转”命令将右侧的楼水平翻转，如图11-66所示。

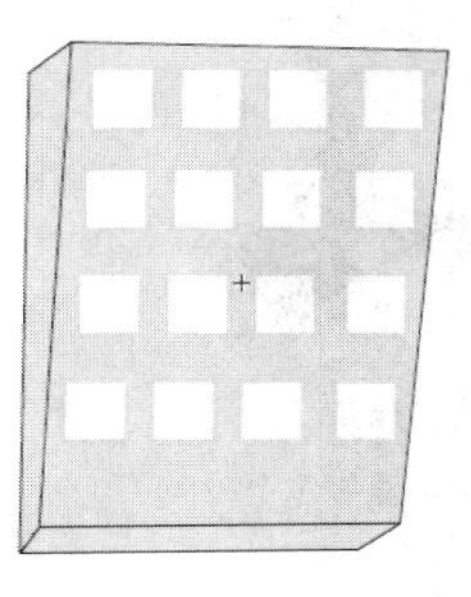

图11-65 “楼”效果

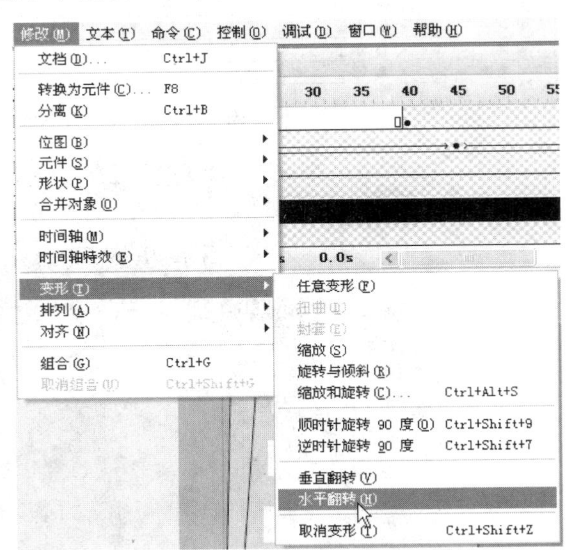

图11-66 “水平翻转”菜单

4．制作条幅

1）在“立志”主场景中，新建一个图层并命名为“条幅”，使用“直线工具”“颜料桶工具”绘制红色条幅。

2）在“立志”主场景中，新建一个图层并命名为“标语”，选择“文本工具”，设置文字方向为“垂直，从左向右”，创建标语文字，如图 11-67 所示。

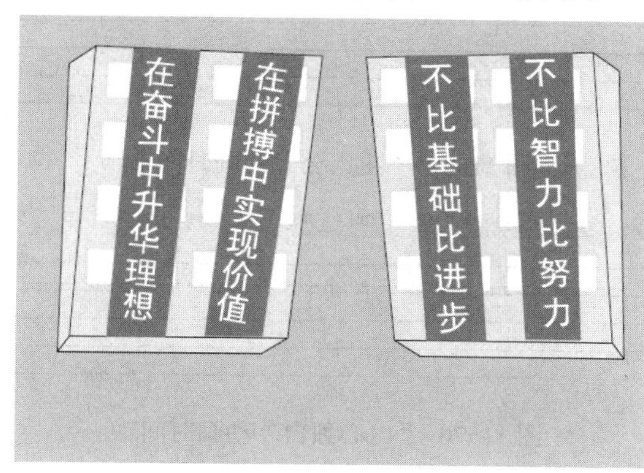

图 11-67　标语效果

5. 制作主人公动画

1）在“立志”主场景中，新建一个图层并命名为“主人公”。将“入校”元件文件夹中的“主人公”元件拖到“主人公”图层的第 1 帧中，调整到场景之外的外置，如图 11-68 所示。

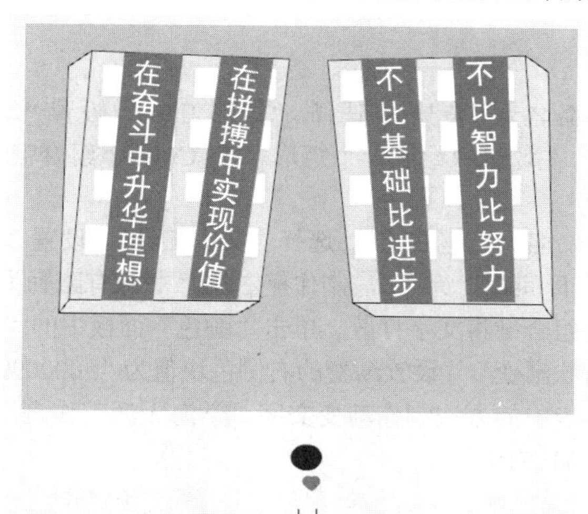

图 11-68　主人公实例位置

2）选择“主人公”图层的第 45 帧，按<F6>键创建关键帧。选择“选择工具”“任意变形工具”将第 45 帧处的“主人公”实例移动并放大，创建补间动画。选择第 77 帧，按<F6>键创建关键帧，选择“选择工具”“任意变形工具”将第 77 帧处的“主人公”移动并缩小，创建补间动画。选择第 78 帧，按<F7>键创建空白关键帧。按<F5>键将其他图层帧延长至第 85 帧。时间轴如图 11-69 所示。

3）在“立志”主场景中，新建一个图层并命名为“内心独白”，在第 40 帧处按<F7>键创建空白关键帧。使用“文本工具”绘制主人公的内心独白“我一定要学有所成！”，在第 60 帧处按<F7>键创建空白关键帧。这样，“内心独白”只从第 40 帧显示到第 60 帧。最终完成“立志”场景的时间轴如图 11-70 所示。

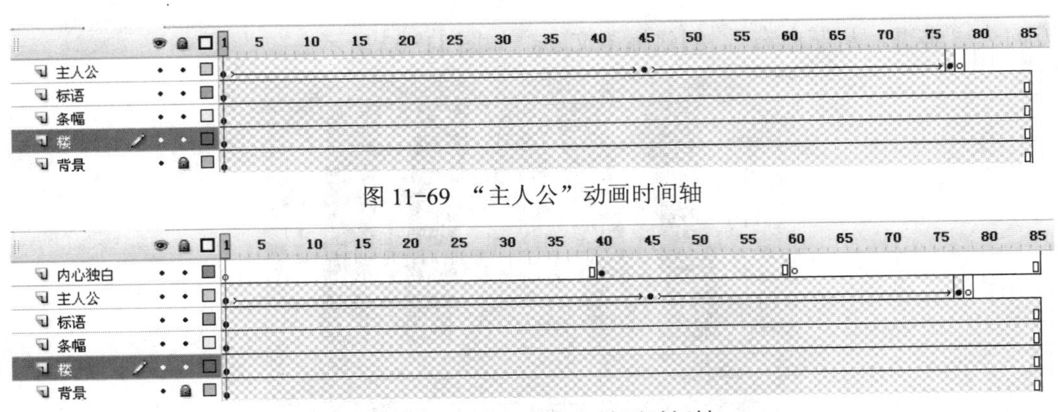

图 11-69 “主人公”动画时间轴

图 11-70 “内心独白”动画时间轴

片尾场景

1．新建场景

1）选择“插入”→“场景”命令，新建一个场景，默认名为“场景 4”。

2）选择“窗口”→“其他面板”→“场景”命令，打开“场景”面板，将“场景 4”重命名为“片尾”。

2．制作背景

1）新建一个图层并命名为“背景”。选择 “矩形工具”，设置“笔触颜色”为无色，“填充颜色”为“#99FF99”，在场景中绘制一个矩形。按<Ctrl+K>组合键将矩形相对于舞台中心对齐并匹配宽和高。

2）新建一个图层并命名为“座右铭”。选择“文本工具”，设置“字体”为“方正舒体”，“字体大小”为 65，“字母间距”为–10，制作座右铭“书山有路勤为径”。

3）按 2 次<Ctrl+B>组合键将文字打散。单击“颜色”面板中的“填充颜色”按钮，选择“类型”列表中的“放射状渐变”并设置渐变的右侧色块值为“#000099”，文字变为渐变文字。

4）按照第 2）、3）步中的方法制作渐变文字“学海无涯苦作舟”。其中渐变的右侧色块值为“#6600CC”，如图 11-71 所示。

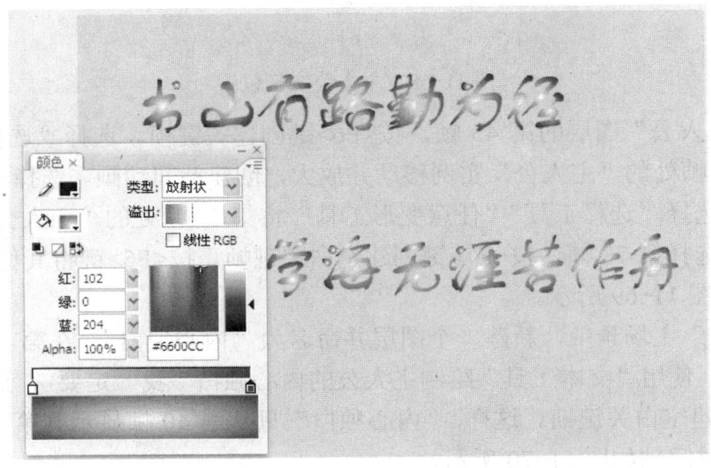

图 11-71 片尾文字效果

3．制作小花

1）单击“库”面板中的“新建文件夹”按钮，创建一个新的元件文件夹并命名为“片尾”。

2）单击“库”面板中的“新建元件”按钮，创建一个新的影片剪辑元件并命名为“花”，将该元件放入“片尾”元件文件夹中。

3）在“花”元件的编辑场景中使用“椭圆工具”制作花。选择“颜色”面板为其填充渐变颜色，如图 11-72 所示。

4）选择花图层的第 20 帧按<F6>键创建关键帧，创建补间动画，在“属性”面板上设置补间动画，“旋转”为“顺时针”、1 次，如图 11-73 所示。

5）返回“片尾”场景，新建图层并命名为“花”，将“花”元件拖到“花”图层的第 1 帧中。

图 11-72　小花效果

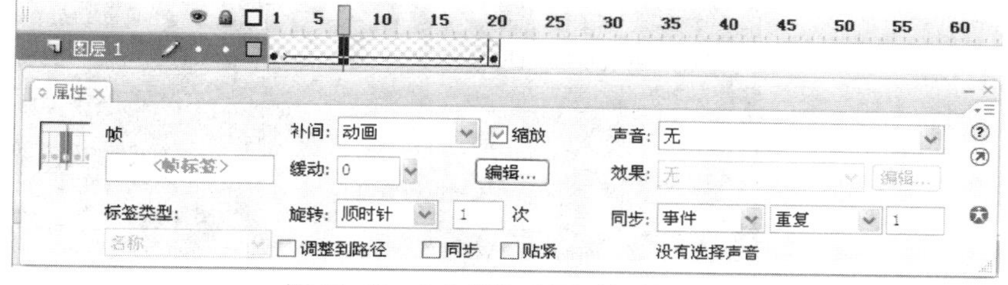

图 11-73　“小花”动画时间轴

4．制作幕布

1）在“片尾”场景中新建图层并命名为“上幕布”，将“片头”元件文件夹中的“幕布”元件拖到“上幕布”图层中。在第 85 帧按<F6>键创建关键帧，使用“选择工具”将“幕布”实例垂直移到场景的上面，创建补间动画。

2）重复步骤 1)，新建“下幕布”图层并制作“下幕布”的运动补间动画。时间轴如图 11-74 所示，效果如图 11-75 所示。

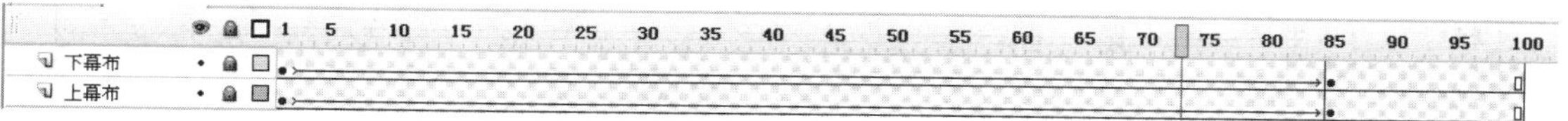

图 11-74　“幕布”动画时间轴

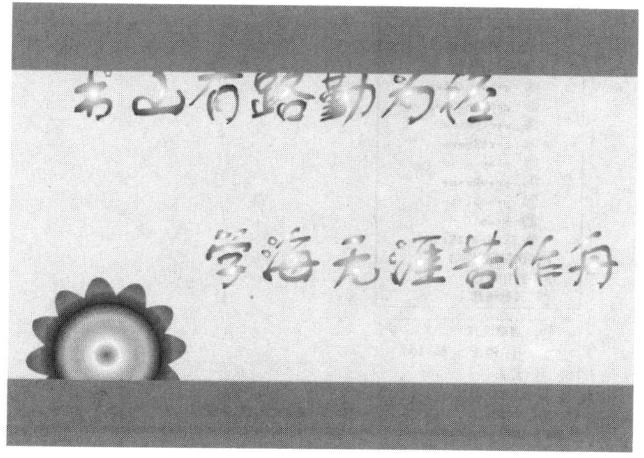

图 11-75　“幕布”动画效果

3）新建图层并命名为“谢谢观赏”，选择第 86 帧，按<F7>键创建空白关键帧。选择“文本工具”，设置“字体”为“黑体”，“字体大小”为 96，字形为加粗，“文本颜色”为白色，创建文字“谢谢观赏”，如图 11-76 所示。

4）按<F5>键将所有图层的帧延长至第 100 帧处。

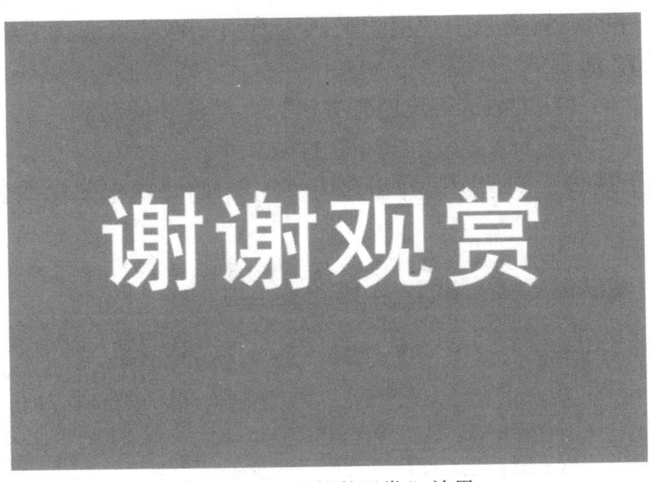

图 11-76 “谢谢观赏”效果

5. 制作停止播放效果

在“片尾”场景中新建图层并命名为“停止”。选择第 100 帧，按<F7>键创建空白关键帧，单击鼠标右键选择“动作”命令，在弹出的“动作—帧”面板中选择“全局函数”→“时间轴控制”→“stop”命令，为第 100 帧添加停止动作，如图 11-77 所示。

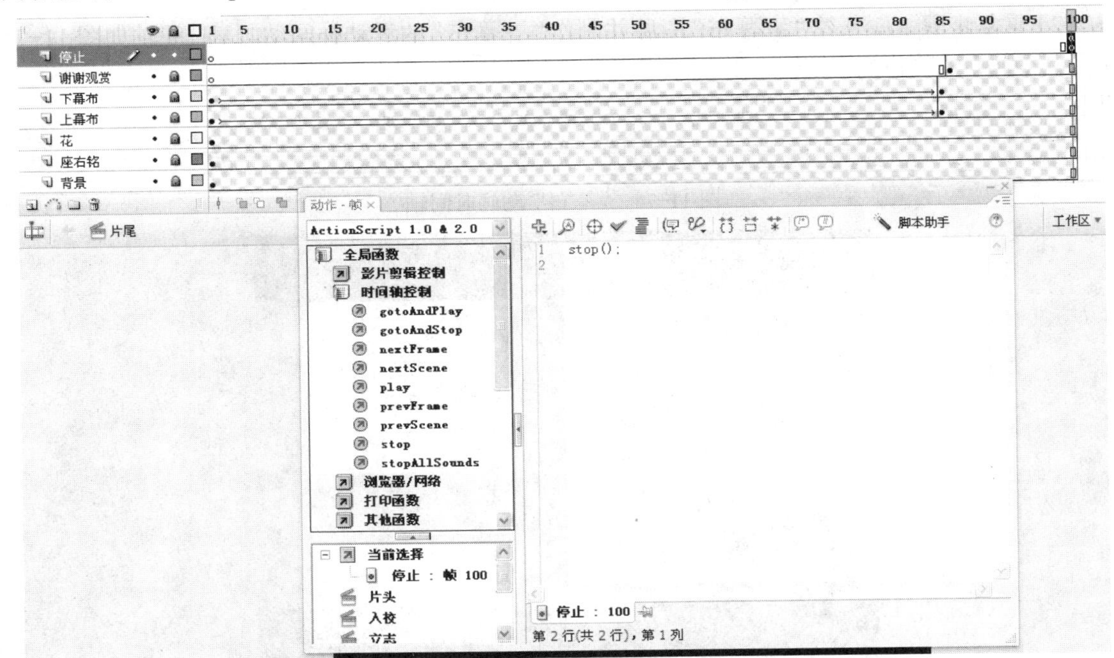

图 11-77 停止帧的代码及时间轴

6. 添加并编辑背景音乐

1）在“片头”场景中新建图层并命名为“音乐”。选择“文件”→“导入”→“导入到舞台”命令，选择要加入的音频文件。此时“音乐”图层被添加了音频文件并且元件库中有一个新的音频元件，如图 11-78 所示。

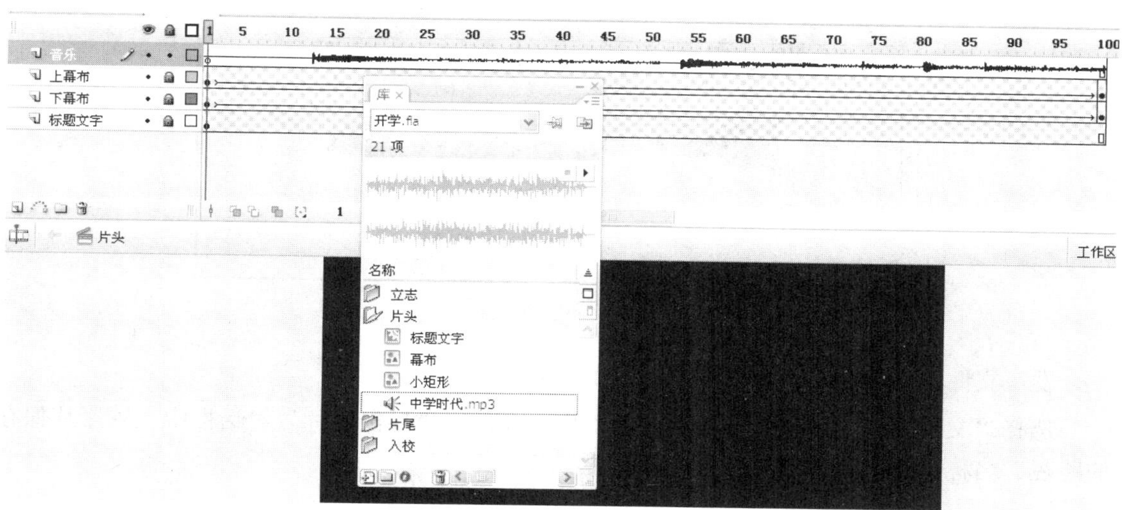

图 11-78 添加“音乐”图层

2）单击“属性”面板上的“编辑”按钮，编辑声音文件，将滑块向右移动删除前面的等待时间。编辑前如图 11-79 所示，编辑后如图 11-80 所示。

至此 4 个场景的全部内容都制作完成。选择“控制”→“测试影片”命令检查作品是否有误。

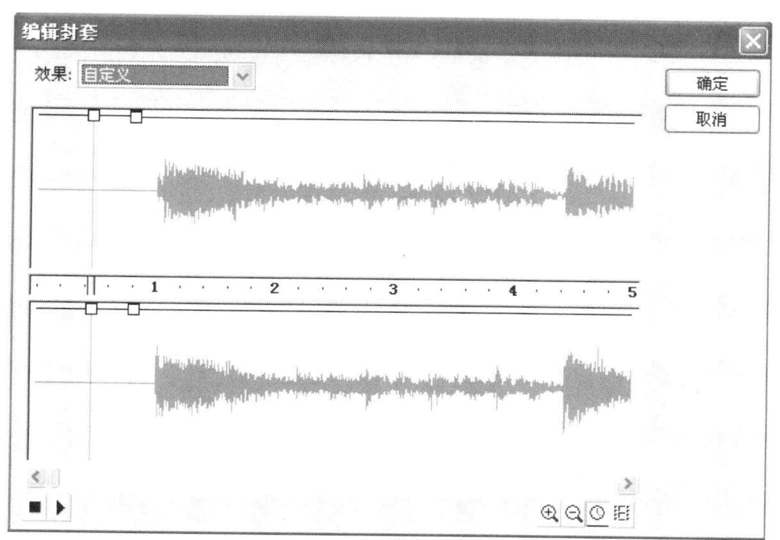

图 11-79 编辑前

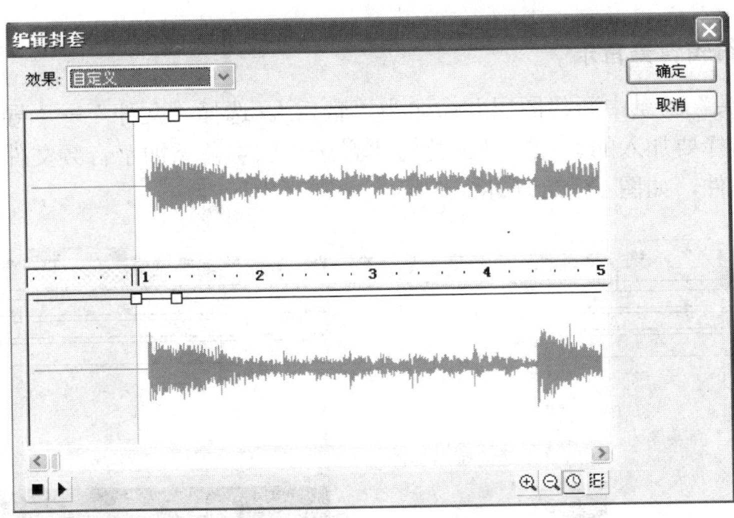

图 11-80　编辑后

发布文件

选择“文件”→“导出”→“导出影片”命令，在“导出影片”对话框中设置影片保存的路径、名称、类型。单击“保存”按钮生成最终作品。

参考文献

[1] 赵瑞建，李芳，王涛，等．Flash 8.0 动漫设计[M]．北京：高等教育出版社，2008．

[2] 鲍雷．Flash 8 动画设计实例教程[M]．北京：机械工业出版社，2007．

[3] 神龙工作室，孙连三，魏二有．新编 Flash MX 2004 中文版入门与提高[M]．北京：人民邮电出版社，2004．

[4] 曾帅，代华，严欣荣．Flash CS3 从入门到精通[M]．北京：清华大学出版社，2008．

[5] 览众，邱丽英．Flash CS3 无敌课堂[M]．北京：电子工业出版社，2007．

[6] 陈民，吴婷．Flash CS3 动画设计与制作[M]．南京：江苏教育出版社，2010．

[7] 关秀英，贺小霞，赵元庆．Flash CS4 商业动画、片头与网站设计[M]．北京：清华大学出版社，2010．

[8] 谢立群，周建国，吕娜．Flash 8 动画设计与制作 100 例[M]．北京：人民邮电出版社，2007．

[9] 温谦．Flash 动画设计与制作[M]．北京：人民邮电出版社，2009．

[10] 梁晓明．Flash 8 动画设计与静帧造型[M]．北京：中国青年出版社，2006．

[11] 李鹏，牛志玲．中文版 Flash CS3 动画制作实用教程[M]．北京：清华大学出版社，2008．

[12] 华信卓越．Flash CS3 动画制作基础与提高[M]．北京：电子工业出版社，2008．

[13] 张大川．Flash CS3 网站商业设计从入门到精通[M]．北京：科学出版社，2008．

[14] 毕靖，张琨，成晓静．Flash CS3 中文版从入门到精通[M]．北京：电子工业出版社，2008．

[15] 王珂．Flash MX 中文版应用培训教程[M]．北京：电子工业出版社，2004．

[16] 于鹏．Flash MX 动画设计教程[M]．北京：电子工业出版社，2003．

[17] 沈大林．Flash MX 中文版应用教程[M]．北京：电子工业出版社，2004．